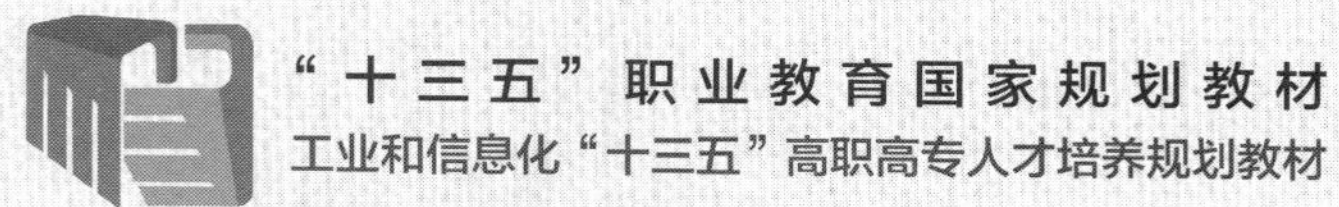

"十三五"职业教育国家规划教材

工业和信息化"十三五"高职高专人才培养规划教材

Web前端开发

案例教程

HTML5+CSS3 | 微课版

李志云 董文华 主编

周军奎 田洁 周宁宁 副主编

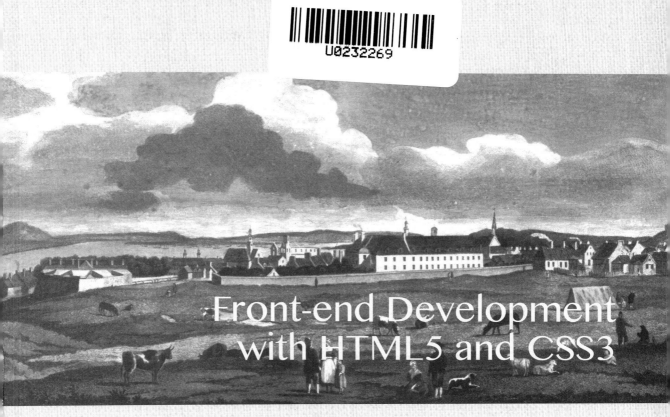

Front-end Development with HTML5 and CSS3

人民邮电出版社

北京

图书在版编目（CIP）数据

Web前端开发案例教程 ：HTML5+CSS3 ：微课版 / 李志云，董文华主编. -- 北京 ：人民邮电出版社，2019.11（2022.12重印）
工业和信息化“十三五”高职高专人才培养规划教材
ISBN 978-7-115-52496-6

Ⅰ．①W… Ⅱ．①李… ②董… Ⅲ．①超文本标记语言－程序设计－高等职业教育－教材②网页制作工具－高等职业教育－教材 Ⅳ．①TP312.8②TP393.092.2

中国版本图书馆CIP数据核字(2019)第257961号

内 容 提 要

本书以真实案例组织内容，介绍如何利用网页制作技术 HTML5 和 CSS3 等制作网站。全书共 12 章，前 10 章将学院网站制作过程中的知识点进行分解，每章以小案例引导，介绍 Web 开发设计中的关键知识点，第 11 章完成学院网站的完整制作，第 12 章介绍当前流行的电商网站的制作，充分运用 HTML5 的新增结构元素构建网页内容，利用 CSS3 的过渡、变形和动画等属性实现图片的变换和旋转。

本书可以作为高职高专院校计算机相关专业“Web 前端开发”课程的教材，也可以作为 Web 前端开发爱好者学习 Web 前端程序设计的参考书

◆ 主　　编　李志云　董文华
副 主 编　周军奎　田　洁　周宁宁
责任编辑　马小霞
责任印制　马振武

◆ 人民邮电出版社出版发行　　北京市丰台区成寿寺路 11 号
邮编　100164　　电子邮件　315@ptpress.com.cn
网址　http://www.ptpress.com.cn
天津翔远印刷有限公司印刷

◆ 开本：787×1092　1/16
印张：14.5　　2019 年 11 月第 1 版
字数：408 千字　　2022 年 12 月天津第 11 次印刷

定价：49.80 元

读者服务热线：(010)81055256　印装质量热线：(010)81055316
反盗版热线：(010)81055315
广告经营许可证：京东市监广登字 20170147 号

前言 PREFACE

本书按照“以应用为目的，以必需、够用为度”的原则编写，以真实案例引导全书内容，从内容安排、知识点组织、教与学、做与练等多方面体现高职教育特色。主要介绍两个大的案例：信息学院网站和化妆品公司网站，并通过 Web 界面设计提高学生的综合素质和人文素养，如家国情怀、工匠精神和创新意识等。全书共分 12 章，前 10 章介绍 Web 前端开发的关键知识点，第 11 章介绍信息学院网站的完整开发案例，第 12 章介绍化妆品公司网站的完整开发案例。本书主要特点包含以下几个方面。

1. 项目贯穿、任务驱动

全书以完成信息学院网站项目组织教与学，以完成任务为导向，引入相关知识点，以实现任务为主、理论够用的原则编写。

2. 以岗定课、课岗直通

根据 Web 前端开发岗位需求，掌握最先进、最前沿的 Web 开发知识，摒弃过时不需要的知识点，做到课堂所学与岗位需求无缝衔接。

3. 产教融合、校企合作

本书与山东树湾信息科技有限公司、国基北盛（南京）科技发展有限公司的 Web 前端开发工程师携手开发，共同研讨课程标准，制订教学大纲，由合作企业提供网站开发规范。

4. 立德树人、匠心传承

本书在线上线下混合式教学的各个环节中注重素养提升，如通过 Web 界面设计培养学生热爱生活、感受生活之美的能力，同时培养学生的创新精神；在代码编辑过程中，注重培养学生的职业道德、职业素养，以及弘扬劳动精神和工匠精神等。

表 1　全书主要内容及参考学时

章节	内容	主要知识点	学时
第 1 章	Web 前端开发概述	Web 前端开发的有关概念、HTML5 概述、常用的浏览器以及 Dreamweaver 工具的使用	2
第 2 章	HTML5 基础	HTML5 的常用文本标记、列表标记、超链接标记以及图像标记等	12
第 3 章	HTML5 新增页面元素	HTML5 新增的结构元素、分组元素、页面交互元素以及文本语义元素等	4
第 4 章	CSS3 基础	CSS 的样式创建，包括常用的 CSS 选择器、常用的 CSS 文本属性等	6
第 5 章	CSS3 高级选择器	CSS3 的属性选择器、关系选择器、结构化伪类选择器和伪元素选择器等	4
第 6 章	CSS3 盒子模型	盒子模型的概念及盒子模型的相关属性，以及元素的类型与转换等	8
第 7 章	列表与超链接	列表与超链接的 CSS 样式设置方法	4

续表

章节	内容	主要知识点	学时
第 8 章	表格与表单	表格标记及表格的 CSS 样式设置方法 表单标记及表单的 CSS 样式设置方法	6
第 9 章	HTML5+CSS3 布局网页	元素的浮动与定位，常用的 HTML5+CSS3 布局方式	4
第 10 章	CSS3 动画	过渡属性、变形属性及动画属性的使用	4
第 11 章	学院网站设计与制作	学院网站项目的设计与实现	8
第 12 章	化妆品公司网站设计与制作	电商网站项目的设计与实现	2
合计			64

本书提供丰富的教辅资源，包括 PPT 课件、源代码、配套习题、电子教案，并能做到实时更新。本书的重点难点配备了大量优质微课视频，便于进行线上线下混合式教学。读者可登录人民邮电出版社人邮教育社区（www.ryjiaoyu.com）搜索书名下载。

本书由李志云、董文华担任主编，周军奎、田洁、周宁宁担任副主编，全书由李志云统稿。李晓、陈汝合、王海利、王付华、王晓东等也参与了本书的编写工作，在此一并表示感谢。

由于编者水平有限，书中不妥之处敬请读者批评指正。编者电子邮箱：lizhiyunwf@126.com。

编者

2019 年 9 月

目录 CONTENTS

第 5 章

第 6 章

第 7 章

第 8 章

第 9 章

第 10 章

第 11 章

第 12 章

第1章 Web前端开发概述

01

2005 年以后，互联网进入 Web 2.0 时代，各种类似桌面软件的 Web 应用大量涌现，网站的前端由此发生了翻天覆地的变化。网页不再只是承载单一的文字和图片，各种丰富的媒体让网页的内容更加生动，网页上的各种交互形式为用户提供了更好的使用体验，这些都是基于前端技术实现的。Web 前端开发技术主要包括：HTML、CSS 和 JavaScript。Web 前端开发工程师是近几年业内需求一直递增的 IT 岗位之一。

本章是学习 Web 前端开发技术的基础，学习目标（含素养要点）如下：

※ 了解 Web 前端开发技术；

※ 了解 Web 相关概念；

※ 熟悉常用的浏览器（科技创新）；

※ 熟悉前端开发常用的工具软件（技能报国）。

1.1 认识 Web 前端开发

目前，Web 前端开发主要是指利用 HTML5、CSS3、JavaScript 等各种 Web 技术进行的客户端产品的开发，即完成客户端（也就是浏览器端）程序的开发，并结合后台开发技术模拟网页的整体效果，通过 Web 技术改善网站的用户体验。

与前端开发对应的是后端开发，后端开发通过编写程序代码与后台服务器交互，来动态更新网站的内容。PHP、JSP 和 ASP.NET 等这些后台开发技术，结合后台数据库技术，可以使网站具有后台存储和处理数据等功能。

本书是学习 Web 前端开发技术的教材，主要学习利用 HTML5 和 CSS3 构建 Web 网页的知识。

1.2 Web 相关概念

对于从事 Web 开发的人员来说，与互联网相关的一些专业术语是必须要了解的，例如 IP 地址、域名、URL、HTTP，以及网站、网页与主页和 HTML 等概念。

1. IP 地址

IP 地址（Internet Protocol Address）用于确定 Internet 上的每台主机，它是每台主机唯一的标识。在 Internet 上，每台计算机或网络设备的 IP 地址都是全世界唯一的。

IP 地址的格式是 xxx.xxx.xxx.xxx，其中 xxx 是 0～255 的任意整数。例如，某台主机的 IP 地址是 61.172.201.232。

2. 域名

由于 IP 地址是数字编码的，不易记忆，所以我们平时上网使用的大多是诸如 www.ptpress.com.cn 之类的地址，即域名地址。www 表示万维网。例如，www.ryjiaoyu.com 是人邮教育社区的域名。

3. URL

统一资源定位符（Uniform Resource Locator，URL）其实就是 Web 地址，俗称“网址”。在 WWW 上的所有文件都有唯一的 URL，只要知道资源的 URL，就能够对其进行访问。

URL 的格式为“协议名：//主机域名或 IP 地址/路径/文件名称”

例如，http://www.ryjiaoyu.com/book/details/6948 就是一本书详情页的 URL 地址。

4. HTTP

超文本传送协议（HyperText Transfer Protocol，HTTP）是互联网上应用最为广泛的一种网络协议。所有的 WWW 文件都必须遵守这个标准。设计 HTTP 最初的目的是提供一种发布和接收 HTML 页面的方法。

5. 网站、网页与主页

拓展阅读 1-1

简单地说，网页就是把文字、图形、声音、影片等多种媒体形式的信息，以及分布在 Internet 上的各种相关信息，相互链接起来而构成的一种信息表达方式。

在浏览网站时看到的每个页面都像是书中的一页，称之为“网页”。

把一系列逻辑上可以视为一个整体的网页叫网站，或者说，网站就是一个链接的页面集合，它具有共享的属性。

主页是网站在 WWW 上开始的页面，其中包含指向其他页面的超链接。通常用 index.htm 或 index.html 表示。

6. HTML

超文本标记语言（HyperText Markup Language，HTML）表示网页的一种规范（或者说是一种标准），它通过标记符定义了网页内容的显示。HTML 提供了许多标记，如段落标记、标题标记、超链接标记和图片标记等。网页中需要显示什么内容，就用相应的 HTML 标记进行描述。图 1-1 所示的就是用 HTML 标记的网页源代码文件。

```
view-source:sports.sina.com.cn

</script>

<!-- header s -->
    <nav class="nav-b nav-b-border sports__home-header" id="j_nav" data-sudaclick="blk_sports_nav">
    <div class="nav-b-block layout-relative clearfix" layer-type="layer-wrap">
        <h1 class="logo"><a href="//sports.sina.com.cn/" target="_blank">新浪体育</a></h1>
        <ul class="links clearfix">
            <li><a href="//www.sina.com.cn/" suda-uatrack="key=ty0526&value=blk_sports_nav_www">新浪首页</a></li>
            <li><a href="//news.sina.com.cn/" suda-uatrack="key=ty0526&value=blk_sports_nav_news">新闻</a></li>
            <li><a href="//sports.sina.com.cn/" suda-uatrack="key=ty0526&value=blk_sports_nav_sports">体育</a></li>
            <li><a href="//finance.sina.com.cn/" suda-uatrack="key=ty0526&value=blk_sports_nav_finance">财经</a></li>
            <li><a href="//ent.sina.com.cn/" suda-uatrack="key=ty0526&value=blk_sports_nav_ent">娱乐</a></li>
            <li><a href="//tech.sina.com.cn/" suda-uatrack="key=ty0526&value=blk_sports_nav_tech">科技</a></li>
            <li><a href="//blog.sina.com.cn/" suda-uatrack="key=ty0526&value=blk_sports_nav_blog">博客</a></li>
            <li><a href="//photo.sina.com.cn/" suda-uatrack="key=ty0526&value=blk_sports_nav_pic">图片</a></li>
            <li><a href="//zhuanlan.sina.com.cn/" suda-uatrack="key=ty0526&value=blk_sports_nav_zl">专栏</a></li>
            <li class="more"><a href="javascript:;" layer-type="layer-nav" layer-data="eventType=mouseenter" class="">...</a></li>
        </ul>
        <div class="more-layer" layer-type="layer-cont" layer-data="eventType=mouseenter" suda-uatrack="key=ty0526&value=blk_sports_nav_more" style="display:none;margin-left:102px;">
            <i class="ico ico-arrow" layer-type="arrow" style="margin-left:-102px;"></i>
            <ul class="clearfix">
                <li><a href="//auto.sina.com.cn/">汽车</a></li>
                <li><a href="//edu.sina.com.cn/">教育</a></li>
                <li><a href="//fashion.sina.com.cn/">时尚</a></li>
                <li><a href="//eladies.sina.com.cn/">女性</a></li>
                <li><a href="//astro.sina.com.cn/">星座</a></li>
                <li><a href="//med.sina.com/">医药</a></li>
                <li><a href="//www.leju.com/#source=pc_sina_dbdh2&source_ext=pc_sina">房产</a></li>
                <li><a href="//history.sina.com.cn/">历史</a></li>
                <li><a href="//video.sina.com.cn/">视频</a></li>
                <li><a href="//collection.sina.com.cn/">收藏</a></li>
                <li><a href="//baby.sina.com.cn/">育儿</a></li>
                <li><a href="//book.sina.com.cn/">读书</a></li>
                <li><a href="//fo.sina.com.cn/">[illegible]</a></li>
                <li><a href="//games.sina.com.cn/">游戏</a></li>
                <li><a href="//travel.sina.com.cn/">旅游</a></li>
                <li><a href="//mail.sina.com.cn/">邮箱</a></li>
                <li><a href="//news.sina.com.cn/guide/">导航</a></li>
            </ul>
        </div>
```

图 1-1　网页源代码

7. Web 标准

为了使网页在使用不同浏览器浏览时显示相同的效果，在开发应用程序时，浏览器开发商和 Web 开发商都必须共同遵守 W3C 与其他标准化组织共同制定的一系列 Web 标准。

万维网联盟（World Wide Web Consortium，W3C）是国际最著名的标准化组织。

Web 标准并不是某一个标准，而是一系列标准的集合，主要包括结构标准、表现标准和行为标准。结构主要指的是网页的 HTML 结构，即网页文档的内容；表现指的是网页元素的版式、颜色、大小等外观样式，主要指层叠样式表（Cascading Style Sheet，CSS）；行为是指网页模型的定义及交互代码的编写，主要是用 JavaScript 脚本语言实现的网页行为效果。

1.3 HTML5 概述

HTML5 是超文本标记语言的第 5 代版本，目前在互联网的应用越来越普及。HTML5 将 Web 应用带入一个标准的应用平台。在 HTML5 平台上，视频、音频、图像和动画等都被标准化。

HTML5 取代了 1999 年制定的 HTML 4.01 和 XHTML1.0 标准，以期能在互联网应用迅速发展的时候，使网络标准符合当代的网络需求，为桌面和移动平台带来无缝衔接的丰富内容。HTML5 第一份正式草案已于 2008 年 1 月公布，并得到了各大浏览器厂家的广泛升级和支持。2014 年 10 月 29 日，万维网联盟宣布，HTML5 标准规范制定完成，并公开发布。HTML5 的主要优势如下。

微课：HTML5 概述

（1）良好的移植性。HTML5 可以跨平台使用，具有良好的移植性。

摒弃过时标记。取消一些过时的 HTML4 及其之前版本的标记，如字体标记<font>、框架标记<frame>和<frameset>等。

（2）更直观的结构。HTML5 新增了一些 HTML 元素，如<header>、<nav>、<section>、<article>、<footer>等结构性标记，为页面引入了更多实际语义。

（3）内容和样式分离。HTML5 更好地实现了内容和样式的分离，内容由 HTML5 标记定义，样式由 CSS 实现。

（4）新的表单元素。HTML5 新增了一些全新的表单输入对象，如 date、time、email、color、calendar 等，可以创建具有更强交互性、更加友好的表单。

（5）更方便地嵌入音频和视频。新增<audio>和<video>标记，可以轻松在页面中插入音频和视频。

（6）矢量图绘制。实现 2D 绘图的 Canvas 对象，使得用户可以脱离 Flash 等直接在浏览器中显示图形或动画。

1.4 常用的浏览器

浏览器是网页运行的平台，网页文件必须使用浏览器打开才能看到网页呈现的效果。目前，常用的浏览器有 IE、Firefox（火狐）、Chrome（谷歌）、Safari 和 Opera 等，如图 1-2 所示。

图 1-2 常用的浏览器图标

1. IE 浏览器

微课：常用的浏览器介绍

IE 浏览器是世界上使用最广泛的浏览器之一，它由微软公司开发，预装在 Windows 操作系统中。所以我们装完 Windows 系统之后一般就会有 IE 浏览器。IE 从 9.0 版本开始就支持 HTML5，目前最新的 IE 浏览器版本是 IE 11。

2. 火狐浏览器

Mozilla Firefox，中文通常称为“火狐”，是一个开源网页浏览器。火狐浏览器由 Mozilla 资金会和开源开发者一起开发。由于是开源的，所以它集成了很多小插件，具有开源拓展等功能。该浏览器发布于 2002 年，它也是世界上使用较广泛的浏览器。

由于火狐浏览器对 Web 标准的执行比较严格，所以在实际网页制作过程中，火狐浏览器是最常用的浏览器之一，对 HTML5 的支持度也很好。

3. 谷歌浏览器

拓展阅读 1-2

Google Chrome，又称谷歌浏览器，是由 Google（谷歌）公司开发的开放原始码网页浏览器。该浏览器的目标是提升稳定性、速度和安全性，并创造出简单有效的使用界面。谷歌浏览器完全支持 HTML5 的功能。

注意

本书所有页面浏览时一律采用谷歌浏览器。

目前大家使用的还有 360 浏览器、搜狗浏览器、遨游浏览器等，这些浏览器大都是基于 IE 内核的，只要用 IE 浏览器浏览时没有问题，这些浏览器也就没有问题。

另外，Safari 浏览器是苹果公司开发的浏览器，Opera 浏览器是 Opera 软件公司开发的一款浏览器，这些浏览器都对 HTML5 有很好的支持。

1.5 创建第一个 HTML5 页面

微课：创建第一个 HTML5 页面

编辑创建网页可以使用常用的文本编辑器，如 Editplus、记事本等。但最方便的网页制作工具是 Dreamweaver，其智能化的输入代码方式、方便的可视化操作都为网页制作和浏览提供了很大的方便。本节介绍在 Dreamweaver 环境下创建网页的步骤。

1.5.1 Dreamweaver 工具简介

Adobe Dreamweaver，简称 DW，中文名称为“梦想编织者”，是美国 Macromedia 公司开发的集网页制作和网站管理于一身的网页编辑器。DW 是一套针对专业网页设计师特别开发的视觉化网页开发工具，利用它可以轻而易举地制作出跨越平台限制和浏览器限制的充满动感的网页。

Macromedia 公司成立于 1992 年，2005 年被 Adobe 公司收购。Adobe 公司推出的版本从 Adobe Dreamweaver CS3 到 Dreamweaver CS6，再到 Dreamweaver CC 2019。Dreamweaver CS5 以上版本都可以编辑 HTML5 文档。

1.5.2 案例：创建第一个 HTML5 网页

要求如下：启动 Dreamweaver，创建第一个网页，在网页上显示：“这里是网页的内容。”

具体步骤如下。

1. 启动 Dreamweaver

双击桌面上的软件图标，进入软件开始界面。

2. 新建文件

选择菜单栏中的“文件”|“新建”命令，打开“新建文档”窗口，选择文档类型“HTML5”，单击“创建”按钮，如图 1-3 所示，即可创建一个空白的 HTML5 文档。

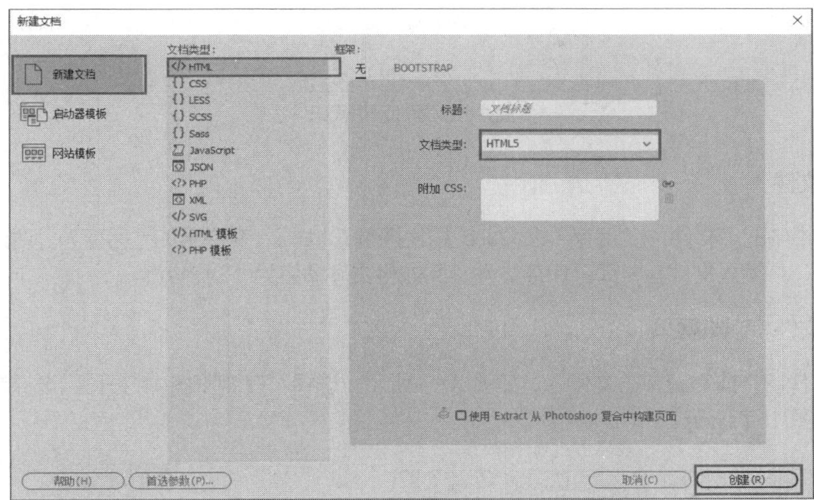

图 1-3　新建 HTML 文档

3. 编写 HTML5 代码

新建 HTML5 文档后，切换到代码视图，这时在文档窗口中会出现 Dreamweaver 自带的代码，如图 1-4 所示。关于这些代码，在第 2 章中会详细介绍。

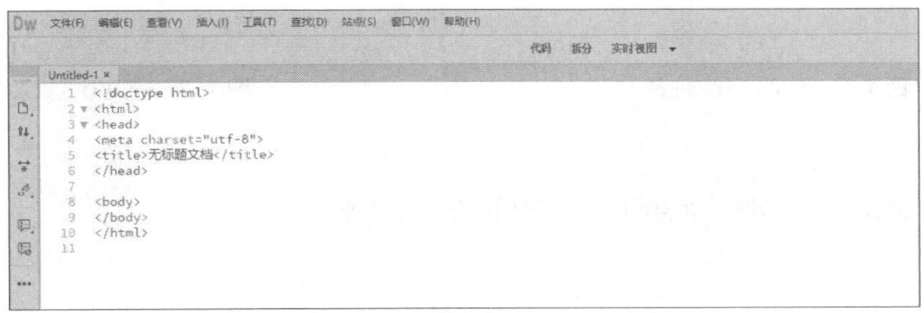

图 1-4　新建 HTML5 文档时的代码

在代码视图的<title>与</title>之间，输入 HTML 文档的标题，这里将其设置为“我的第一个网页”，然后在<body>与</body>标记之间添加网页的主体内容，如图 1-5 所示。

```
<p>这里是网页的内容。</p>
```

注意　**在菜单栏的下方有 3 种视图方式“代码”“拆分”“设计”|“实时视图”，代码视图由用户输入制作网页的代码；设计或实时视图显示网页上的内容；拆分视图可以同时看到代码和网页上的内容。单击可以选择适合自己的视图方式。本书较多地采用代码视图输入网页的内容和样式。**

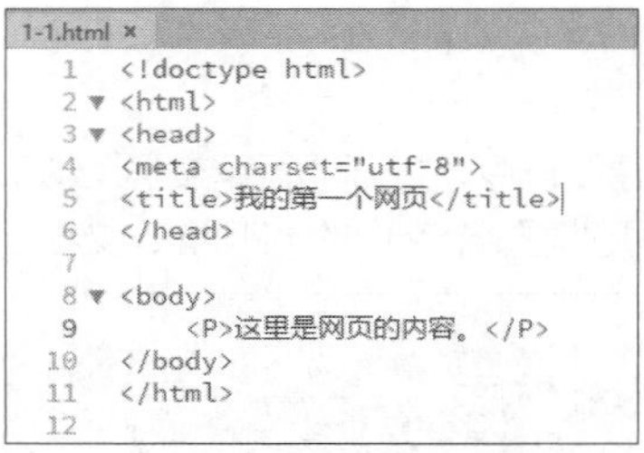

```
1-1.html ×
<!doctype html>
<html>
<head>
<meta charset="utf-8">
<title>我的第一个网页</title>
</head>

<body>
    <P>这里是网页的内容。</P>
</body>
</html>
```

图 1-5　添加网页代码

4. 保存文件

执行菜单栏中的“文件”|“保存”命令，或按快捷键 Ctrl+S，在弹出的“另存为”对话框中选择文件的保存路径，并输入文件名，即可保存文件。此处将文件命名为 1-1.html。

5. 运行文件，浏览网页

按快捷键 F12，或右键单击文件名，如图 1-6 所示，选择“在浏览器中打开”，选择浏览器，浏览网页，效果如图 1-7 所示。

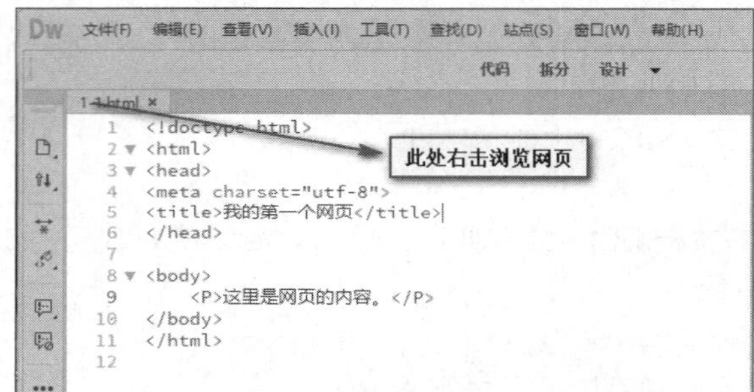

图 1-6　右键单击文件名

图 1-7　网页浏览效果

注意

浏览网页时，也可在“此电脑”中，双击文件名来浏览。

本章小结

本章主要介绍了 Web 前端开发技术的基础知识，包括 Web 的相关概念，常用的浏览器及使用 Dreamweaver 创建 HTML5 文档的基本步骤等。

通过本章的学习，读者可以了解 Web 制作的一些术语和概念，掌握使用 Dreamweaver 创建简单网页的方法。

实训 1

一、实训目的

1. 熟悉 Dreamweaver 工作环境，会创建简单的网页。

2. 了解 HTML5 文档的基本结构。

二、实训内容

创建一个自我介绍网页并浏览。在网页标题栏中显示“我的介绍”，网页内容包括学号、姓名、性别、联系方式、个人简历等内容。网页浏览效果如图 1-8 所示。

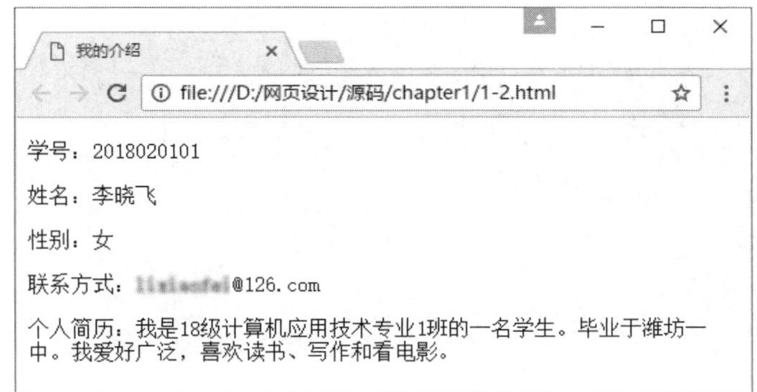

图 1-8　网页浏览效果

第 2 章 HTML5基础

02

HTML 是超文本标记语言，它通过标记符定义了网页内容的显示。本章将介绍 HTML 的基本结构和语法、常用的文本和段落标记、列表标记、超链接标记、图像标记等 HTML5 基础知识。

本章是深入学习网页制作技术的基础。学习目标（含素养要点）如下：

※ 熟悉 HTML 的基本结构（岗位意识）；

※ 熟悉常用的 HTML 标记；

※ 会熟练使用 HTML 常用标记创建简单网页（民族自豪感）。

2.1 案例：简单学院网站

综合利用 HTML5 标记，制作一个简单的学院网站，各个页面浏览效果如图 2-1～图 2-4 所示。

微课：简单学院网站效果预览

要求如下。

（1）从主页可以链接到其他页面，从其他页面可以返回到主页。

（2）在主页中创建友情链接，链接到百度和新浪网。

（3）在新闻页面中，新闻条目采用列表表示。

（4）在专业介绍页面中，创建“到页头”和“到页尾”的锚点链接。

图 2-1　简单学院网站首页 index.html

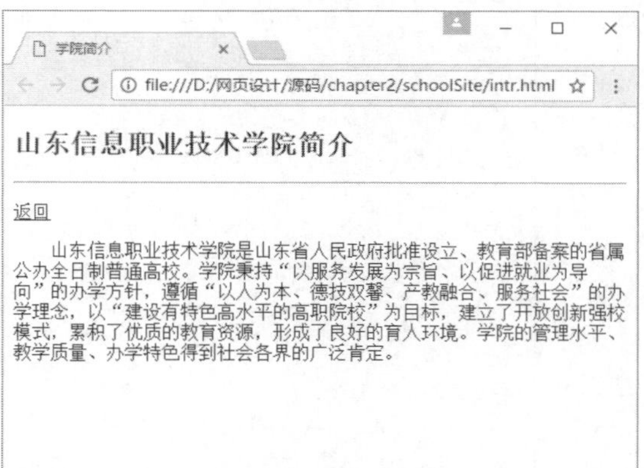

图 2-2　学院简介页面 intr.html

图 2-3　学院新闻页面 news.html

图 2-4　专业介绍页面 spe.html

2.2 知识准备

网页中显示的内容是通过 HTML 标记描述的，网页文件其实是一个纯文本文件。HTML 发展至今，经历了 6 个版本，在这个过程中新增了许多 HTML 标记，同时也淘汰了一些标记。HTML 发展过程如下。

拓展阅读 2-1

- HTML1.0——在 1993 年 6 月作为互联网工程任务组（the Internet Engineering Task Force，IETF）工作草案发布。
- HTML2.0——1995 年 11 月作为 RFC 1866 发布，在 2000 年 6 月 RFC 2854 发布之后被宣布已经过时。
- HTML3.2——发布于 1997 年 1 月 14 日，该版本曾经是 W3C 推荐标准。
- HTML4.0——发布于 1997 年 12 月 18 日，该版本曾经是 W3C 推荐标准。
- HTML4.01（微小改进）——发布于 1999 年 12 月 24 日，该版本曾经是 W3C 推荐标准。
- HTML5——第一份正式草案已于 2008 年 1 月 22 日公布，经过不断完善，标准规范在 2014 年 10 月制定完成。

目前最新的 HTML 版本是 HTML5，越来越多的网站开发者开始使用 HTML5 构建网站。学习 HTML5 首先需要了解 HTML5 的语法及常用的 HTML5 标记。

2.2.1 HTML5 文档的基本结构

使用 Dreamweaver 新建 HTML5 文档时会自动生成一些源代码，这些自带的源代码构成了 HTML5 文档的基本结构。

例 2-1　在 Dreamweaver 环境中，执行“文件”|“新建”命令，创建一个网页文档，文件保存为 2-1.html，代码如下。

```
<!doctype html>
<html>
<head>
<meta charset="utf-8">
<title>无标题文档</title>
</head>
<body>
```

微课：HTML5 文档的基本结构

```
</body>
</html>
```

这些源代码构成了HTML文档的基本格式，其中主要包括<!doctype>文档类型声明、<html>根标记、<head>头部标记、<body>主体标记。

1. <!doctype>标记

<!doctype>标记位于文档的最前面，用于向浏览器说明当前文档使用哪种HTML标准规范。HTML5文档中的DOCTYPE声明非常简单，代码如下。

```
<!doctype html>
```

必须在文档开头使用<!doctype>标记为HTML文档指定的HTML文档类型，只有这样，浏览器才能将该网页作为有效的HTML文档，并按指定的文档类型进行解析。

2. <html>标记

<html>标记标志着HTML文档的开始，</html>标记标志着HTML文档的结束。在它们之间的是文档的头部和主体内容。

3. <head>标记

<head>标记用于定义HTML文档的头部信息，也称为头部标记。<head>标记紧跟在<html>标记之后，主要用来封装其他位于文档头部的标记，如<title>、<meta>、<link>和<style>等，用来描述文档的标题、作者以及样式表等。

一个HTML文档只能含有一对<head>标记。

4. <body>标记

<body>标记用于定义HTML文档所要显示的内容，也称为主体标记。浏览器中显示的所有文本、图像、音频和视频等信息都必须位于<body>标记内。

一个HTML文档只能含有一对<body>标记，且<body>标记必须在<html>标记内，位于<head>头部标记之后，与<head>标记是并列关系。

2.2.2 HTML标记及其属性

1. 标记

微课：HTML标记及其属性

在HTML文档中，带有“< >”符号的元素称为HTML标记。HTML文档由标记和被标记的内容组成。标记可以产生所需的各种效果。

标记的格式如下。

```
<标记>受标记影响的内容</标记>
```

例如，<title>学院介绍</title>

标记的规则如下。

（1）标记以“<”开始，以“>”结束。

（2）标记一般由开始标记和结束标记组成，结束标记前有“/”符号，这样的标记称为双标记。

（3）少数标记只有开始标记，无结束标记，这样的标记称为单标记，如<hr />。在HTML5中，单标记后面可以省略“/”，即写成<hr>的形式。

（4）标记不区分大小写，但一般用小写。

（5）可以同时使用多个标记共同作用于网页中的内容，各标记之间的顺序任意。

2. 标记的属性

许多标记还包括一些属性，以便对标记作用的内容进行更详细的控制。标记可以通过不同的属性展现各种效果。

属性在标记中的使用格式如下。

```
<标记 属性 1="属性值 1"  属性 2="属性值 2"... >受标记影响的内容</标记>
```

例如，<a href="http://www.sdcit.cn">山东信息职业技术学院</a>

超链接标记 a 的属性 href 设置超链接的目标地址。

属性的规则如下。

（1）所有属性必须包含在开始标记里，不同属性间用空格隔开。有的标记无属性。

（2）属性值用双引号引起来，放在相应的属性之后，用等号分隔；属性值不设置时采用其默认值。

（3）属性之间的顺序任意。

3. 注释标记

如果需要在 HTML 文档中添加一些便于阅读和理解，但又不需要显示在页面中的注释文字，就需要使用注释标记。其基本语法格式如下。

```
<!-- 注释文字 -->
```

例如，<a href="http://www.sdcit.cn">山东信息职业技术学院</a><!--给文字设置超链接-->

下面详细介绍 HTML5 中的各种常用标记。

2.2.3 HTML 文本标记

网页中控制文本的标记有标题标记<h1>～<h6>、段落标记<p>、水平线标记<hr />、换行标记
、字体样式标记<strong><em>、特殊字符等。下面详细讲解这些标记。

微课：HTML 文本标记

1. 标题标记

标题标记语法格式如下。

```
<hn>标题文字</hn>
```

说 明　使用该标记符设置文档中的标题，其中 n 表示 1～6 的数字，分别表示一～六级标题，h1 表示一级标题，h 6 表示六级标题。

用 hn 表示的标题文字在浏览器显示时默认都以黑体显示，而且标题文字单独显示为一行。

例 2-2　创建标题标记示例，文件保存为 2-2.html。代码如下。

```
<!doctype html>
<html>
<head>
<meta charset="utf-8" >
<title>标题标记</title>
</head>
<body>
<h1>这是一级标题</h1>
<h2>这是二级标题</h2>
```

```
<h3>这是三级标题</h3>
<h4>这是四级标题</h4>
<h5>这是五级标题</h5>
<h6>这是六级标题</h6>
<p>这是普通段落</p>
</body>
</html>
```

浏览文件，效果如图 2-5 所示。

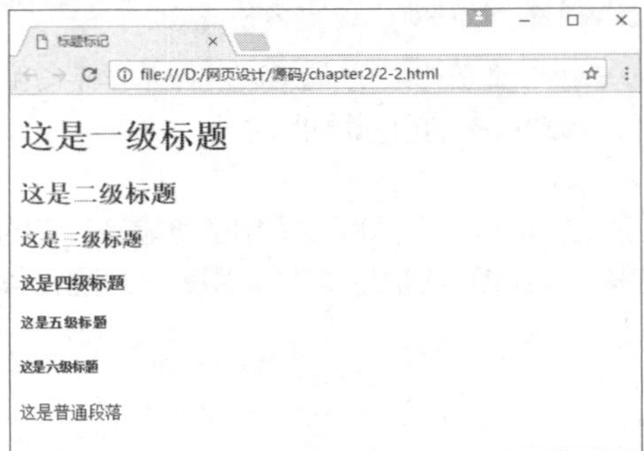

图 2-5　标题标记

2．段落标记

段落标记语法格式如下。

```
<p>段落文字</p>
```

说 明　“p”是英文“paragraph（段落）”的缩写。<p>和</p>之间的文字表示一个段落，多个段落需要用多对<p>标记。

例 2-3　创建段落标记示例，文件保存为 2-3.html。代码如下。

```
<!doctype html>
<html>
<head>
<meta charset="utf-8">
<title>段落标记</title>
</head>
<body>
<h2>山东信息职业技术学院简介</h2>
<p>山东信息职业技术学院是山东省人民政府批准设立、教育部备案的公办省属普通高等学校，由山东省经济和信息化委员会……。</p>
<p>学院是教育部批准的“国家示范性软件职业技术学院”首批建设单位，是工业和信息化部、人力资源和社会保障部……。</p>
</body>
</html>
```

按 F12 键，浏览网页，效果如图 2-6 所示。

3．水平线标记

语法格式如下。

```
<hr>
```

说 明　“hr”是英文“Horizontal Rule（水平线）”的缩写。其作用是绘制一条水平直线。该标记为单标记。

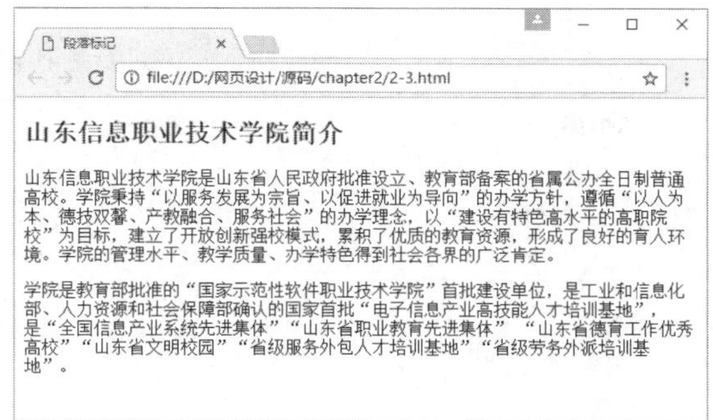

图 2-6　段落标记

例 2-4　创建水平线标记示例，文件保存为 2-4.html。代码如下。

```
<!doctype html>
<html>
<head>
<meta charset="utf-8">
<title>水平线标记</title>
</head>
<body>
<h2>山东信息职业技术学院简介</h2>
<hr>
<p>山东信息职业技术学院是山东省人民政府批准设立、教育部备案的省属公办全日制普通高校。学院秉持……。</p>
<p>学院是教育部批准的“国家示范性软件职业技术学院”首批建设单位，是工业和信息化部、人力资源和社会保障部确认的……。</p>
</body>
</html>
```

浏览网页，效果如图 2-7 所示。

图 2-7　水平线标记

4. 换行标记

语法格式如下。

```
<br>
```

说 明

“br”是英文“break”的缩写。其作用是强制换行。该标记为单标记。

例 2-5　创建换行标记示例，文件保存为 2-5.html。代码如下。

```
<!doctype html>
<html>
```

```
<head>
<meta charset="utf-8">
<title>换行标记</title>
</head>
<body>
<h1 >无题</h1>
<hr>
<h3>李商隐</h3>
<p>
昨夜星辰昨夜风，<br>
画楼西畔桂堂东。<br>
身无彩凤双飞翼，<br>
心有灵犀一点通。
</p>
</body>
</html>
```

浏览网页，效果如图 2-8 所示。

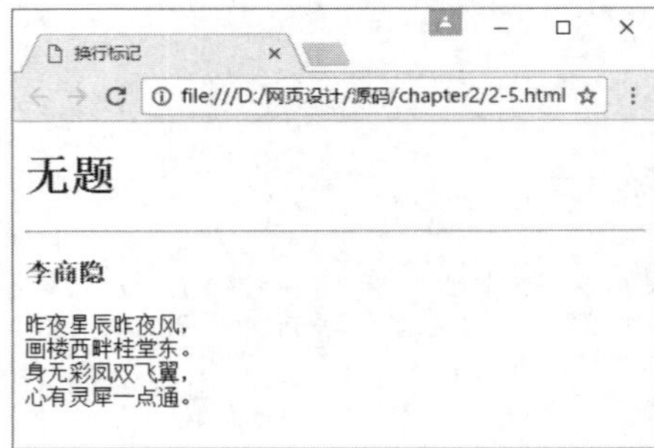

图 2-8　换行标记

注意　**使用标记
换行后，换行后的文字和上面的文字保持相同的属性，仍然是同一个段落，也就是说，
使文字换行不分段。**

5. 字体样式标记

字体样式标记可以设置文字的粗体、斜体、删除线和下画线效果。

（1）<strong>文本内容</strong>：文本以粗体显示。

（2）<em>文本内容</em>：文本以斜体显示。

（3）<del>文本内容</del>：文本添加删除线显示。

（4）<ins>文本内容</ins>：文本添加下画线显示。

例 2-6　创建字体样式标记示例，文件保存为 2-6.html。代码如下。

```
<!doctype html>
<html>
<head>
<meta charset="utf-8">
<title>字体样式标记</title>
</head>
<body>
<h1>无题</h1>
<hr>
<h3>李商隐</h3>
<p>
```

```
<strong>昨夜星辰昨夜风，</strong><br>
<em>画楼西畔桂堂东。</em><br>
<del>身无彩凤双飞翼，</del><br>
<ins>心有灵犀一点通。</ins>
</p>
</body>
</html>
```

按 F12 键，浏览文件，效果如图 2-9 所示。

图 2-9　字体样式标记

6. 特殊字符

在网页设计过程中，除了显示文字以外，有时还需要插入一些特殊的字符，如版权符号、注册商标、货币符号等。这些字符需要用一些特殊的符号来表示。表 2-1 列出了一些常用的特殊字符的符号代码。

表 2-1　常用特殊字符的符号代码

特殊字符	符号代码	备注
空格		表示一个英文字符的空格
>	>	大于号
<	<	小于号
©	©	版权符号
®	®	注册商标
¥	¥	人民币符号
……	……	……

例 2-7　创建特殊字符示例，文件保存为 2-7.html。代码如下。

```
<!doctype html>
<html>
<head>
<meta charset="utf-8">
<title>特殊符号</title>
</head>
<body>
<h2>山东信息职业技术学院简介</h2>
<hr>
<p>   山东信息职业技术学院是山东省人民政府批准设立、教育部备案的省属公办全日制普通高校。学院秉持……。</p>
<p>   学院是教育部批准的“国家示范性软件职业技术学院”首批建设单位，是工业和信息化部、人力资源和社会保障部确认的国家首批……。</p>
<hr>
<p>版权所有&copy;山东信息职业技术学院</p>
</body>
</html>
```

按 F12 键，浏览文件，效果如图 2-10 所示。

图 2-10　特殊字符

注意　**输入转义字符时，必须区分大小写。**

2.2.4　HTML 列表标记

列表是一种常用的组织信息的方式，HTML 提供了用于实现列表的标记符。列表样式有有序列表、无序列表和自定义列表等。

微课：HTML 列表标记

1. 无序列表

基本语法格式如下。

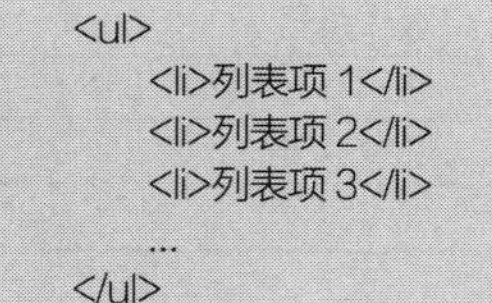

```
<ul>
    <li>列表项 1</li>
    <li>列表项 2</li>
    <li>列表项 3</li>
    ...
</ul>
```

说明　**ul 是英文“unordered list（无序列表）”的缩写。浏览器在显示无序列表时，将以特定的项目符号对列表项进行排列。**

例 2-8　创建无序列表示例，文件保存为 2-8.html。代码如下。

```
<!doctype html>
<html>
<head>
<meta charset="utf-8">
<title>无序列表</title>
</head>
<body>
<h2>山东信息职业技术学院简介</h2>
<hr>
<ul>
<li>学院概况</li>
```

```
<li>学院历史</li>
<li>招生就业</li>
<li>团学工作</li>
</ul>
</body>
</html>
```

浏览文件，效果如图 2-11 所示。

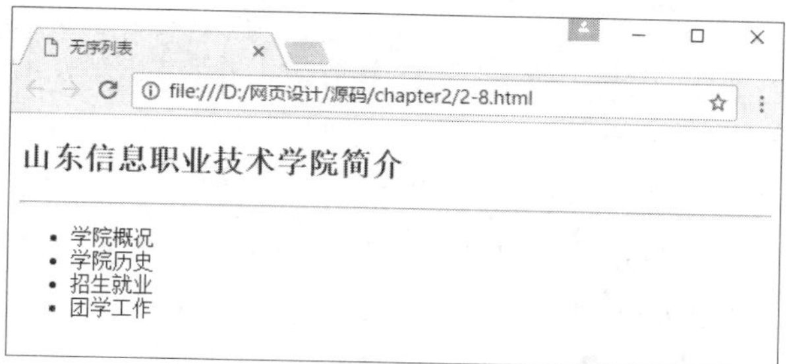

图 2-11　无序列表

注意　<li>与</li>之间相当于一个容器，可以容纳所有的网页元素。但是<ul></ul>中只能嵌套<li></li>，直接在<ul></ul>标记中输入文字的做法是不允许的。

2. 有序列表

基本语法格式如下。

```
<ol>
    <li>列表项 1</li>
    <li>列表项 2</li>
    <li>列表项 3</li>
    ...
</ol>
```

说 明　ol 是英文“ordered list（有序列表）”的缩写。浏览器在显示有序列表时，将用数字对列表项进行排列。

有序列表的常用属性如下。

reversed：指定列表倒序显示。

例 2-9　创建有序列表示例，文件保存为 2-9.html。代码如下。

```
<!doctype html>
<html>
<head>
<meta charset="utf-8">
<title>有序列表</title>
</head>
<body>
<h2>本学期所学课程</h2>
<hr>
<ol>
 <li>计算机文化基础</li>
 <li>网页设计</li>
 <li>C 语言程序设计</li>
```

```
 <li>大学英语</li>
</ol>
<hr>
<ol reversed>
 <li>计算机文化基础</li>
 <li>网页设计</li>
 <li>C 语言程序设计</li>
 <li>大学英语</li>
</ol>
</body>
</html>
```

浏览文件，效果如图 2-12 所示。

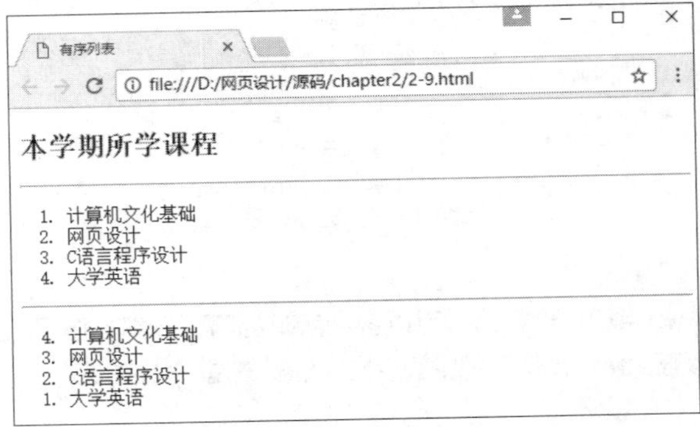

图 2-12　有序列表

3. 列表嵌套

在 HTML 中可以实现列表的嵌套，也就是说，无序列表或有序列表的列表项中还可以包含有序或无序列表。

例 2-10　创建列表嵌套示例，文件保存为 2-10.html。代码如下。

```
<!doctype html>
<html>
<head>
<meta charset="utf-8">
<title>列表嵌套</title>
</head>
<body>
<h2>今天的课程表</h2>
<hr>
<ul>
  <li>上午课程
  <ul>
     <li>计算机文化基础</li>
     <li>网页设计</li>
  </ul>
  </li>
  <li>下午课程
  <ol>
     <li>C 语言程序设计</li>
     <li>大学英语</li>
  </ol>
  </li>
</ul>
</body>
</html>
```

浏览文件，效果如图 2-13 所示。

图 2-13　列表嵌套

4. 自定义列表

自定义列表用于对条目或术语进行解释或描述，与无序和有序列表不同，自定义列表的列表项前没有任何项目符号。

基本语法格式如下。

```
<dl>
    <dt>条目 1</dt>
      <dd>数据</dd>
      <dd>数据</dd>
      ...
    <dt>条目 2</dt>
      <dd>数据</dd>
      <dd>数据</dd>
      ...
...
</dl>
```

说 明　**dl 是英文“definition list（定义列表）”的缩写。dt 是“definition term”的缩写，表示条目名称；dd 是“definition data”的缩写，表示条目的数据内容。**

dl 标记符中可以有多对 dt 标记，每对 dt 标记符下可以有多对 dd 标记。

自定义列表在显示时，定义的内容会自动缩进一定的距离，使列表结构更加清晰。

例 2-11　创建自定义列表示例，文件保存为 2-11.html。代码如下。

```
<!doctype html>
<html>
<head>
<meta charset="utf-8">
<title>自定义列表</title>
</head>
<body>
<h2>专业介绍</h2>
<hr>
<dl>
 <dt>计算机应用技术专业</dt>
    <dd>学习网页设计（网站美工、动态网站设计）、软件开发、网络管理等，能从事网页设计、网站开发、计算机应用系统分析、数据库设计、软件编程、软件测试以及网络管理与维护工作的高端技术技能型人才。</dd>
 <dt>计算机通信专业</dt>
    <dd>主要面向中国移动、联通、电信等国内知名通信运营商和华为等设备制造商及第三方通信技术服务公司或相关企业，从事 4G 移动网络建设初期的基站建设开通、单站测试、开网优化，以及网站开发、手机软件、电信增值业务；机关、企事业单位局域网规划、建设、管理、维护与应用开发等。</dd>
</dl>
</body>
</html>
```

浏览网页，效果如图 2-14 所示。

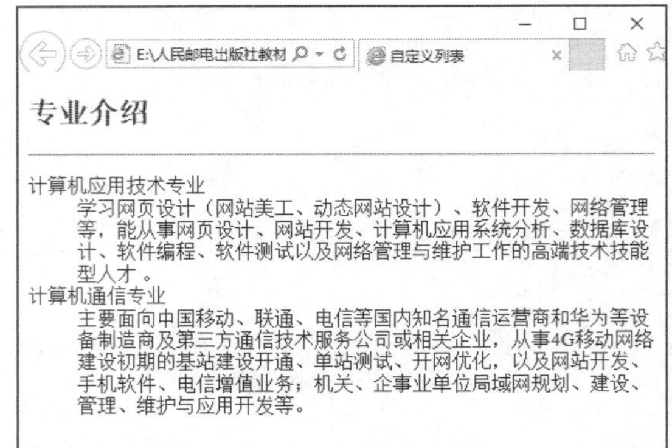

图 2-14　自定义列表

2.2.5　HTML 超链接标记

超链接是所有网站都具有的重要特征。超链接一般有以下几种形式。

微课：HTML 超链接标记

（1）页面间的超链接：该链接指向当前页面以外的其他页面，单击该链接将完成页面之间的跳转。

（2）锚点链接：该链接指向页面内的某一个地方，单击该链接可以完成页面内的跳转。

（3）空链接：指向该链接时不进行任何跳转。

超链接的语法格式如下。

```
<a href="目标地址" target="目标窗口" title="提示文字">热点文字</a>
```

说明　**（1）href：定义超链接指向的文档的 URL，URL 可以是绝对 URL，也可以是相对 URL。**

（2）绝对 URL：也指绝对路径，是指资源的完整地址，包含协议名称、计算机域名以及路径的文件名。例如：

```
<a href="http://www.baidu.com">百度</a>
```

（3）相对 URL：也指相对路径，是指目标地址相对当前页面的路径。例如：

```
<a href="webs/page1.html">热点文字</a>
```

表示 page1.html 是在当前目录下 webs 子目录中的文件。

若目标文件是在当前目录的上一级目录中，则应该写成下面的格式。

```
<a href="../page1.html">热点文字</a>
```

其中，..表示当前目录的上一级目录。

（4）target：定义超链接的目标文件在哪个窗口打开。其取值有：_blank、_self、_parent、_top。_blank 表示在新的浏览器窗口打开；_self 表示在原来的窗口打开；_parent 和_top 是指在哪个框架中打开文件。

（5）title：定义鼠标指向超链接文字时显示的提示文字。通常在网页中显示新闻列表时，鼠标指向新闻时可显示完整的新闻标题，此时就是用 title 设置显示的内容。例如：

```
<a href="new1.html" title="学院成功举办庆祝抗日战争胜利 70 周年暨纪念 '一二•九' 运动 80 周年歌咏比赛">学院成功举办庆祝抗日战争胜利 70 周年</a>
```

1. 页面间的超链接

例 2-12 创建两个页面，实现两个页面间的跳转，文件保存为 2-12-1.html 和 2-12-2.html。

第一个页面文件 2-12-1.html 的代码如下。

```
<!doctype html>
<html>
<head>
<meta charset="utf-8">
<title>页面间的超链接</title>
</head>
<body>
<p><a href="2-12-2.html">学院简介</a></p>
</body>
</html>
```

第二个页面文件 2-12-2.html 的代码如下。

```
<!doctype html>
<html>
<head>
<meta charset="utf-8">
<title>页面间的超链接</title>
</head>
<body>
<h2>学院简介</h2>
<hr>
<p>山东信息职业技术学院是山东省人民政府批准设立、教育部备案的公办全日制普通高校。学院秉持……。</p>
<p><a href="2-12-1.html">返回</a></p>
</body>
</html>
```

浏览网页，效果如图 2-15 所示。

图 2-15 页面间的超链接

在浏览器中打开 2-12-1.html 文件时，建立了超链接的文字“学院简介”变成了蓝色，且自动添加了下画线。当鼠标指针移动到“学院简介”上时，鼠标指针变成小手的形状，单击该链接，页面跳转到 2-12-2.html 学院简介页面。

单击 2-12-2.html 学院简介页面中的“返回”时，跳转到第一个页面。

2. 锚点链接

当同一页面中包含很多信息，而且这些信息分别属于不同的类别或者划分为不同的部分时，可以创建多个页面内超链接，即锚点链接，以方便浏览者阅读。

创建锚点链接分两步。

第一步：定义锚点，使用格式<a id="锚点名称"></a>。

第二步：创建指向锚点的链接，使用格式<a href="#锚点名称">热点文字</a>。

例 2-13 创建一个专业介绍页面，显示多个专业的详细信息，在页面顶部创建锚点链接，单击专业名称时，定位到该专业内容的位置，文件保存为 2-13.html。

代码如下。

```
<!doctype html>
<html>
<head>
<meta charset="utf-8">
<title>锚点链接</title>
</head>
<body>
<p><a href="#yingyong">计算机应用技术专业</a>    <a href= "#tongxin">计算机通信专业
</a>    <a href="#wulianwang">物联网应用技术专业</a></p>
<a id="yingyong"></a><h4>计算机应用技术专业</h4>
<p>计算机应用技术专业为我院办学之初开设专业之一，教学经验丰富，师资力量雄厚，教学设施齐备。本专业优化人才培养方
案，专注于培养能从事网页设计……</p>
<a id="tongxin"></a><h4>计算机通信专业</h4>
<p>计算机通信专业开设于 2006 年，是学院的骨干专业之一，也是计算机工程系的重点建设专业。2010 年和 2014 年分别与
无锡三通科技有限公司、华为技术有限公司和深圳讯方公司签署协议，共建“计算机通信”专业，由企业方投资建设融合通信技术实
训室、4G 移动通信实训室……</p>
<a id="wulianwang"></a><h4>物联网应用技术专业</h4>
<p>我院的物联网应用技术专业开设于 2012 年 9 月，学制 3 年，2012 年 9 月正式开始招生。该专业是学院的重点扶持专业，
也是计算机工程系的重点建设专业，招生对象为参加高考的普通高中毕业生和中职毕业生……</p>
</body>
</html>
```

浏览网页，效果如图 2-16 所示。

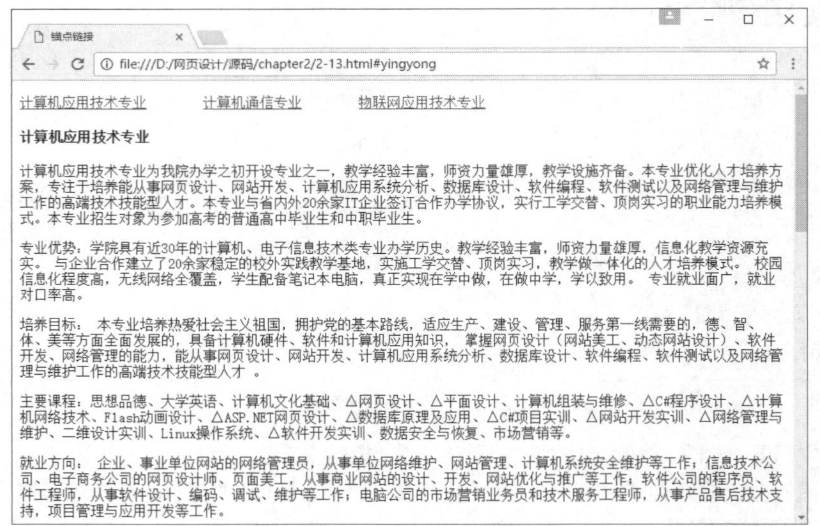

图 2-16　锚点链接

浏览该页面时，当鼠标指针指向带有超链接的专业名称时，页面自动跳转到指定专业内容部分，完成页面内的跳转。

实际上，锚点链接也可以用在不同的页面之间实现。只需在建立超链接的目标位置时，在锚点名称前加上页面文件的 URL 即可。感兴趣的读者可以自行尝试。

3. 空链接

在制作网页时，如果暂时无法确定超链接的目标文件，就可以将其建立为空链接。

语法格式如下。

```
<a href="#">热点文字</a>
```

单击空链接时不进行任何跳转。

2.2.6 HTML 图像标记

1. 常用 Web 图像格式

网页中图像太大会造成载入速度缓慢，太小又会影响图像的质量。下面介绍网页中常用的 3 种图像格式。

（1）GIF 格式

GIF 最突出的地方就是它支持动画，同时 GIF 也是一种无损的图像格式，也就是说，修改图片之后，图片质量几乎没有损失。而且 GIF 支持透明格式，因此很适合在互联网上使用。但 GIF 只能处理 256 种颜色，在网页制作中，GIF 格式常用于 LOGO、小图标及其他相对单一的图像。

微课：HTML 图像标记

（2）PNG 格式

PNG 包括 PNG-8 和真色彩 PNG-24 和 PNG-32。相对于 GIF，PNG 最大的优势是文件更小，支持 alpha 透明，并且颜色过渡更光滑，但 PNG 不支持动画。通常，图片保存为 PNG-8 会在同等质量下获得比 GIF 更小的文件，而半透明的图片只能使用 PNG-24。

（3）JPG 格式

JPG 格式显示的颜色比 GIF 和 PNG 要多得多，可以用来保存超过 256 种颜色的图像，但 JPG 是一种有损压缩的图像格式，这就意味着每修改一次图片都会造成一些图像数据的丢失。JPG 是专为照片设计的文件格式，网页制作过程中类似于照片的图像，如横幅广告（banner）、商品图片、较大的插图等，都可以保存为 JPG 格式。

简言之，在网页中，小图片或网页基本元素，如图标、按钮等用 GIF 或 PNG-8 格式，半透明图片使用 PNG-24 格式，类似照片的图像则使用 JPG 格式。

2. 图像标记

语法格式如下。

```
<img src="图像路径" alt="替换文本" title="提示文本" width="图像宽度" height="图像高度" >
```

说明
（1）src 属性：设置图像的来源，指定图像文件的路径和文件名，它是 img 标记的必需属性。
（2）alt 属性：图像不能显示时的替换文本。
（3）title 属性：鼠标指针指向图像时显示的文本。
（4）width 属性：设置图像的宽度。
（5）height 属性：设置图像的高度。

例 2-14 创建图像标记示例，文件保存为 2-14.html。代码如下。

```
<!doctype html>
<html>
<head>
<meta charset="utf-8">
```

```
<title>图像标记</title>
</head>
<body>
<h1>学院风景</h1>
<hr>
<img src="images/school.jpg" width="200"  height="150"  alt="学院体育场"  title="学院体育场" >
<p>山东信息职业技术学院体育场拥有 400 米跑道（中心含足球场），有固定道牙，跑道 8 条，并有固定看台的室外田径场地。建筑面积 4000 平方米，体育场中心铺有塑胶跑道，体育场看台可以容纳观众 5000-15000 人。每年秋季或春季都要在此举办全院教职工运动会。</p>
</body>
</html>
```

浏览网页，效果如图 2-17 所示。

图 2-17　图像标记

注意

（1）各浏览器对 alt 属性的解析不同，有的浏览器不能正常显示 alt 属性的内容。

（2）width 和 height 属性默认的单位都是 px（像素），也可以使用百分比。使用百分比实际上是相对于当前窗口的宽度和高度。

（3）如果不给 img 标记设置 width 和 height 属性，则图像按原始尺寸显示；若只设置其中的一个值，则另一个会按原图等比例显示。

（4）设置图像的 width 和 height 属性可以实现对图像的缩放，但这样做并没有改变图像文件的实际大小。如果要加快网页的下载速度，最好使用图像处理软件将图像调整到合适大小，然后再置入网页中。

3. 给图像创建超链接

图像不仅能够给浏览者提供信息，而且也可以创建超链接。使用图像创建超链接的方法与使用文字一样，在图像标记前后使用<a>和</a>标记即可。

例 2-15　创建图像超链接示例，文件保存为 2-15.html。代码如下。

```
<!doctype html>
<html>
<head>
<meta charset="utf-8">
<title>给图像创建超链接</title>
</head>
<body>
```

```
<p>
<a href="http://www.sdcit.cn"><img src="images/xiaohui.png" width="73" height="77" alt="学院 LOGO">
</p>
<p>
<a href="images/school2.jpg"><img src="images/school2.jpg" width="200" height="150" alt="学院风景之一" ></a>
</p>
</body>
</html>
```

浏览文件，分别单击网页中的两个图像，浏览效果如图 2-18 所示。

图 2-18　给图像创建超链接

在例 2-15 代码中，给第一个图像创建了到学院网站的超链接，给第二个图像创建了到图像本身的超链接。将图像超链接到图像本身可以查看图像原图。

2.3 案例实现

本节在前面学习 HTML 基本标记的基础上，综合使用各种标记及标记属性实现简单学院网站。

2.3.1 创建站点

2.1 节已展示过简单学院网站由 4 个页面构成，而且用到了图像文件，为了便于操作和组织这些文件，最好先创建网站站点。站点能够帮助我们系统地管理网站文件。简单地说，建立站点就是定义一个存放网站中所有文件的文件夹，而且创建站点会给网站的修改和移植等提供很大的方便。

创建站点的步骤如下。

微课：创建站点及首页制作

（1）在磁盘指定位置创建网站根目录。这里在“D 盘\网页设计\源码\chapter2”目录下创建文件夹“schoolSite”，作为网站根目录，如图 2-19 所示。

（2）在站点中创建 images 文件夹，存放网站中用到的素材图像。将图像文件素材复制到该文件夹中。

（3）打开 Dreamweaver 工具，在菜单栏中选择“站点”｜“新建站点”命令，在打开的窗口中输入站点名称，然后选择站点文件夹的存储位置，如图 2-20 所示。

（4）单击图 2-20 所示的“保存”按钮，在 Dreamweaver 的文件面板中可以查看刚刚建立的站点信息，如图 2-21 所示。

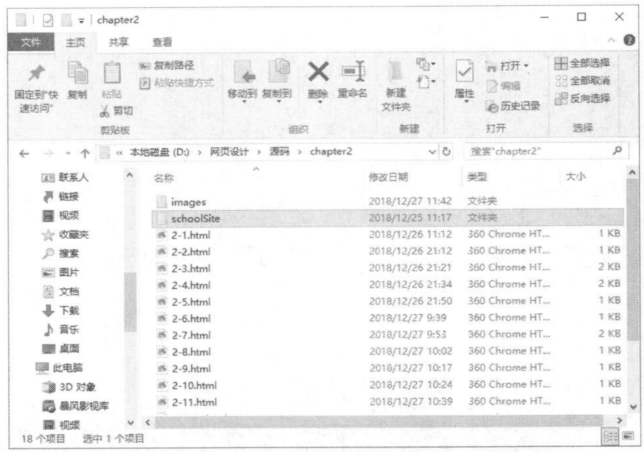

图 2-19　建立站点根目录

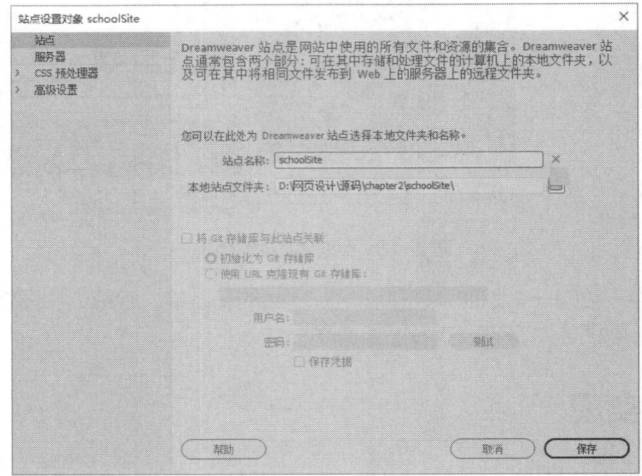

图 2-20　建立站点

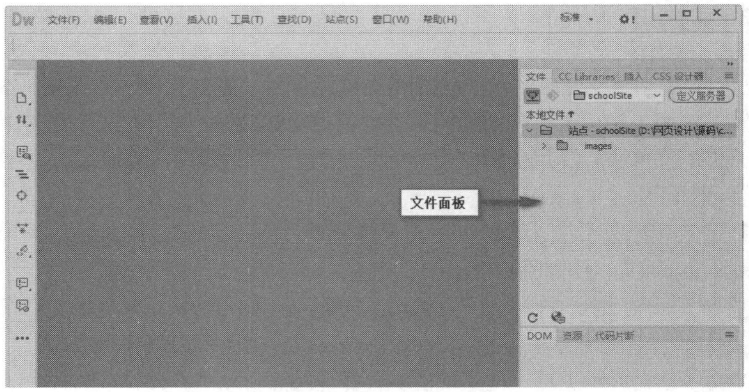

图 2-21　站点创建完成

注意　若文件面板没有显示在 Dreamweaver 界面中，可执行“窗口”|“文件”命令（或按 F8 键），使其显示。其他面板的显示也用类似的菜单命令实现。

2.3.2 创建首页

1. 页面分析

分析图 2-22 所示的首页效果，该页面有标题和超链接的文字以及图片等。标题文字使用标题标记<h2>；带有超链接的文字可以使用段落标记<p>和超链接标记<a>；换行使用
标记；图像可以使用<img>标记。

图 2-22　首页浏览效果

2. 创建首页

在 Dreamweaver 文件面板中用鼠标右键单击站点名称，选择“新建文件”，将文件名称改为 index.html，并添加代码如下。

```
<!doctype html>
<html >
<head>
<meta charset="utf-8">
<title>山东信息职业技术学院</title>
</head>
<body>
<h2>欢迎来到山东信息职业技术学院</h2>
<hr>
<p><a href="intr.html">学院简介</a><br>
<a href="news.html">学院新闻</a><br>
<a href="spe.html">专业介绍</a><br>
<a href="#">招生就业</a></p>
<p><img src="images/school1.jpg" width="300" height="200" alt="学院风景" title="办公楼"></p>
<hr>
<p>友情链接：<a href="http://www.baidu.com">百度</a>  <a href="http://www. sina.com">新浪</a><br>
</body>
</html>
```

浏览网页，效果如图 2-22 所示。

2.3.3 创建学院简介页面

1. 页面分析

分析图 2-23 所示的学院简介页面效果，该页面主要有标题和段落文字以及图片等。标题文字依然使用标题标记<h2>；“返回”超链接使用标记<a>返回到首页；段落文字使用标记<p>；空格使用特殊字符& nbsp;。

微课：学院简介页面制作

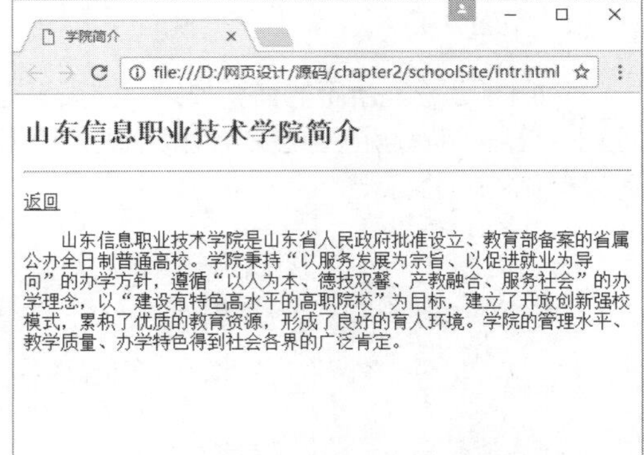

图 2-23 学院简介页面浏览效果

2. 创建学院简介页面

在 Dreamweaver 文件面板中右键单击站点名称，选择“新建文件”，将文件名称改为 intr.html，并添加代码如下。

```
<!doctype html>
<html >
<head>
<meta charset="utf-8">
<title>学院简介</title></head>
<body>
<h2>山东信息职业技术学院简介</h2>
<hr>
<p><a href="index.html">返回</a></p>
<p>   山东信息职业技术学院是山东省人民政府批准设立、教育部备案的省属公办全日制普通高校。学院秉持……。 </p>
</body>
</html>
```

浏览网页，效果如图 2-23 所示。

2.3.4 创建学院新闻页面

1. 页面分析

分析学院新闻页面效果图（见图 2-24），该页面主要由标题和列表文字组成。标题文字依然使用标题标记<h2>；“返回”超链接使用标记<a>返回到首页；列表文字使用标记<ul>。

微课：学院新闻页面制作

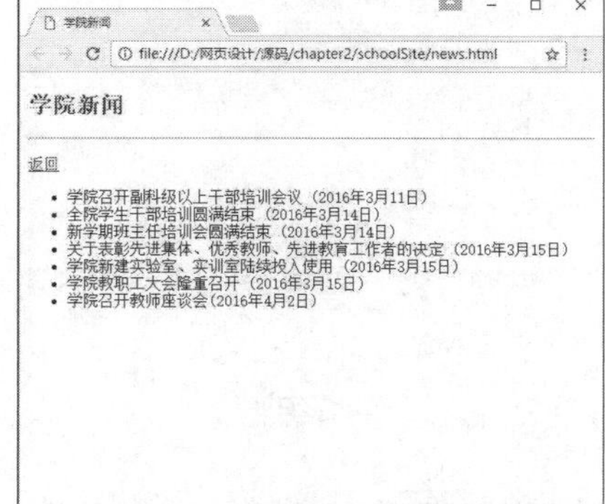

图 2-24 学院新闻页面浏览效果

2. 创建学院新闻页面

在 Dreamweaver 文件面板中右键单击站点名称，选择“新建文件”，将文件名称改为 news.html，并添加代码如下。

```
<!doctype html>
<html >
<head>
<meta charset="utf-8">
```

```
<title>学院新闻</title>
<body>
<h2>学院新闻</h2>
<hr>
<p><a href="index.html">返回</a></p>
<ul>
<li>学院召开副科级以上干部培训会议 (2016 年 3 月 11 日)
<li>全院学生干部培训圆满结束 (2016 年 3 月 14 日)</li>
<li>新学期班主任培训会圆满结束 (2016 年 3 月 14 日) </li>
<li>关于表彰先进集体、优秀教师、先进教育工作者的决定 (2016 年 3 月 15 日)</li>
<li>学院新建实验室、实训室陆续投入使用 (2016 年 3 月 15 日) </li>
<li>学院教职工大会隆重召开 (2016 年 3 月 15 日)</li>
<li>学院召开教师座谈会(2016 年 4 月 2 日)</li>
</ul>
</body>
</html>
```

浏览网页，效果如图 2-24 所示。

2.3.5 创建专业介绍页面

1. 页面分析

分析专业介绍页面效果图（见图 2-25），该页面主要由各级标题和段落文字组成。标题文字可以分别使用标记<h2>、<h3>和<h4>；“返回”超链接使用标记<a>返回到首页；段落文字使用标记<p>，需要强调的文字使用标记<strong>。

图 2-25　专业介绍页面浏览效果

微课：创建专业介绍页面

2. 创建专业介绍页面

在 Dreamweaver 文件面板中右键单击站点名称，选择“新建文件”，将文件名称改为 spe.html，并添加代码如下。

```
<!doctype html>
<html >
<head>
<meta charset="utf-8">
```

```
<title>专业介绍</title></head>
<body>
<a id="top"></a>
<h2>山东信息职业技术学院专业介绍</h2>
<hr>
<p><a href="index.html">返回</a>    <a href="#bottom">到页尾</a></p>
<h3>计算机系</h3>
<h4>计算机应用技术专业</h4>
<p>计算机应用技术专业为我院办学之初开设专业之一，教学经验丰富，师资力量雄厚，教学设施齐备。本专业优化人才培养方案，专注于培养能从事网页设计、网站开发、计算机应用系统分析、数据库设计、软件编程、软件测试以及网络管理与维护工作的高端技术技能型人才。本专业与省内外 20 余家 IT 企业签订合作办学协议，实行工学交替、顶岗实习的职业能力培养模式。本专业招生对象为参加高考的普通高中毕业生和中职毕业生。</p>
<p><strong>专业优势：</strong>
学院具有近 30 年的计算机、电子信息技术类专业办学历史。教学经验丰富，师资力量雄厚，信息化教学资源充实。与企业合作建立了 20 余家稳定的校外实践教学基地，实施工学交替、顶岗实习，教学做一体化的人才培养模式。校园信息化程度高，无线网络全覆盖，学生配备笔记本电脑，真正实现在学中做，在做中学，学以致用。 专业就业面广，就业对口率高。</p>
……
<p><a href="#top">到页头</a></p>
<a id="bottom"></a>
</body>
</html>
```

浏览文件，效果如图 2-25 所示。

至此，4 个页面创建完成。最后，在 Dreamweaver 的文件面板中，双击打开 index.html 页面，修改该页面的代码，将“学院简介、学院新闻、专业介绍”等文字的超链接修改成相应的页面文件，代码如下。

```
<p><a href="intr.html">学院简介</a><br>
<a href="news.html">学院新闻</a><br>
<a href="spe.html">专业介绍</a><br>
<a href="#">招生就业</a></p>
```

该站点中的招生就业页面请同学们自行实现。

注意 **本案例中使用的标记代码并不是只有一种形式。采用其他的标记或属性实现同样的效果当然也是可以的。代码的编写其实很灵活。**

本章小结

本章主要围绕简单学院网站的制作，介绍了 HTML5 的常用文本及段落标记、字体样式标记、列表标记、超链接标记以及图像标记等的使用方法。最后综合利用这些标记完成了简单学院网站案例的制作。

通过本章的学习，读者可以掌握 HTML5 最常用标记的使用方法。熟练掌握 HTML5 的常用标记是进一步学好网页制作的关键。

实训 2

实训 2
参考步骤

一、实训目的

1. 练习使用常用的 HTML 标记。
2. 学会使用 HTML 标记创建简单的网站。

二、实训内容

1. 创建图文混排网页，显示图 2-26 所示的网页内容。网页中的标题文字为“网页设计中色彩的运用”。

图 2-26 第 1 题页面浏览效果

2. 创建宋词赏析页面，页面中包含 3 个锚点链接，单击每个锚点链接时定位到相应的内容处，如图 2-27 所示。

图 2-27 第 2 题页面浏览效果

拓展阅读 2-2

第 3 章
HTML5新增页面元素

03

HTML5 新增了很多新的标记元素，这些新增元素能够使页面具有逻辑结构、容易维护。本章将介绍结构元素、分组元素、页面交互元素、文本语义元素等新增页面元素。

本章是深入学习网页制作技术的基础。学习目标（含素养要点）如下：

※ 掌握结构元素（家国情怀）；
※ 熟悉分组元素；
※ 熟悉页面交互元素；
※ 熟悉文本语义元素（工匠精神）。

3.1 案例：旅游部落网页

综合利用 HTML5 新增页面元素，创建旅游部落网页。页面浏览效果如图 3-1 和图 3-2 所示。要求如下。

（1）用 HTML5 新增页面元素定义页面。

（2）“其他国内游精品路线”用下拉方式展示，单击标题可以展示或折叠详细内容。

图 3-1 旅游部落个人网页

图 3-2 其他国内游精品路线展开效果

3.2 知识准备

HTML5 提供了一些新的元素和属性，这些元素有利于生成更智能的搜索结果。

3.2.1 HTML5 结构元素

HTML5 中新增了几个结构元素（header 元素、nav 元素、section 元素、article 元素、aside 元素和 footer 元素），这些元素的作用与块元素非常相似，运用这些结构元素，可以让网页的整体结构更加直观和明确、更加具有语义化和更具有现代风格。

微课：header 元素

1. header 元素

header 元素为页面或页面中某一个区块的页眉，通常放置标题，它可以包含页面标题、LOGO 图片，搜索表单等，如图 3-3 所示。

山东信息职业技术学院 Shandong College of Information Technology 省属 公办 国家示范性软件职业技术学院

图 3-3　学院网站 header 元素

语法格式如下。

```
<header>
    <h1>标题</h1>
    ……
</ header>
```

例 3-1　用 header 元素定义欢迎内容，文件保存为 3-1.html。代码如下。

```
<!doctype html>
<html>
<head>
<meta charset="utf-8">
<title>header 元素</title>
</head>
<body>
<header>
  <h1>欢迎浏览我的网页 </h1>
  <p>我通过网页给大家介绍 html5 的相关知识</p>
</header>
</body>
</html>
```

浏览网页，效果如图 3-4 所示。

2. nav 元素

nav 元素定义页面的导航链接部分区域，引用 nav 元素可以让页面元素的语义更加明确。在一个 HTML 页面中可以包含多个 nav 元素，但并不是所有的链接都需要包含在 nav 元素中。通常 nav 元素用于以下几种场合。

（1）传统的导航条。

（2）侧边栏导航。

（3）内页导航。

微课：nav 元素

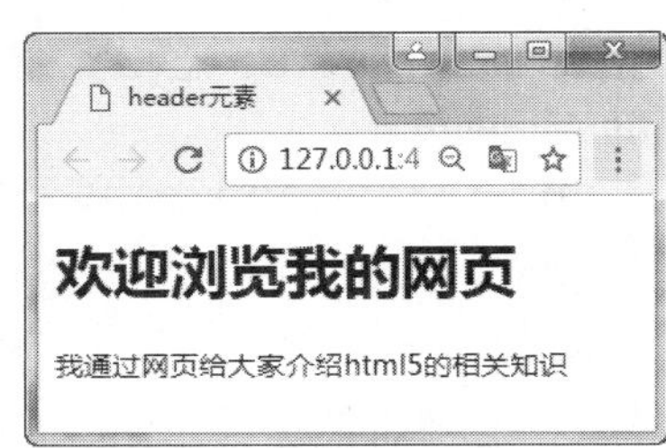

图 3-4　header 元素

（4）翻页导航。

例如，常见的首页、上一页、下一页、尾页链接。

```
<nav>
    <a  href="#">首页</a>
    <a  href="#">上一页</a>
    <a  href="#">下一页</a>
    <a  href="#">尾页</a>
</nav>
```

学院网站传统导航条也可以用 nav 元素，如图 3-5 所示。

网站首页 学院概况 新闻中心 机构设置 教学科研 团学在线 招生就业 公共服务 信息公开 统一信息门户

图 3-5　nav 元素

3. section 元素

section 元素用于对网站或应用程序中页面的内容进行分块，表示一段专题性的内容，一般会带有标题。section 元素通常用于文章的章节、页眉、页脚或文档中的其他部分。使用时需注意以下 3 点。

微课：section 元素

（1）不要使用 section 元素设置样式，作为设置样式的页面容器，那是 div 的工作。

（2）如果 article 元素、aside 元素、nav 元素更适合我们的使用条件，那么就不要使用 section 元素。

（3）不要为没有标题的内容使用 section 元素。

例 3-2　用 section 元素定义网页内容区块，文件保存为 3-2.html。代码如下。

```
<!doctype html>
<html>
<head>
<meta charset="utf-8">
<title>section 元素</title>
</head>
<body>
<section>
  <h1> section 元素</h1>
  <p> section 元素用于对网站或应用程序中页面的内容进行分块，表示一段专题性的内容，一般会带有标题。</p>
</ section >
</body>
</html>
```

浏览网页，效果如图 3-6 所示。

4. article 元素

微课：article 元素

article 元素用来定义独立的内容，该元素定义的内容可独立于其他的内容使用。它可以是一篇博客或报刊中的文章、一篇论坛帖子、一段用户评论或独立的插件等。除了内容部分，一个 article 元素通常有自己的标题（通常放在一个 header 元素中），有时还有自己的页脚。

例 3-3　用 article 元素定义新闻内容，文件保存为 3-3.html。代码如下。

```
<!doctype html>
<html>
<head>
<meta charset="utf-8">
<title>article 元素</title>
</head>
```

```
<body>
<article>
   <header>
       <h1>article 元素</h1>
       <p>发布日期：2019-01-07</p>
   </header>
       <p>article 元素用来定义独立的内容。</p>
       <footer>
            <p>版权所有</p>
       </footer>
</article>
</body>
</html>
```

浏览网页，效果如图 3-7 所示。

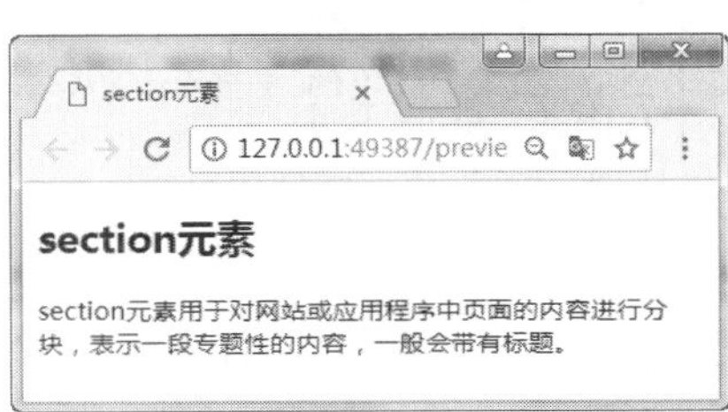

图 3-6　section 元素

图 3-7　article 元素

在 HTML5 中，article 元素可以嵌套使用。article 元素可以包含多个 section 元素，section 元素也可以包含多个 article 元素。article 元素可以被看成是一种特殊类型的 section 元素，它比 section 元素更强调独立性。即 section 元素侧重分段或分块，而 article 侧重独立性。如果一块内容相对来说比较独立、完整，就应该使用 article 元素；如果想将一块内容分成几段，就应该使用 section 元素。

例 3-4　用 article 元素和 section 元素定义新闻内容及评论，文件保存为 3-4.html。代码如下。

```
<!doctype html>
<html>
<head>
<meta charset="utf-8">
<title>article 元素</title>
</head>
<body>
<article>
      <header>
           <h1>article 元素</h1>
            <p>发布日期：2019-01-07</p>
      </header>
      <p>article 元素用来定义独立的内容。</p>
      <section>
           <h2>评论</h2>
           <article>
             <header>
               <h3>评论者：小冰</h3>
              <p>1 小时前</p>
             </header>
             <p>我看懂了</p>
           </article>
             <article>
             <header>
               <h3>评论者：键盘侠</h3>
              <p>2 小时前</p>
```

```
                </header>
                <p>HTML5 新增元素功能强大</p>
            </article>
        </section>
</article>
</body>
</html>
```

浏览网页，效果如图 3-8 所示。

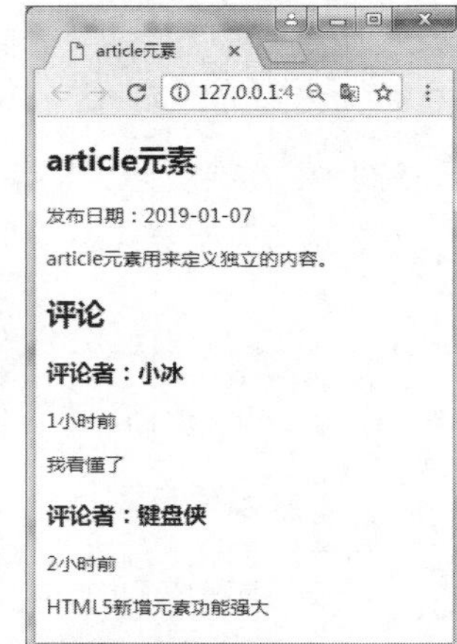

图 3-8　article 元素

5. aside 元素

aside 元素通常用来表示当前页面的附属信息部分，它的内容跟这个页面其他内容的关联性不强，或者没有关联，单独存在。它可以包含当前页面或者主题内容相关的一些引用，如侧边栏、广告、目录、索引、Web 应用、链接、当前页内容简介等，有别于主要内容。

微课：aside 元素

aside 元素主要的使用方法有两种。

（1）包含在 article 元素中作为主要内容的附属信息部分，如与当前文章有关的参考资料、名词解释等。

（2）在 article 元素之外使用的，作为页面或者站点全局的附属信息，如侧边栏、广告、友情链接等。

例 3-5　使用 aside 元素定义网页的侧边栏导航，文件保存为 3-5.html。代码如下。

```
<!doctype html>
<html>
<head>
<meta charset="utf-8">
<title>aside 元素</title>
</head>
<body>
      <aside>
       <nav >
         <ul>
           <li><a href="#" >首页</a></li>
           <li><a href="#" >目的地</a></li>
           <li><a href="#" >酒店</a></li>
           <li><a href="#" >机票</a></li>
           <li><a href="#" >评论</a></li>
           </ul>
      </nav>
  </aside>
</body>
</html>
```

浏览网页，效果如图 3-9 所示。

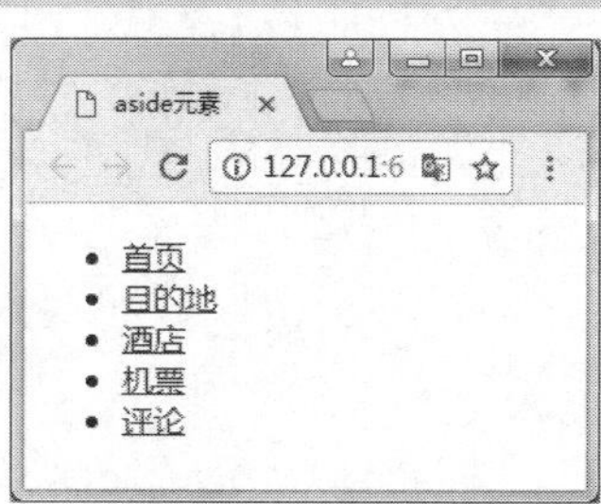

图 3-9　aside 元素

6. footer 元素

footer 元素用于定义页面或区域的页脚，可以为网站的版权信息、作者、日期及联系信息。一个页面中可以包含多个 footer 元素，也可以在 section 元素或 article 元素中使用 footer 元素。例如，下面代码定义了网站的版权信息。

微课：footer 元素

```
<footer>
    <p>版权所有 © 山东信息职业技术学院 鲁 ICP 备 09083749 号</p>
</footer>
```

3.2.2 HTML5 分组元素

分组元素用于对页面元素进行分组。我们熟悉的 div、p、ol、ul 都是分组元素标记，本节介绍 3 个新加的分组元素，分别是 figure 元素、figcaption 元素和 hgroup 元素。

微课：HTML5 分组元素

1. figure 元素和 figcaption 元素

figure 元素用来定义一块独立内容，该内容即使被删除，也不会对周围的内容有影响。它可以用来表示图片、图表、音频、视频、代码等。figcaption 元素用于为 figure 元素组添加标题，figcaption 只能作为 figure 元素的子元素，一个 figure 元素内最多允许使用一个 figcaption 元素，该元素应该放在 figure 元素的第一个或者最后一个子元素的位置。

例 3-6 演示 figure 元素和 figcaption 元素用法，文件保存为 3-6.html。代码如下。

```
<!doctype html>
 <html>
 <head>
 <meta charset="utf-8">
 <title>figure 元素和 figcaption 元素</title>
 </head>
 <body>
  <figure>
     <figcaption>春暖花开</figcaption>
      <p>摄影:阿盟,拍摄时间：2018 年 4 月</p>
      <img src="images/flower.jpg" alt="">
  </figure>
</body>
</html>
```

浏览网页，效果如图 3-10 所示。

图 3-10 figure 元素和 figcaption 元素

2. hgroup 元素

hgroup 元素用于对网页或区段（section）的标题进行组合。它常与 h1~h6 元素组合使用。通常将 hgroup 元素放在 header 元素中。

在使用 hgroup 元素时要注意以下几点。

（1）如果只有一个普通标题，不包含任何特殊的内容，不建议使用 hgroup 元素。

（2）当出现一个或者一个以上的标题与元素时，推荐使用 hgroup 元素作为标题元素。但是，这里除了编号的标题元素（<h1>、<h2>、<h3>）外，其他任何元素也不要放。

（3）如果除了主标题，还有其他内容（比如内容摘要、发表日期、作者署名、图片和小标题），应该把它们放在<hgroup>的后面，再把它们整体放在<header>元素中。

例 3-7 演示 hgroup 元素用法，文件保存为 3-7.html。代码如下。

```
<!doctype html>
<html>
```

```
<head>
<meta charset="utf-8">
<title>hgroup 元素</title>
</head>
<body>
    <article>
        <header>
            <hgroup>
                <h1>标题一</h1>
                <h2>标题二</h2>
            </hgroup>
        </header>
        <p>文章内容</p>
    </article>
</body>
</html>
```

浏览网页，效果如图 3-11 所示。

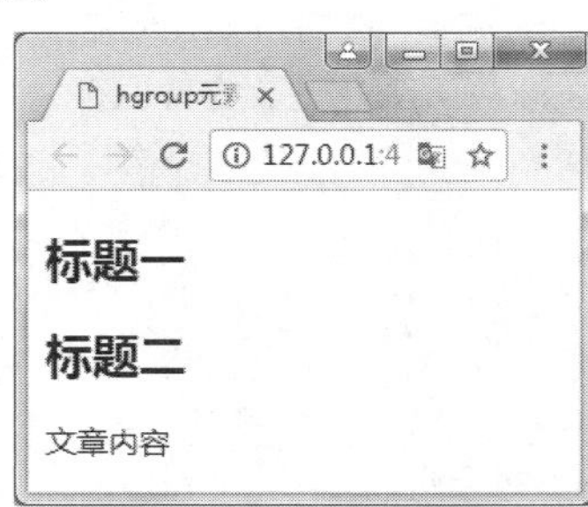

图 3-11　hgroup 元素

3.2.3　HTML5 页面交互元素

HTML5 增加了页面交互元素，以提高页面的交互体验。这一部分非常重要，并且和 JavaScript 控制的效果不同。本节将详细介绍这些元素。

微课：HTML5 页面交互元素

1. details 和 summary 元素

details 元素用于描述文档或文档某个部分的细节。summary 元素经常与 details 元素配合使用，作为 details 元素的第一个子元素，用于为 details 定义标题。在默认情况下，标题可见，不显示 details 中的内容，当用户单击标题时，会显示或隐藏 details 中的其他内容。

例 3-8　演示 details 元素和 summary 元素的用法，文件保存为 3-8.html。代码如下。

```
<!doctype html>
<html>
<head>
<meta charset="utf-8">
<title>details 和 summary 元素</title>
</head>
<body>
    <details>
        <summary><strong>计算机应用技术专业</strong></summary>
        计算机应用技术专业为我院办学之初开设专业之一，教学经验丰富，师资力量雄厚，教学设施齐备。
    </details>
</body>
</html>
```

浏览网页，标题折叠效果如图 3-12 所示，单击标题展开效果如图 3-13 所示。

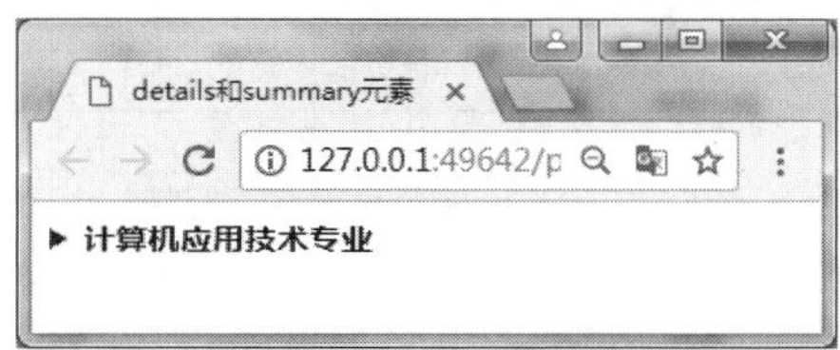

图 3-12　标题折叠效果

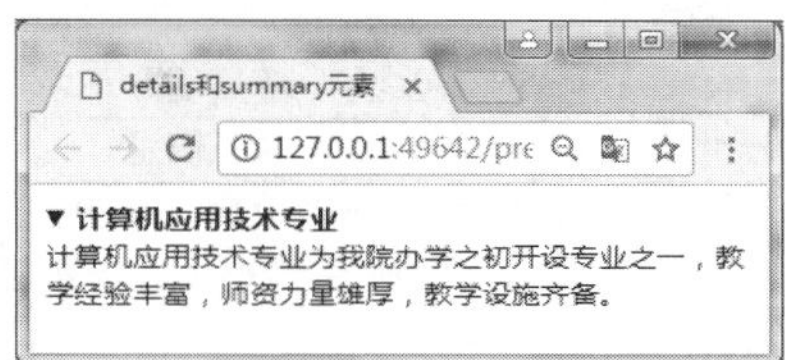

图 3-13　标题展开效果

2. progress 元素

progress 元素用于定义运行中的任务进度（进程），如 Windows 系统中软件的安装、文件的复制等场景的进度。progress 元素的常用属性值有以下两个。

（1）value：已经完成的工作量。

不设置此属性时，进度条为“不确定”型，无具体进度信息，只是表示进度正在进行，但是不清楚还有多少工作量没有完成。

（2）max：总共有多少工作量。

可以自行设置 max 值。value 的默认取值范围为 0.01~1，无 max 属性时，如果 value 值为 0.5，则表示当前进度为 50%。value 和 max 属性的值必须大于 0，value 的值小于或等于 max 属性的值。

例 3-9　演示 progress 元素用法，文件保存为 3-9.html。代码如下。

```
<!doctype html>
<html>
<head>
<meta charset="utf-8">
<title>progress 元素</title>
</head>
<body>
    <h1>项目正在进行</h1>
    <p><progress ></progress></p>
    <h1>当前项目进度：</h1>
    <p><progress max="100" value="80"></progress></p>
</body>
</html>
```

浏览网页，效果如图 3-14 所示。未设置 value 值的 progress 元素显示为动态图，本书只能截取静态图。

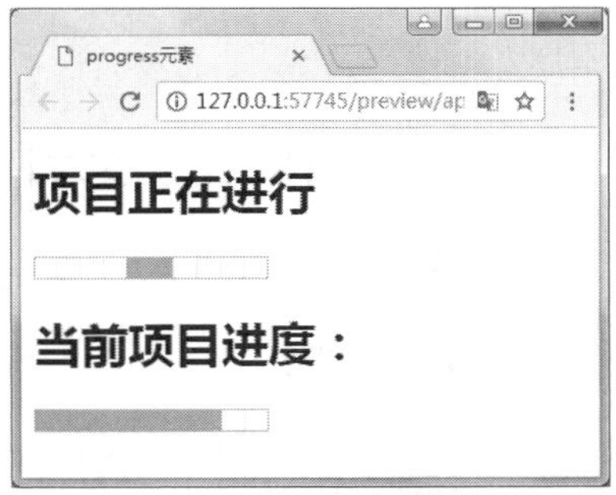

图 3-14　progress 元素

3. meter 元素

meter 元素用于表示指定范围内的数值，如磁盘使用情况、查询结果或投票比例等。meter 元素有多个常用的属性，见表 3-1。

表 3-1　常用属性

属性	说明
high	定义度量的值位于哪个点被界定为高的值
low	定义度量的值位于哪个点被界定为低的值

续表

属性	说明
max	定义最大值，默认值是 1
min	定义最小值，默认值是 0
optimum	定义什么样的度量值是最佳的值。如果该值高于 high 属性的值，则意味着值越高越好；如果该值低于 low 属性的值，则意味着值越低越好
value	定义度量的值

例 3-10 演示 meter 元素的用法，文件保存为 3-10.html。代码如下。

```
<!doctype html>
<html>
<head>
<meta charset="utf-8">
<title>meter 元素</title>
</head>
<body>
    <h1>我的英语成绩</h1>
    <p>
      第一学期：<meter value="58" min="0" max="100" low="60" high="80" title="58 分" optimum="100">58</meter><br>
      第二学期：<meter value="70" min="0" max="100" low="60" high="80" title="70 分" optimum="100">70</meter><br>
      第三学期：<meter value="85" min="0" max="100" low="60" high="80" title="85 分" optimum="100">85</meter><br>
    </p>
</body>
</html>
```

浏览网页，效果如图 3-15 所示。

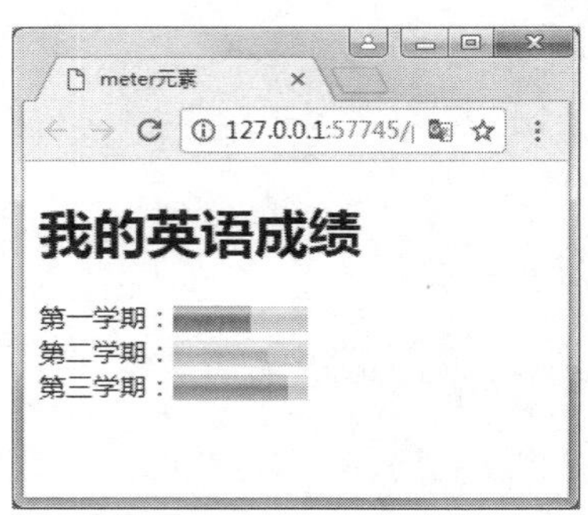

图 3-15　meter 元素

3.2.4　HTML5 文本语义元素

文本语义元素可以使文本内容更加生动。本节详细介绍 time 元素、mark 元素、cite 元素。

1. time 元素

微课：HTML5 文本语义元素

time 元素用来定义公历的时间（24 小时制）或日期。time 元素不会在任何浏览器中呈现任何特殊效果，但能够以机器可读的方式对日期和时间进行编码，这样，代理软件能够把生日提醒或排定的事件添加到用户日程表中，搜索引擎也能够生成更智能的搜索结果。

time 元素有两个属性。

（1）datetime：规定日期或时间，否则，由元素的内容给定日期或时间。

（2）pubdate：指示 time 元素中的日期/时间是文档（或 article 元素）的发布日期，常取值为

"pubdate"。

例 3-11 演示 time 元素用法，文件保存为 3-11.html。代码如下。

```
<!doctype html>
<html>
<head>
<meta charset="utf-8">
<title>time 元素</title>
</head>
<body>
 <p>演唱会日期是<time datetime="2019-3-16 19:00">2019 年 3 月 16 日晚 7 点</time></p>
 <p>发表日期：<time datetime="2019-4-12">2019 年 4 月 12 日</time></p>
</body>
</html>
```

浏览网页，效果如图 3-16 所示。

2. mark 元素

mark 元素的主要功能是高亮显示文本或字符，以引起用户注意。其用法与 strong 类似，但是 mark 元素更随意灵活。

例 3-12 演示 mark 元素用法，文件保存为 3-12.html。代码如下。

```
<!DOCTYPE html>
<html>
<head>
    <meta charset="utf-8">
    <title>mark 元素</title>
</head>
<body>
<h2><mark>HTML5</mark></h2>
<P><mark>HTML5</mark> 通过制定如何处理所有 HTML 元素以及如何从错误中恢复的精确规则，<mark>HTML5</mark> 改进了互操作性，并减少了开发成本。<mark>HTML5</mark>中的新特性包括了嵌入音频、视频和图形的功能，客户端数据存储，以及交互式文档。<mark>HTML5</mark>还包含了诸多新的元素</P>
</body>
</html>
```

浏览网页，效果如图 3-17 所示。

图 3-16 time 元素

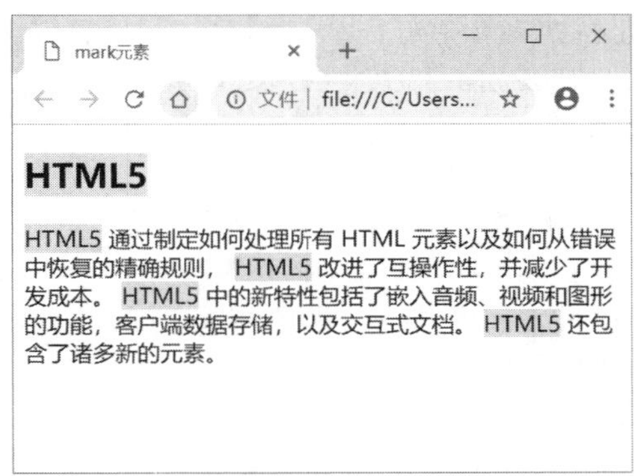

图 3-17 mark 元素

3. cite 元素

cite 元素用来表示它所包含的文本对某个参考文献的引用，比如书籍或者杂志的标题。被引用的文本将以斜体显示，以和其他内容区分。

例 3-13 演示 cite 元素用法，文件保存为 3-13.html。代码如下。

```
<!doctype html>
<html>
<head>
<meta charset="utf-8">
<title>cite 元素</title>
</head>
<body>
    <p><strong>最大的挑战和突破在于用人，而用人最大的突破在于信任人。</strong></p>
    <cite>——马云</cite>
</body>
</html>
```

浏览网页，效果如图 3-18 所示。

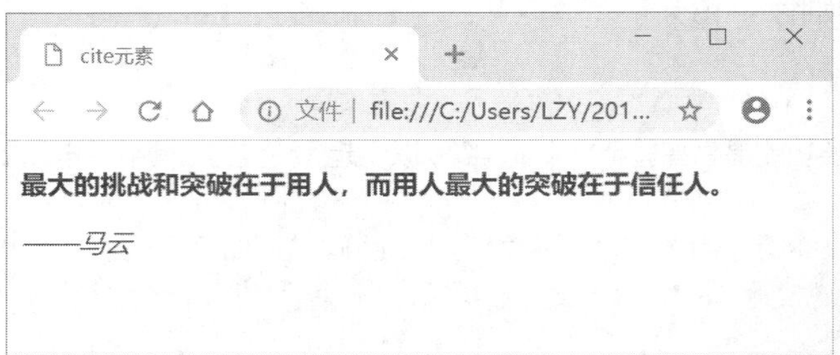

图 3-18 cite 元素

3.3 案例实现

微课：案例实现

本节在前面学习 HTML5 新增页面元素的基础上，综合使用各种标记及标记属性实现旅游部落网页。

3.3.1 创建站点

创建站点的步骤如下。

（1）在磁盘指定位置创建网站根目录。这里在“D 盘\网页设计\源码\chapter3”目录下创建文件夹“lybl”，作为网站根目录。

（2）在站点中创建 images 文件夹，存放网站中用到的素材图像。将图像文件素材复制到该文件夹中。

（3）打开 Dreamweaver 工具，在菜单栏中选择“站点”|“新建站点”命令，在打开的窗口中输入站点名称，然后选择站点文件夹的存储位置，如图 3-19 所示，单击“保存”按钮，站点创建完成。

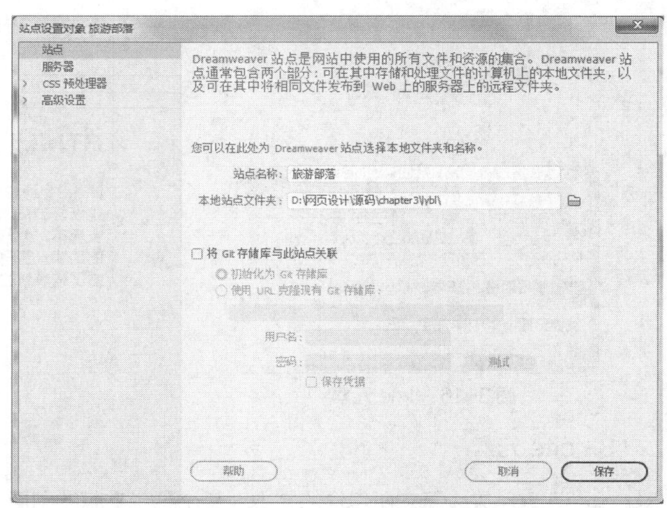

图 3-19 建立站点

3.3.2 页面分析

1. 页面布局分析

下面结合本章所学的 HTML5 新增页面元素知识，创建简单的旅游部落个人网页。本网页共由 4 部分组成，分别为头部、导航、内容、页脚，如图 3-20 和图 3-21 所示。

图 3-20　旅游部落个人网页

图 3-21　其他国内游精品路线展开效果

头部信息用 header 元素定义。导航信息用 nav 元素定义。页面内容用 article 元素定义，其中“七彩云南自由行”用 section 元素定义，直接在页面中展示，“其他国内游精品路线”用 details 元素和 summary 元素定义。页脚用 footer 元素定义。

2. 创建旅游部落页面结构

根据上面的分析，创建旅游部落个人网页的页面结构。代码如下。

```
<!doctype html>
<html>
<head>
  <meta charset="utf-8">
  <title>旅游部落</title>
</head>
<body>
  <header> </header>
  <nav> </nav>
  <article></article>
  <footer></footer>
</body>
</html>
```

完成本页结构，接下来分步完成本页面的制作。

3. 制作头部信息

在 header 中添加图片和文本。代码如下。

```
<header>
      <h1><img src="images/bt.jpg" alt="">--分享我的最详细旅游攻略</h1>
      <p><img src="images/top.jpg" width="593" height="226" alt=""> </p>
</header>
```

浏览后，效果如图 3-22 所示。

图 3-22　头部信息

4. 制作导航信息

在 nav 中添加文本及相应超链接。代码如下。

```
<nav>
 <p><a href="#">国内游</a>  <a href="#">国际游</a></p>
</nav>
```

5. 制作内容信息

在 article 中添加代码如下。

```
<article>
  <h2>国内游</h2>
  <section>
      <h3>七彩云南自由行</h3>
      <img src="images/qicyn.jpg" width="390" height="260" alt="">
      <p> 七彩云南，彩云之南。一座座山峰耸立，一片片森林凝翠，一朵朵鲜花怒放，一条条飞瀑流泉。云南的风情如一朵彩云追赶着另一朵彩云，一份情怀撞击着另一份情怀；云南的颜色如一道赤橙黄绿青蓝紫的长虹，彰示着五彩缤纷的灵气，流淌着千姿百态的动感。赤橙黄绿青蓝紫。那赤色是大理古城上剥落油彩的护栏，是长江源头熊熊燃烧的篝火，是潺潺流水中飞越龙门的锦鲤，是百里杜鹃娇媚明快的怒放，是南疆将士卫国反霸血染的风采，是一代铁军镇关戌边的无悔誓言。</p>
      <p> 云南有两条主要的旅游线路，以昆明为起点往东南方向，昆明--玉溪--普洱--西双版纳， 一条往西北方向，昆明--楚雄--大理--丽江。</p>
   </section>
  <details>
      <summary>其他国内游精品路线</summary>
      <section>
        <h3>张家界风景区</h3>
        <img src="images/zhjj.jpg" width="390" height="246" alt="">
        <p>每年的 4 月和 10 月是张家界天气最好的时候。景区与市区的温差在 10 度左右。记得要带件外套,但不要太厚。行李越少越好，越轻越好。最好几个人结伴，这样租车的费用大家可以分担一些，而且相互可有些照应。</p>
      </section>
  </details>
  </article>
```

浏览效果如图 3-23 和图 3-24 所示。

6. 制作页脚信息

在 footer 中添加文本及相应超链接。代码如下。

```
<footer>
  <p>旅游部落版权所有</p>
</footer>
```

图 3-23　内容信息

图 3-24　其他国内游精品路线展开效果

本章小结

本章通过对旅游部落页面的定义，认识了 HTML 的结构元素、分组元素、页面交互元素、文本语义元素，并综合利用这些元素创建了旅游部落个人网页。

通过本章的学习，读者可以掌握 HTML5 常用的新增页面元素。更多的新增页面元素，读者可以查阅参考 w3school 在线教程的“HTML 5 参考手册”。其他新增元素在后面章节中会学到。本章内容是制作 HTML5 网站的重要知识点，为后续章节学习打下基础。

实训 3

一、实训目的

1. 练习常用 HTML5 新增页面元素。
2. 学会使用 HTML5 新增页面元素创建简单的网站。

二、实训内容

实训 3
参考步骤

创建健身频道网页文件，采用本章所学的 HTML5 新增页面元素，页面效果如图 3-25 和图 3-26 所示。

图 3-25 健身频道网页效果

图 3-26 各运动项目展开后的网页浏览效果

拓展阅读 3-1

第 4 章 CSS3基础

04

在第 2 章和第 3 章使用 HTML 标记和相应的属性制作网页，存在很大的局限和不足，如元素的美化、网页维护等。为了制作更美观、大方，易于维护的网站，就需要使用 CSS。

CSS 是目前流行的网页表现语言，所谓表现就是赋予结构化文档内容显示的样式，包括版式、颜色和大小等。也就是说，页面中显示的内容放在结构里，而修饰、美化放在表现里，做到结构与表现分离。这样当页面使用不同的表现时，可以显示不同的外观。因此 Web 标准推荐使用 CSS 来完成表现。目前 CSS 的最新版本是 CSS3。本章将介绍 CSS3 的基本语法、使用方式、选择器以及常用的文本样式属性。

本章是深入学习 CSS 的基础。学习目标（含素养要点）如下：

※ 理解 CSS 语法（与时俱进）；

※ 掌握 CSS 使用方式；

※ 掌握常用的 CSS 属性（美育教育）；

※ 会熟练使用 CSS 常用属性设置文本样式。

4.1 案例：学院新闻详情页面

利用 HTML5 标记及 CSS3 常用文本属性，制作学院新闻详情页面，浏览效果如图 4-1 所示。要求如下。

图 4-1　网页浏览效果

微课：学院新闻详情页面

（1）正文标题采用二级标题，颜色为#FF9600，在浏览器中居中显示。

（2）作者等信息采用宋体，大小为 12px，颜色为灰色（#666），在浏览器中居中显示。

（3）段落文字采用宋体，大小为 16px，文字颜色为黑色，行高为 25px，首行缩进 2 个字符。

（4）图像在浏览器中居中显示。

4.2 知识准备

CSS 功能强大，CSS 的样式能实现比 HTML 更多的网页元素样式，几乎能定义所有的网页元素。现在几乎所有漂亮的网页都使用了 CSS，CSS 已经成为网页设计必不可少的工具之一。很多网页都添加了各种酷炫的 CSS 效果。

4.2.1 初识 CSS

层叠样式表（Cascading Style Sheet，CSS）是由 W3C 的 CSS 工作组创建和维护的。它是一种不需要编译、可直接由浏览器执行的标记性语言，是用于格式化网页的标准格式，它扩展了 HTML 的功能，使网页设计者能够以更有效的方式设置网页格式。

微课：初识 CSS

样式就是格式，对于网页来说，像网页显示的文字的大小和颜色、图片位置、段落和列表等，都是网页显示的样式。层叠是指当 HTML 文件引用多个 CSS 样式时，如果 CSS 的定义发生冲突，浏览器就按照 CSS 的样式优先级来应用样式。

CSS 能将样式的定义与 HTML 文件结构分离。对于由几百个网页组成的大型网站来说，要使所有的网页样式风格统一，可以定义一个 CSS 样式表文件，几百个网页都调用这个样式表文件即可。如果要修改网页的样式，只需修改 CSS 样式表文件就可以了。

4.2.2 CSS 发展历史

随着 HTML 的发展，CSS 的各种版本也应运而生。CSS 主要有以下 3 个版本。

（1）CSS1

1996 年 12 月，W3C 发布了第一个有关样式的标准 CSS1。这个版本已经包含了 font 的相关属性、颜色与背景的相关属性、文字的相关属性等。

微课：CSS 发展历史

（2）CSS2

1998 年 5 月，CSS2 正式推出，这个版本开始使用样式表结构，该版本曾是流行最广并且主流浏览器都采用的标准。

（3）CSS3

2001 年，W3C 着手开发 CSS3。它被分为若干个相互独立的模块。它不是仅对已有功能的扩展和延伸，而更多的是对 Web UI 设计理念的革新。CSS3 配合 HTML5 标准，引起了 Web 应用的变革。各主流浏览器已经开始支持其中的绝大部分特性。

Web 开发者可以借助 CSS3 设计圆角、多背景、用户自定义字体、3D 动画、渐变、盒阴影、文字阴影、透明度等来提高 Web 设计的质量，开发者将不必再依赖图片或 JavaScript 完成这些任务，极大地提高了网页的开发效率。

4.2.3 引入 CSS 样式

要想使用 CSS 样式修饰网页，就需要在 HTML 文档中引入 CSS 样式。CSS 主要提供了以下 3 种引入方式。

微课：行内式

1. 行内式

行内式也称为内联样式，是通过标记的 style 属性设置元素的样式。其基本语法格式如下。

```
<标记 style="属性：属性值； 属性：属性值；……">内容</标记名>
```

说明 （1）该格式中 style 是标记的属性，实际上任何 HTML 标记都拥有 style 属性。通过该属性可以设置标记的样式。

（2）属性指的是 CSS 属性，不同于 HTML 标记的属性。属性和值书写时不区分大小写，按照书写习惯一般采用小写的形式。

（3）属性和属性值之间用英文状态下的冒号分隔，多个属性之间必须用英文状态下的分号隔开，最后一个属性值后的分号可以省略。

其中，（2）和（3）对于内嵌式和外部式样式表中的书写同样适用。

例 4-1 创建一个网页文档，使用行内式设置网页内容的样式，文件保存为 4-1.html，代码如下。

```
<!doctype html>
<html>
<head>
<meta charset="utf-8">
<title>行内式</title>
</head>
<body>
<h1 style="text-align:center; color:#003;">山东信息职业技术学院</h1>
</body>
</html>
```

在例 4-1 代码中，使用<h1>标记的 style 属性设置标题文字的样式，使标题文字在浏览器中居中显示，文字颜色为深蓝色。其中，“text-align”和“color”都是 CSS 常用的样式属性，在后面的章节中会详细介绍。

浏览文件，效果如图 4-2 所示。

图 4-2 行内式的使用

注意 行内式由于将表现和内容混在一起，不符合 Web 标准，所以很少使用。一般需要临时修改某个样式规则时使用。

2. 内嵌式

微课：
内嵌式

内嵌式也叫内部样式表，是将所有 CSS 样式代码写在 HTML 文档的<head>头部标记中，并且用<style>标记定义。其语法格式如下。

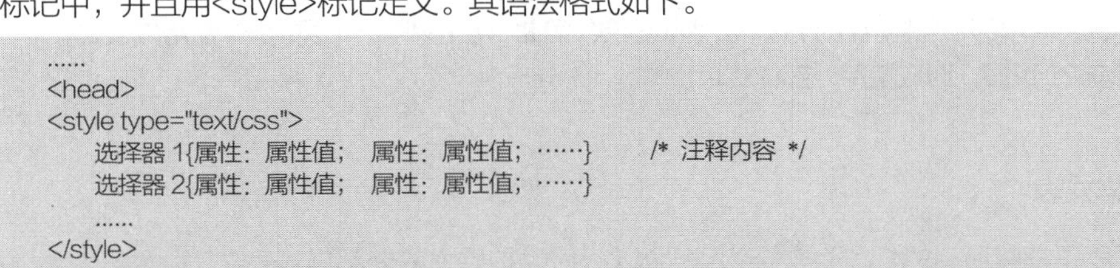

```
……
<head>
<style type="text/css">
    选择器 1{属性：属性值；  属性：属性值；……}        /* 注释内容 */
    选择器 2{属性：属性值；  属性：属性值；……}
    ……
</style>
</head>
……
```

说明 （1）<style>标记一般位于<head>标记中的<title>标记之后。

（2）选择器用于指定 CSS 样式作用的 HTML 对象，有标记选择器、类选择器和 ID 选择器等。选择器的详细内容会在本章后面介绍。

（3）/*……*/为 CSS 的注释符号，用于说明该行代码的作用。注释内容不会显示在网页上。

例 4-2 创建一个网页文档，使用内嵌式设置网页内容的样式，文件保存为 4-2.html，代码如下。

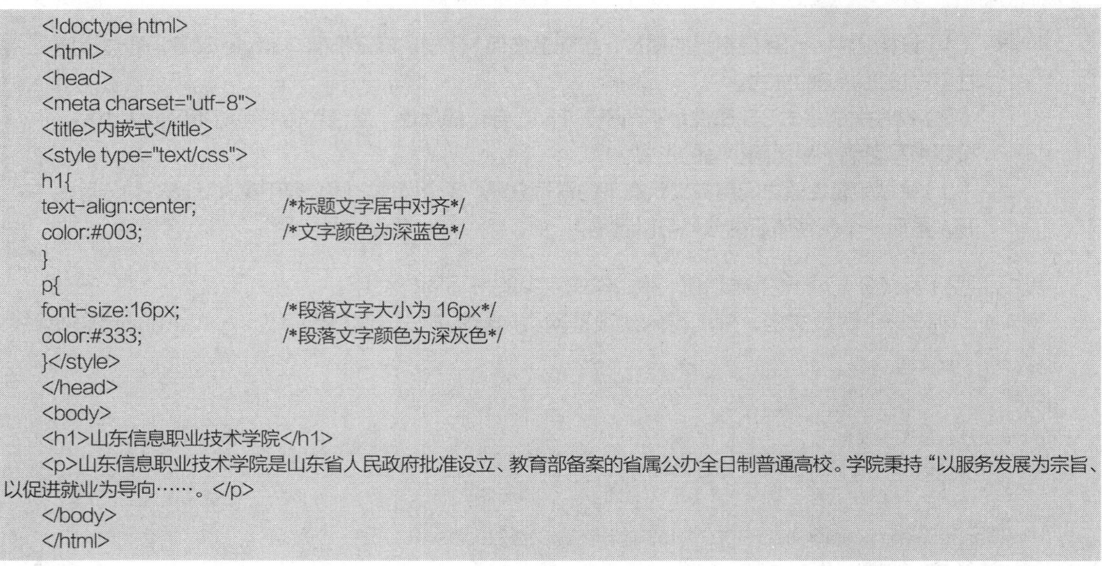

```
<!doctype html>
<html>
<head>
<meta charset="utf-8">
<title>内嵌式</title>
<style type="text/css">
h1{
text-align:center;            /*标题文字居中对齐*/
color:#003;                   /*文字颜色为深蓝色*/
}
p{
font-size:16px;               /*段落文字大小为 16px*/
color:#333;                   /*段落文字颜色为深灰色*/
}</style>
</head>
<body>
<h1>山东信息职业技术学院</h1>
<p>山东信息职业技术学院是山东省人民政府批准设立、教育部备案的省属公办全日制普通高校。学院秉持“以服务发展为宗旨、以促进就业为导向……。</p>
</body>
</html>
```

例 4-2 代码中，使用内嵌式设置<h1>标记和<p>标记的样式。

浏览文件，效果如图 4-3 所示。

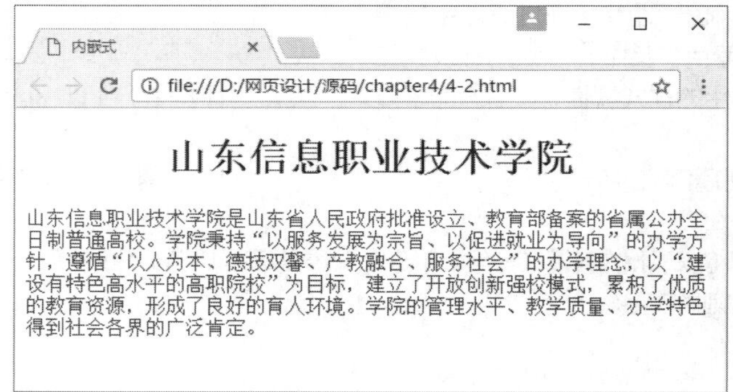

图 4-3　内嵌式的使用

注意　**内嵌式 CSS 样式只对其所在的 HTML 页面有效。因此，网站只有一个页面时，使用内嵌式；但如果有多个页面，则应使用外部样式表。**

3. 链接外部样式表

链接外部样式表是指将所有的 CSS 样式放入一个以.css 为扩展名的外部样式表文件中，通过<link>标记将外部样式表文件链接到 HTML 文件中。其语法格式如下。

微课：链接外部样式表

```
……
<head>
<link href="外部样式表文件路径" rel="stylesheet" type="text/css">
</head>
……
```

说明 （1）<link>标记一般位于<head>标记中的<title>标记之后。

（2）<link>标记必须指定以下 3 个属性。

① href：定义所链接的外部样式表文件的 URL。

② rel：定义被链接的文件是样式表文件。

③ type：定义所链接文档的类型为 text/css，即 CSS 文档。

例 4-3 将例 4-2 实现的效果用外部样式表实现，文件保存为 4-3.html，操作步骤如下。

（1）创建 HTML 文档。输入如下代码。

```
<!doctype html>
<html>
<head>
<meta charset="utf-8">
<title>链接外部样式表</title>
</head>
<body>
<h1>山东信息职业技术学院</h1>
<p>山东信息职业技术学院是山东省人民政府批准设立、教育部备案的公办省属普通高等学校，由山东省经济和信息化委员会、山东省教育厅主管。学院具有 30 多年的办学历史，特别是计算机类、电子信息类专业享誉省内外。学院是教育部批办的全国“国家示范性软件职业技术学院”首批建设单位，人力资源和社会保障部、工业和信息化部确认的国家首批“电子信息产业高技能人才培养基地”，是“全国信息产业系统先进集体”“山东省职业教育先进集体”“山东省德育工作优秀高校”“山东省文明校园”。</p>
</body>
</html>
```

（2）创建外部样式表文件。执行“文件” | “新建”命令，在“新建文档”对话框的“文档类型”选项中选择“CSS”，单击“创建”按钮，如图 4-4 所示。

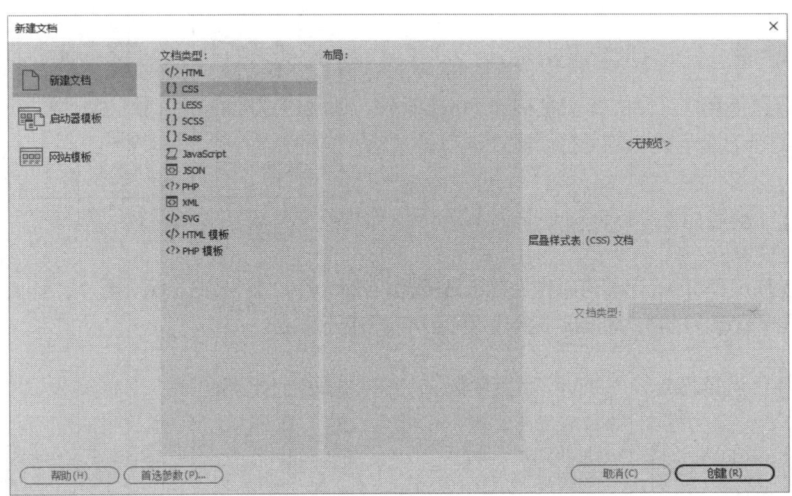

图 4-4 “新建文档”对话框

（3）在 CSS 编辑文档窗口中，输入 CSS 样式表代码，如图 4-5 所示。保存 CSS 文件，文件命名为 style.css，位置与 4-3.html 文件相同。该文件中的代码如下。

```
style.css
@charset "utf-8";
/* CSS Document */
h1{
    text-align:center;      /*标题文字居中对齐*/
    color:#003;             /*文字颜色为深蓝色*/
}
p{
    font-size:16px;         /*段落文字大小为16像素*/
    color:#333;             /*段落文字颜色为深灰色*/
}
```

图 4-5 CSS 编辑文档窗口

```
h1{
 text-align:center;          /*标题文字居中对齐*/
 color:#003;                 /*文字颜色为深蓝色*/
}
p{
 font-size:16px;             /*段落文字大小为 16px*/
 color:#333;                 /*段落文字颜色为深灰色*/
}
```

（4）链接 CSS 外部样式表。在例 4-3 的<title>标记后，添加<link>语句，代码如下。

```
<link href="style.css" rel="stylesheet" type="text/css">
```

重新保存 4-3.html 文档，浏览文件，效果如图 4-3 所示。

注意 **链接外部样式表的最大好处是同一个 CSS 样式表可以被多个 HTML 页面链接使用。因此实际网站制作时一般都是用此种方式。该种方式实现了结构与表现的分离，使得网页的前期制作和后期维护都十分方便。**

此外，外部样式表文件还可以以导入式与 HTML 网页文件发生关联。但导入式会造成不好的用户体验，因此对于网站创建者来说，最好采用链接外部样式表来美化网页。

4.2.4 CSS 基础选择器

书写 CSS 样式代码时要用到选择器。选择器用于指定 CSS 样式作用的 HTML 对象。下面介绍 CSS 的基础选择器。

微课：CSS 选择器（1）

微课：CSS 选择器（2）

微课：CSS 选择器（3）

1. 标记选择器

标记选择器是指用 HTML 标记名称作为选择器，为页面中的该类标记指定统一的 CSS 样式。其语法格式如下。

```
标记名称{属性：属性值；  属性：属性值；  ……}
```

说明 **所有的 HTML 标记都可以作为标记选择器，如 body、h1~h6、p、ul、li、strong 等。标记选择器定义的样式能自动应用到网页中的相应元素上。**

例如，使用 p 选择器定义 HTML 页面中所有段落的样式。代码如下。

```
p{
 font-size:12px;                  /*设置文字大小*/
 color:#666;                      /*设置文字颜色*/
 font-family:"微软雅黑";           /*设置字体*/
}
```

对于有一定基础的 Web 设计人员，可以将上述代码改写成如下格式，其作用完全一样。

```
p{font-size:12px;color:#666;font-family:"微软雅黑";}
```

注意 **标记选择器最大的优点是能快速统一页面中同类型标记的样式，同时这也是它的缺点，不能设计差异化样式。**

2. 类选择器

类选择器指定的样式可以被网页上的多个标记元素选用。类选择器以“.”开始，其后跟类名称。其语法格式如下。

```
.类名称{属性：属性值；  属性：属性值；……}
```

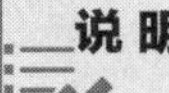

说 明 **（1）使用类选择器定义的 CSS 样式，需要设置元素的 class 属性值为其指定样式。**

（2）类选择器的最大优势是可以为元素定义相同或单独的样式。

例 4-4 创建网页，使用类选择器定义网页元素的样式，文件保存为 4-4.html。代码如下。

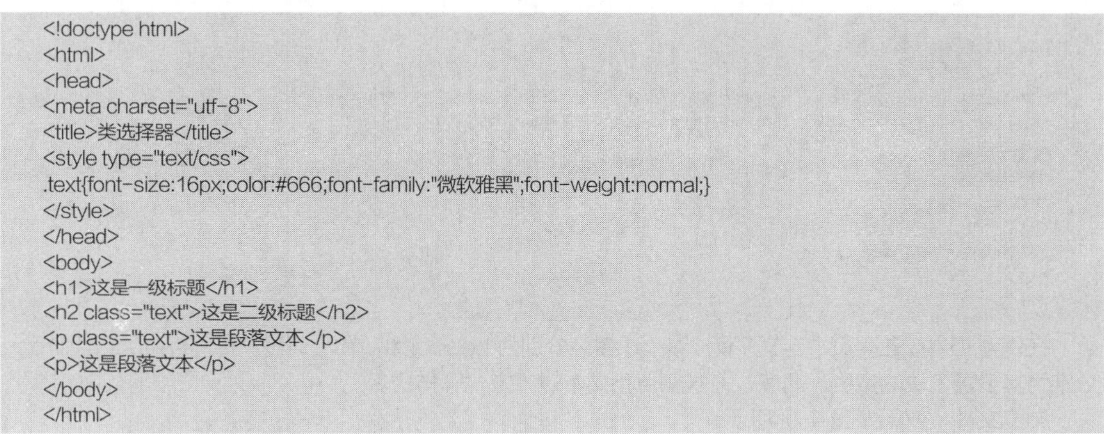

```
<!doctype html>
<html>
<head>
<meta charset="utf-8">
<title>类选择器</title>
<style type="text/css">
.text{font-size:16px;color:#666;font-family:"微软雅黑";font-weight:normal;}
</style>
</head>
<body>
<h1>这是一级标题</h1>
<h2 class="text">这是二级标题</h2>
<p class="text">这是段落文本</p>
<p>这是段落文本</p>
</body>
</html>
```

上述代码中，定义了类选择器的样式.text，并对网页内容中的 h2 和 p 标记应用了该样式，使 h2 和 p 标记中的文字大小为 16px，颜色为灰色，字体是微软雅黑，文字正常显示。

浏览文件，效果如图 4-6 所示。

注意 **（1）多个标记可以使用同一个类名，使不同的标记指定相同的样式。**

（2）类名的第一个字符不能使用数字，并且严格区分大小写，一般采用小写英文字母表示。

图 4-6 使用类选择器

3. ID 选择器

ID 选择器用于对某个元素定义单独的样式。ID 选择器以“#”开始。其语法格式如下。

```
#ID 名称{属性：属性值；  属性：属性值；……}
```

说 明 （1）ID 名称即为 HTML 元素的 ID 属性值，ID 名称在一个文档中是唯一的，只对应于页面中的某一个具体元素。
（2）ID 选择器定义的样式能自动应用到网页中的某一个元素上。
（3）ID 选择器常用于在 DIV 布局时给页面上的块定义样式。DIV 布局的内容在以后章节再详细讲解。

例 4-5 创建网页，使用 ID 选择器定义网页元素的样式，文件保存为 4-5.html。代码如下。

```
<!doctype html>
<html>
<head>
<meta charset="utf-8">
<title>ID 选择器</title>
<style type="text/css">
#header{width:800px; height:100px; background-color:#9FF; text-align:center;}
#nav{width:800px; height:40px; background-color:#F90; text-align:center;}
</style>
</head>
<body>
<div id="header">这是头部</div>
<div id="nav">这是导航</div>
</body>
</html>
```

在例 4-5 中，在网页中定义了两个块，id 名称分别为 header 和 nav，通过选择器#header 和#nav 分别为其设置了块的宽度、高度、背景颜色和文本对齐方式等样式。

浏览文件，效果如图 4-7 所示。

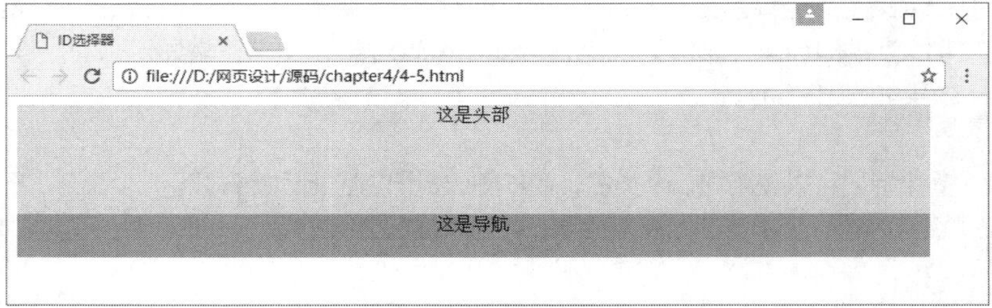

图 4-7 使用 ID 选择器

4. 交集选择器

交集选择器由两个选择器构成，第一个是标记选择器，第二个是类选择器，表示二者各自元素范围的交集。两个选择器之间不能有空格。其语法格式如下。

```
标记名称.类名称{属性：属性值；  属性：属性值；……}
```

例 4-6 创建网页，使用交集选择器定义网页元素的样式，文件保存为 4-6.html。代码如下。

```
<!doctype html>
<html>
<head>
<meta charset="utf-8">
<title>交集选择器</title>
<style type="text/css">
p{color:red;}
.special{color:green;}
```

```
p.special{font-size:40px;}       /*交集选择器*/
</style>
</head>
<body>
<p>这是段落文本</p>
<h2>这是二级标题</h2>
<p class="special">这是段落文本</p>
<h2 class="special">这是二级标题</h2>
</body>
</html>
```

例 4-6 中，定义了 p 标记的样式，也定义了.special 类样式，此外还单独定义了 p.special，用于特殊的控制。p.special 定义的样式仅仅适用于“<p class="special">这是段落文本</p>”这一行文本，而不会影响使用了.special 类样式的 h2 标记定义的文本。

浏览文件，效果如图 4-8 所示。

图 4-8　使用交集选择器

注意　**交集选择器是为了简化样式表代码的编写而采用的选择器。初学者如果不能熟练应用此选择器，完全可以创建一个类选择器来代替使用交集选择器。**

5. 并集选择器

并集选择器由各个选择器通过逗号连接而成，任何形式的选择器（标记选择器、类选择器、ID 选择器等）都可以作为并集选择器的一部分。如果某些选择器定义的样式完全相同或部分相同，就可以利用并集选择器为它们定义相同的 CSS 样式。

例 4-7　创建网页，页面中有 2 个标题和 3 个段落，设置样式使它们的字号和颜色都相同，文件保存为 4-7.html。代码如下。

```
<!doctype html>
<html>
<head>
<meta charset="utf-8">
<title>并集选择器</title>
<style type="text/css">
h1,h2,p{font-size:24px; color:blue;}
</style>
</head>
<body>
<h1>这是一级标题</h1>
```

```
<h2>这是二级标题</h2>
<p>这是段落文本</p>
<p>这是段落文本</p>
<p>这是段落文本</p>
</body>
</html>
```

浏览文件，效果如图 4-9 所示。

图 4-9　使用并集选择器

注意　**使用并集选择器定义样式与各个选择器分别定义样式作用相同，但并集选择器的样式代码更简捷。**

6. 后代选择器

后代选择器也叫包含选择器，用于控制容器对象中的子对象，使其他容器对象中的同名子对象不受影响。

书写后代选择器时将容器对象写在前面，子对象写在后面，中间用空格分隔。若容器对象有多层，则分层依次书写。

例 4-8　创建网页，使用后代选择器控制页面元素的样式，文件保存为 4-8.html。代码如下。

```
<!doctype html>
<html>
<head>
<meta charset="utf-8">
<title>后代选择器</title>
<style type="text/css">
p strong{font-size:24px; color:red;}        /*后代选择器*/
strong{color:blue;}
</style>
</head>
<body>
<p>这是段落文本。段落文本中包含<strong>红色的文字</strong>。</p>
<strong>这是其他文本</strong>
</body>
</html>
```

浏览文件，效果如图 4-10 所示。

由图 4-10 可以看出，后代选择器 p strong 定义的样式仅适用于嵌套在<p>标记中的<strong>标记定义的文本，其他<strong>标记定义的文本不受影响。

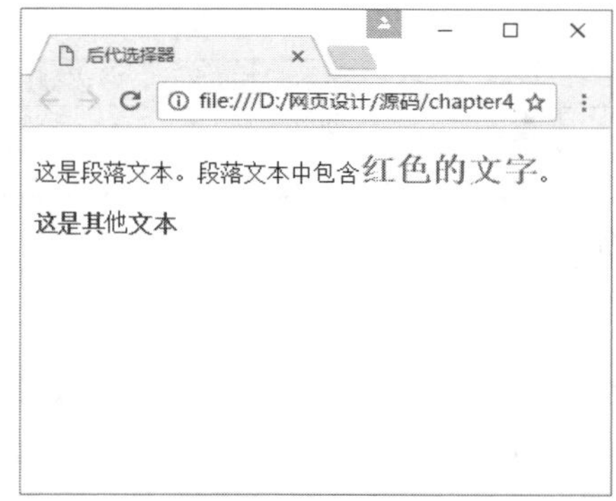

图 4-10　使用后代选择器

7. 通配符选择器

通配符选择器用“*”表示，它是所有选择器作用范围最广的，能匹配页面中的所有元素。其基本语法格式如下。

```
*{属性：属性值；　属性：属性值；……}
```

例如，设置页面中所有元素的外边距和内边距属性代码如下。

```
*{margin:0; padding:0;}
```

注意　**实际网页开发中不建议使用通配符选择器，因为它设置的样式对所有的 HTML 标记都生效，不管标记是否需要该样式，这样反而降低了代码的执行速度。**

4.2.5　CSS 常用文本属性

第 2 章介绍了常用的 HTML 文本标记。为了更好地控制文本标记显示的样式，CSS 提供了相应的文本设置属性。

CSS 常用文本属性见表 4-1。

微课：CSS 常用文本属性（1）

微课：CSS 常用文本属性（2）

微课：CSS 常用文本属性（3）

表 4-1　常用文本属性

属性	说明
font-family	设置字体
font-size	设置字号
font-weight	设置字体的粗细
font-style	设置字体的倾斜
@font-face	用于定义服务器字体，是 CSS3 新增属性
text-decoration	设置文本是否添加下画线、删除线等
color	设置文本颜色
text-align	设置文本的水平对齐方式
text-indent	设置段落的首行缩进
line-height	设置行高

续表

属性	说明
text-shadow	设置文字的阴影效果，是 CSS3 新增属性
text-overflow	设置元素内溢出文本的处理，是 CSS3 新增属性

下面详细介绍表中的每个属性。

1. font-family

font-family 属性用于设置字体。网页中常用的字体有宋体、微软雅黑、黑体等。例如：

```
p{ font-family:"微软雅黑";}
```

可以同时指定多个字体，中间以逗号隔开，表示如果浏览器不支持第一个字体，则会尝试下一个，直到找到合适的字体。例如：

```
body{font-family:"华文彩云","宋体","黑体";}
```

应用上面的字体样式时，会首选华文彩云，如果用户计算机中没有安装该字体，则选择宋体，也没有安装宋体，则选择黑体。当指定的字体都没有安装时，就会使用浏览器默认字体。

注意

（1）各种字体之间必须使用英文状态下的逗号隔开。

（2）中文字体需要加英文状态下的引号，英文字体一般不需要加引号。当需要设置英文字体时，英文字体名必须位于中文字体名之前。

（3）如果字体名中包含空格、#、$等符号，则该字体必须加英文状态下的单引号或双引号，例如：

```
p{font-family: "Times New Roman";}
```

（4）尽量使用系统默认字体，以保证在任何用户的浏览器中都能正确显示。

2. font-size

font-size 属性用于设置字号，一般以像素（px）为单位表示字号大小。例如：

```
p{font-size:12px;}
```

注意

最适合显示网页正文的字号大小一般为 12px 左右。对于标题或其他需要强调的地方可以适当设置较大的字号。页脚和辅助信息可以用小一些的字号。

3. font-weight

font-weight 属性用于定义字体的粗细。常用的属性值为 normal 和 bold，用来表示正常或加粗显示的字体。

例如：

```
p{font-weight:bold;}        /*设置段落文本为粗体显示*/
h2{font-weight:normal;}    /*设置标题文本为正常显示*/
```

4. font-style

font-style 属性用于定义字体风格，如设置斜体、倾斜或正常字体，其可用属性值如下。

（1）normal：默认值，浏览器会显示标准的字体样式。

（2）italic：浏览器会显示斜体的字体样式。

（3）oblique：浏览器会显示倾斜的字体样式。

例如：

```
p{font-style:italic;}        /*设置段落文本为斜体显示*/
h2{font-style:oblique;}   /*设置标题文本为倾斜显示*/
```

注意 **italic 和 oblique 都是向右倾斜的文字，但区别在于 italic 是指斜体字，而 oblique 是倾斜的文字，对于没有斜体的字体应该使用 oblique 属性值来实现倾斜的文字效果。**

5. @font-face

@font-face 属性是 CSS3 新增属性，用于定义服务器字体。通过该属性，开发者可以在网页中使用任何喜欢的字体，而不管用户计算机是否安装这些字体。

定义服务器字体的基本语法格式如下。

```
@font-face{
        font-family:字体名称;
        src:字体文件路径;
}
```

说 明 **font-family 用于指定服务器字体的名称，该名称自己定义；src 属性用于指定该字体文件的路径。**

例 4-9 创建网页，使用@font-face 属性定义服务器字体，使该字体应用到网页中。文件保存为 4-9.html。代码如下。

```
<!doctype html>
<html>
<head>
<meta charset="utf-8">
<title>@font-face 属性</title>
<style>
 @font-face{
        font-family:FZDBSFW;
        src:url(font/FZDBSFW.TTF);
 }
 p{font-family:FZDBSFW;font-size:24px;}
</style>
</head>
<body>
 <p>独在异乡为异客，每逢佳节倍思亲。</p>
</body>
</html>
```

浏览文件，效果如图 4-11 所示。网页中的文字使用了方正大标宋繁体。

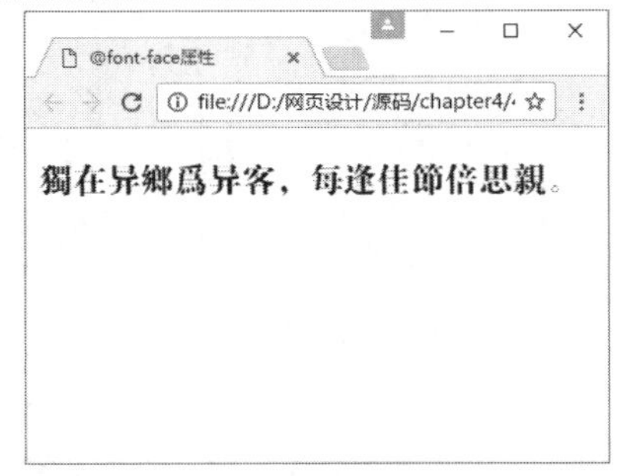

图 4-11　使用@font-face 属性定义字体

从例 4-9 可以看出，使用服务器字体的步骤如下。

（1）下载字体，并存储到网站相应的文件夹中。

（2）使用@font-face 属性定义服务器字体。

（3）对网页中的元素应用 font-family 样式。

6. text-decoration

text-decoration 属性用于设置文本的下画线、上画线、删除线等装饰效果，其可用属性值如下。

（1）none：没有装饰（正常文本默认值）。

（2）underline：下画线。

（3）overline：上画线。

（4）line-through：删除线。

例如：

```
a{text-decoration:none;}        /*设置超链接文字不显示下画线*/
a:hover{ text-decoration:underline;}    /*设置鼠标悬停在超链接文字上时显示下画线*/
```

7. color

color 属性用于定义文本的颜色，常用的取值方式有以下 4 种。

（1）预定义的颜色值表示，有 black、olive、teal、red、green、blue、maroon、navy、gray、lime、fuchsia、white、purple、silver、yellow、aqua 等。

（2）十六进制数表示。采用#RRGGBB 的形式，RR 表示红色的分量值，GG 表示绿色的分量值，BB 表示蓝色的分量值，每组分量值的取值范围为 00～FF，如#FF0000、#FF6600、#29D794 等。十六进制是最常用的定义颜色的方式。如果每组十六进制数的两位数相同，则可以每组用一位数表示。例如，#FF0000 可以表示为#F00。

（3）rgb 函数表示。例如，红色可以表示为 rgb(255,0,0)或 rgb(100%,0%,0%)。

例如，下面的 3 行代码都设置标题颜色为红色。

```
h1{color:#f00;}
h2{color:red;}
h3{color:rgb(255,0,0);}
```

（4）rgba 函数表示。rgba 函数是在 rgb 函数的基础上增加了控制 alpha 透明度的参数。透明度的取值介于 0～1。例如，h3{color:rgba(255,0,0,0.5);}表示 h3 标题文字采用半透明的红色。

8. text-align

拓展阅读 4-1

text-align 属性用于设置文本内容的水平对齐。其可用属性值如下。

（1）left：左对齐（默认值）。

（2）right：右对齐。

（3）center：居中对齐。

（4）justify：两端对齐。

例如：

```
h1{text-align:center;}
```

9. text-indent

text-indent 属性用于设置首行文本的缩进，其属性值可为不同单位的数值，一般建议使用 em（1em 等于一个中文字符的宽度）作为设置单位。例如：

```
p{text-indent:2em;}       /*设置段落缩进 2 个中文字符*/
```

10. line-height

段落中两行文字之间的垂直距离称为行高。在 HTML 中是无法控制行高的，在 CSS 样式中，使用 line-height 属性控制行与行的垂直间距，属性值一般以 px（像素）为单位。例如：

```
p{ line-height:25px;}        /*设置行高为 25px*/
```

11. text-shadow

该属性用于设置文本的阴影效果，常用语法格式如下。

```
选择器{text-shadow:水平阴影距离，垂直阴影距离，模糊半径，阴影颜色;}
```

说明 **阴影距离可以是正值，也可以是负值，正负值表示阴影的方向不同。**

例 4-10 创建网页，给文字设置阴影效果，文件保存为 4-10.html。代码如下。

```
<!doctype html>
<html>
<head>
<meta charset="utf-8">
<title>text-shadow 属性</title>
<style type="text/css">
p {
 font-family: "微软雅黑";
 font-size: 24px;
}
.yy1 {
 text-shadow: 3px 3px 3px #666;/*给文字添加阴影，阴影在右下方*/
}
.yy2 {
 text-shadow: -3px -3px 3px #666;/*给文字添加阴影，阴影在左上方*/
}
</style>
</head>
<body>
<p class="yy1">昨夜星辰昨夜风，画楼西畔桂堂东。</p>
<p class="yy2">身无彩凤双飞翼，心有灵犀一点通。</p>
</body>
</html>
```

浏览文件，效果如图 4-12 所示。

图 4-12　设置文字阴影效果

12. text-overflow

该属性用于设置元素内文本溢出时如何处理。基本语法格式如下。

```
选择器{text-overflow:clip|ellipsis;}
```

说 明 （1）clip：修剪元素内溢出的文本，使溢出的文本不显示，也不显示省略标记“...”。
（2）ellipsis：在元素文本末尾用省略标记“...”标示被修剪的文本。

例 4-11 创建网页，使用属性 text-overflow 设置溢出的文本，文件保存为 4-11.html。代码如下。

```
<!doctype html>
<html>
<head>
<meta charset="utf-8">
<title>text-overflow 属性</title>
<style type="text/css">
p {
 width: 400px; /*设置元素的宽度*/
 height: 100px; /*设置元素的高度*/
 border: 1px solid #000; /*设置元素的边框*/
 white-space: nowrap; /*设置元素内文本不能换行*/
 overflow: hidden; /*将溢出内容隐藏*/
 text-overflow: ellipsis; /*用省略标记修剪溢出文本*/
}
</style>
</head>
<body>
<p>我如果爱你,绝不像攀援的凌霄花，借你的高枝炫耀自己;我如果爱你,绝不学痴情的鸟儿，为绿荫重复单调的歌曲。 </p>
</body>
</html>
```

浏览文件，效果如图 4-13 所示。

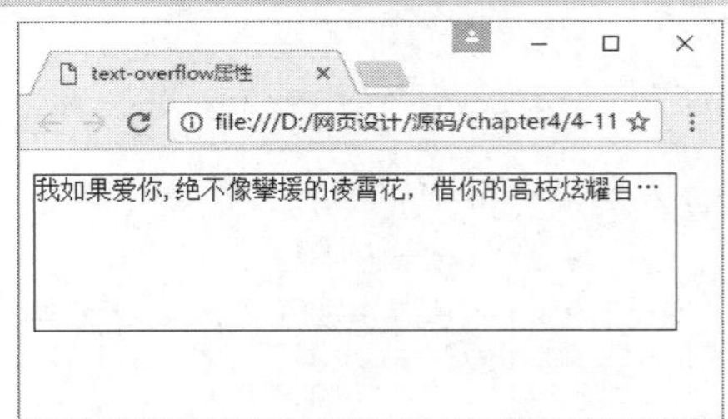

图 4-13 用省略标记表示溢出的文本

从例 4-11 可以看出，使用 text-overflow 属性，设置省略标记表示溢出文本的步骤如下。

（1）为包含文本的元素定义宽度。

（2）设置元素的 white-space 属性值为 nowrap，强制文本不能换行。

（3）设置元素的 overflow 属性值为 hidden，使溢出文本隐藏。

（4）设置 text-overflow 属性值为 ellipsis，显示省略标记。

4.2.6 CSS 的高级特性

CSS 的高级特性是指 CSS 的层叠性、继承性和优先级等。网页设计师应深刻理解这些特性。

1. 层叠性

微课：CSS 的高级特性

层叠性是指多种 CSS 样式的叠加。例如，当使用内嵌式 CSS 样式定义<p>标记字号为 12px，使用外部样式表定义<p>标记颜色为红色，那么段落文本将显示为 12px 红色，即这两种样式产生了叠加。

2. 继承性

继承性是指书写 CSS 样式表时，子标记会继承父标记的某些样式，如文本颜色和字号等。例如，定义页面主体标记 body 的文本颜色为黑色，那么页面中所有的文本都将显示为黑色，这是因为其他标记都是 body 标记的子标记。

恰当地使用继承可以简化代码，降低 CSS 样式的复杂性。但是，如果网页中的所有元素都大量继承样式，判断样式的来源就会很困难，所以对于字体、文本属性等网页中通用的样式可以使用继承。例如，字体、字号和颜色等可以在 body 元素中统一设置，然后通过继承影响文档中的所有文本。

注意 **当为 body 元素设置字号属性时，标题文本不会采用这个样式，因为标题标记 h1～h6 有默认的字号样式。**

3. CSS 优先级

定义 CSS 样式时，经常出现两个或更多规则应用在同一元素上的情形，这时就会出现优先级问题。根据规定，样式表的优先级别从高到低为：行内式、内嵌式和外部样式表，也就是越接近目标元素的样式，优先级越高，即就近原则。

4.3 案例实现

微课：
案例实现

本节在前面学习 CSS 内容的基础上，综合使用 CSS 样式属性实现学院新闻详情页面。

4.3.1 创建新闻详情页面

1. 页面分析

分析图 4-14 所示的新闻详情页面效果。该页面主要由标题、段落文字和图片组成。标题文字使用标记<h2>，作者信息使用标记<h3>，标题文字样式使用 CSS 属性设置。段落文字使用标记<p>，图像放入段落标记中。段落和图像的样式都使用 CSS 属性设置。

file:///D:/网页设计/源码/chapter4/news1.html

我院被确定为空军士官人才培养定点院校

撰稿人：招生就业指导处 时间：2018-09-02 15:49:10 浏览次数：4671次

8月29日晚，空军军民融合定向培养士官联席会议在吉林长春召开。学院院长毕丛福与另外17所院校代表一道，与空军签订定向培养士官协议。至此，学院由空军定向培养士官试点院校转为空军士官人才培养定点院校。

自2012年开始，空军开展依托高职院校定向培养士官工作，规模逐年扩大。合作院校由最初全国5所高校310人增加至今年18所高校3500余人。这是深化军民融合发展战略、优化空军人才结构的重要举措，体现了军地协作的共赢优势。

学院充分发挥电子信息类专业优势，融合部队现代化装备发展之需，自2014年被确定为空军定向培养士官试点院校以来，培养规模不断扩大。当前在校空军定向培养士官587名，已为空军培养入伍定向士官282名，占空军已入伍定向士官人数的七分之一。学院高度重视士官人才的培养工作，于2015年成立士官学院，与指导院校一起按照士官人才的需求，深入研究培养工作的目标方位、标准要求、方法路径和制度机制，开创性提出了定向士官“靶向”培养工作体系，多措并举夯实铸魂、精技、严纪、健体四项工程基础，打造军旅文化育人品牌，举全院最优质的资源，全力做好定向培养士官工作，探索出定向士官特色教育特色管理新路子，为建设世界一流空军提供了坚强有力的人才支撑。

图 4-14　新闻详情页面浏览效果

2. 制作页面结构

新建网页文件，文件名称改为 new1.html。双击文件 new1.html，打开该文件，添加代码如下。

```
<!doctype html>
<html>
<head>
```

```
<meta charset="utf-8">
<title>我院被确定为空军士官人才培养定点院校</title>
</head>
<body>
<h2>我院被确定为空军士官人才培养定点院校</h2>
<hr>
<h3>撰稿人：招生就业指导处 时间：2018-09-02 15:49:10 浏览次数：4671 次 </h3>
<p>8 月 29 日晚，空军军民融合定向培养士官联席会议在吉林长春召开。学院院长毕丛福与另外 17 所院校代表一道，与空军签订定向培养士官协议。至此，学院由空军定向培养士官试点院校转为空军士官人才培养定点院校。</p>
<p>自 2012 年开始，空军开展依托高职院校定向培养士官工作，规模逐年扩大。合作院校由最初全国 5 所高校 310 人增加至今年 18 所高校 3500 余人。这是深化军民融合发展战略、优化空军人才结构的重要举措，体现了军地协作的共赢优势。</p>
<p>学院充分发挥电子信息类专业优势，融合部队现代化装备发展之需，自 2014 年被确定为空军定向培养士官试点院校以来，培养规模不断扩大。当前在校空军定向培养士官 587 名，已为空军培养入伍定向士官 282 名，占空军已入伍定向士官人数的七分之一。学院高度重视士官人才的培养工作，于 2015 年成立士官学院，与指导院校一起按照士官人才的需求，深入研究培养工作的目标方位、标准要求、方法路径和制度机制，开创性提出了定向士官“靶向”培养工作体系，多措并举夯实铸魂、精技、严纪、健体四项工程基础，打造军旅文化育人品牌，举全院最优质的资源，全力做好定向培养士官工作，探索出定向士官特色教育特色管理新路子，为建设世界一流空军提供了坚强有力的人才支撑。</p>
<p class="photo"><img src="images/qianyue.jpg" width="500" height="333" alt=""></p>
</body>
</html>
```

4.3.2 定义 CSS 样式

在<head>标记中添加内部样式表，代码如下。

```
<style type="text/css">
body {
    font-family: "微软雅黑"; /*设置字体*/
    font-size: 14px; /*设置字号*/
    color: #000; /*设置文字颜色*/
}
h2 {
    color: #FF9600;
    text-align: center; /*设置文本对齐方式*/
}
h3 {
    font-size: 12px;
    font-weight: normal; /*设置文字为非粗体*/
    text-align: center;
    color: #666;
}
p {
    text-indent: 2em; /*设置首行缩进 2 个字符*/
    line-height: 25px; /*设置行高*/
}
.photo {
    text-align: center; /*设置图像居中对齐*/
}
</style>
```

浏览文件，效果如图 4-14 所示。

注意

（1）在上述代码中，h2、h3 和 p 标记的样式可以自动应用到网页中；定义的.photo 类样式，需要在要引用的段落中使用 class 设置属性来应用样式。

（2）页面中有图像时，为了使图像在网页中居中显示，一般将其放入段落中，使段落居中显示即可。

本章小结

本章介绍了 CSS 在网页中的引用方式、CSS 选择器的类型、CSS 常用的属性，以及 CSS 的层叠性、继承性及优先级等内容，最后综合利用 HTML 标记及 CSS 常用属性完成新闻详情页面的制作。

通过本章的学习，读者可以掌握 CSS 在网页中的使用方法，学会灵活使用 CSS 最常用的属性。

实训 4

实训 4
参考步骤

一、实训目的

1. 练习 CSS 样式定义和使用方法。
2. 掌握 CSS 的常用属性的使用。

二、实训内容

给第 2 章创建的简单学院网站中的每个页面添加 CSS 样式，实现图 4-15～图 4-18 所示的浏览效果。

图 4-15 首页浏览效果

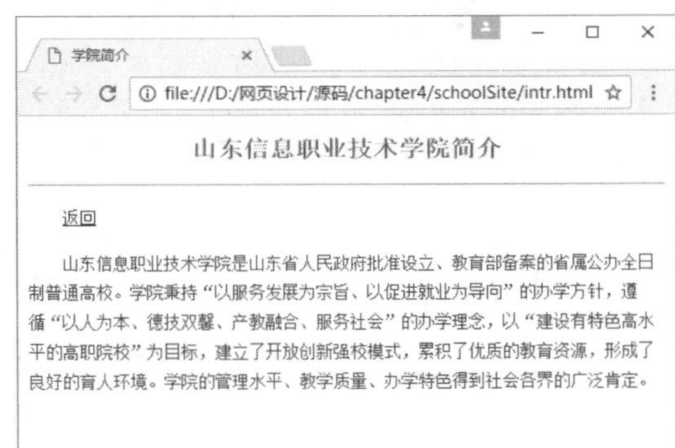

图 4-16 学院介绍页面浏览效果

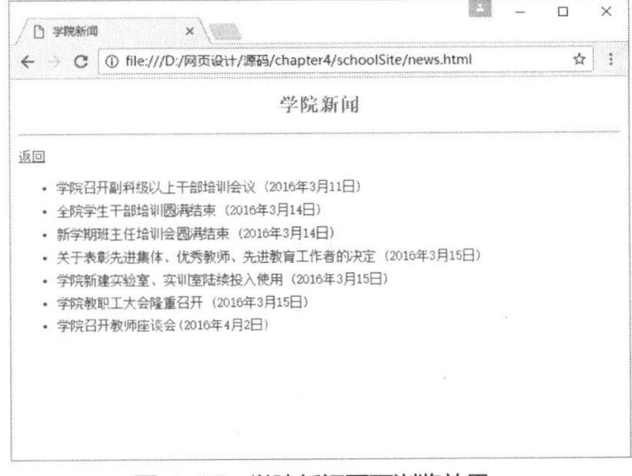

图 4-17 学院新闻页面浏览效果

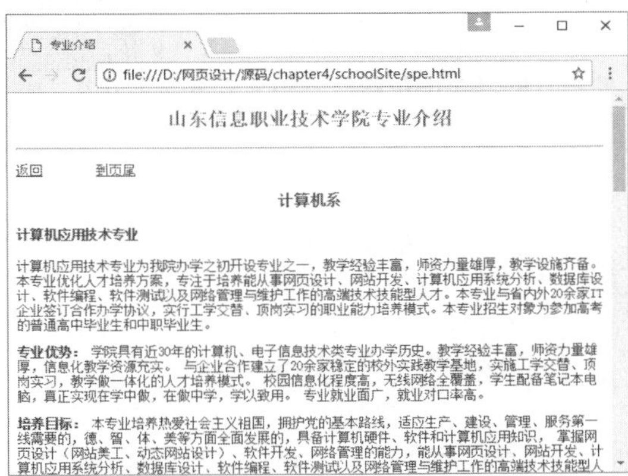

图 4-18 专业介绍页面浏览效果

第 5 章 CSS3高级选择器

05

通过第 4 章的学习，我们认识了 CSS3 的基础选择器，这些基础选择器能满足网页设计的基本需求。CSS3 新增了多种高级选择器，它可以大大简化工作，提高代码效率，提高页面的可维护性。本章学习 CSS3 的高级选择器。

本章学习目标（含素养要点）如下：

※ 掌握属性选择器的使用；

※ 理解关系选择器；

※ 熟练使用结构化伪类选择器（文化自信）；

※ 掌握伪元素选择器（职业素养）。

5.1 案例：景点介绍页面

结合高级选择器，利用 HTML5 和 CSS3，制作景点介绍页面。单击图 5-1 中的某个景点时，显示图 5-2 所示的效果。要求使用高级选择器，提高代码效率。

图 5-1 景点介绍页面 1

图 5-2 景点介绍页面 2

5.2 知识准备

使用高级选择器可以方便地定位指定的元素，而不必使用额外的 class 或 id，通过这种方式也可以让代码和样式更加简洁、灵活、易控制。

5.2.1 属性选择器

属性选择器可以通过元素的属性来选择元素。本节将介绍 CSS3 新增的 3 种属性选择器：E[att^=val]、E[att$=val]、E[att*=val]。

微课：
属性选择器

1. E[att^=val]属性选择器

E[att^=val]属性选择器，是指选择名称为 E，att 属性值以 val 开头的元素。例如，p[id^="txt"]是指 id 属性值以 txt 字符串为前缀的 p 标记。E 可以省略，如果省略，则表示可以匹配满足条件的任意元素。

例 5-1 演示 p[id^="txt"]在文档中的实际效果，文件保存为 5-1.html。代码如下。

```
<!doctype html>
<html>
<head>
<meta charset="utf-8">
<title>属性选择器</title>
<style type="text/css">
p[id^="txt"]{background-color: yellow;}
</style>
</head>
<body>
<p id="txt">天行健，君子以自强不息，地势坤，君子以厚德载物。</p>
<p id="atxt">如果放弃太早，你永远都不知道自己会错过什么。</p>
<p id="txta">你的选择是做或不做，但不做就永远不会有机会。</p>
<p id="atxta">心灵纯洁的人，生活充满甜蜜和喜悦。</p>
</body>
</html>
```

上面代码使用了选择器 p[id^="txt"]，则 id="txt" 和 id="txta"的段落都呈现背景色为黄色的效果。按 F12 键，浏览文件，效果如图 5-3 所示。

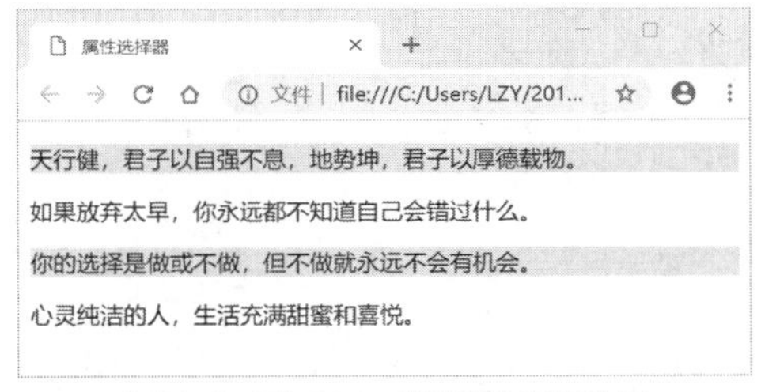

图 5-3 E[att^=val]属性选择器效果

2. E[att$=val]属性选择器

E[att$=val]属性选择器，是指选择名称为 E，att 属性值以 val 结尾的元素。例如，p[id$="txt"]是指 id 属性值以 txt 字符串为后缀的 p 标记。E 可以省略，如果省略，则表示可以匹配满足条件的任意元素。

例如，把例 5-1 中的第 7 行 CSS 代码替换为下面语句。

```
p[id$="txt"]{background-color:yellow;}
```

因上面代码使用了选择器 p[id$="txt"]，所以 id="txt" 和 id="atxt"的段落都呈现背景色为黄色的效果。浏览文件效果如图 5-4 所示。

3. E[att*=val]属性选择器

E[att*=val]属性选择器，是指选择名称为 E，att 属性值包含 val 的元素。例如，p[id*="txt"]是指 id 属性值包含 txt 字符串的 p 标记。E 可以省略，如果省略，则表示可以匹配满足条件的任意元素。

例如，把例 5-1 中的 CSS 代码替换为下面语句。

```
p[id*="txt"]{background-color:yellow;}
```

因上面代码使用了选择器 p[id*="txt"]，而本文档中所有的 id 属性值均含 txt，所以所有段落都呈现背景色为黄色的效果。浏览文件，效果如图 5-5 所示。

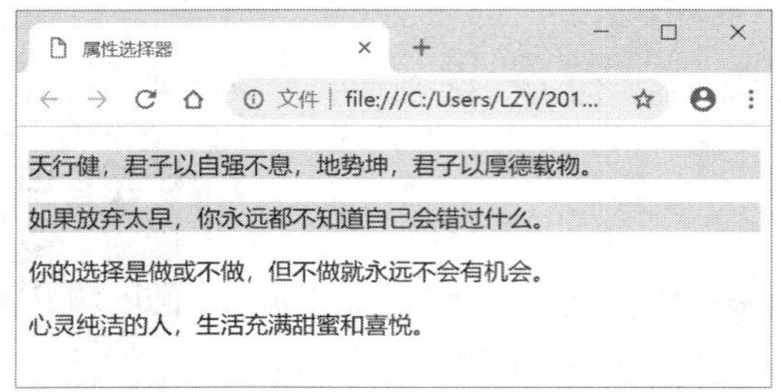

图 5-4　E[att$=val]属性选择器效果

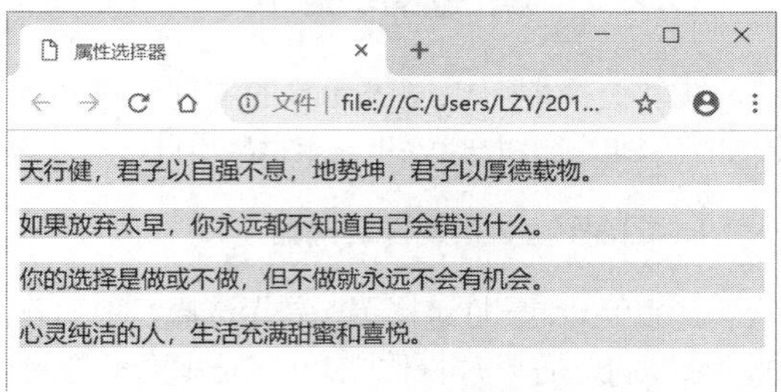

图 5-5　E[att*=val]属性选择器效果

5.2.2　关系选择器

下面介绍 3 个关系选择器，分别是子代选择器（>）、相邻兄弟选择器（+）、普通兄弟选择器（~）。

微课：关系选择器

1. 子代选择器（>）

子代选择器主要用于选择某元素的第一级子元素，而且必须是第一级子元素。前面学习过的后代选择器用于选择某元素的子元素，只要是子元素都可以。

例 5-2　演示子代选择器和后代选择器的不同，文件保存为 5-2.html。代码如下。

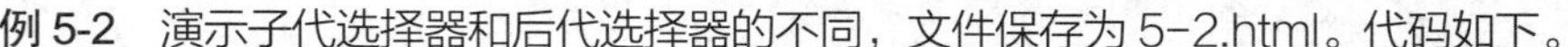

```
<!doctype html>
<html>
<head>
<meta charset="utf-8">
<title>子代选择器</title>
<style type="text/css">
	p>strong{font-size: 30px;}
	p strong{text-decoration: underline;}
</style>
</head>
<body>
<p>
	p 的<strong>第一级子元素</strong>
	<u><strong>第二级子元素</strong></u>
</p>
</body>
</html>
```

上面代码中，第 7 行代码中的“p>strong”是子代选择器，本行代码为 p 元素的第一级子元素 strong，设置字号 30px。第 13 行代码中的 strong 元素为 p 元素的第一级子元素，第 14 行码中的 strong 元素为 p 元素的第二级子元素，因此第 7 行代码的样式对第 13 行代码有效。第 7 行代码中的“p strong”是后代选择器，对第 13 行和 14 行代码均有效。浏览文件，效果如图 5-6 所示。

图 5-6　子代选择器效果

2. 相邻兄弟选择器（+）和普通兄弟选择器（~）

相邻兄弟选择器（+）和普通兄弟选择器（~）统称兄弟选择器。相邻兄弟选择器用“+”连接两个元素，这两个元素有相同的父元素，并且第二个元素紧跟第一个元素。普通兄弟选择器用“~”连接两个元素，这两个元素有相同的父元素，第二个元素不必紧跟第一个元素。

例 5-3 演示相邻兄弟选择器和普通兄弟选择器的用法，文件保存为 5-3.html。代码如下。

```
<!doctype html>
<html>
<head>
<meta charset="utf-8">
<title>兄弟选择器</title>
<style type="text/css">
    h3+p{background-color: yellow;}
    h3~p{font-size: 26px;}
</style>
</head>
<body>
        <p>我是普通段落</p>
        <h3>我是 h3 标题</h3>
        <p>我是 h3 标题相邻兄弟</p>
        <p>我是 h3 标题普通兄弟</p>
    </ul>
</body>
```

上面代码中，第 7 行代码为 h3 元素后面同级相邻元素 p 定义样式。h3 元素后面同级相邻元素的位置在第 14 行代码。第 8 行代码为 h3 元素后面同级元素 p 定义样式。h3 元素后面同级元素的位置在第 14、15 行代码。浏览文件后，效果如图 5-7 所示。

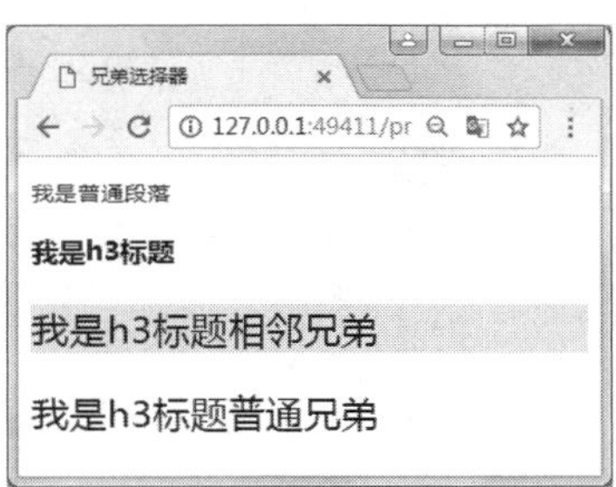

图 5-7 兄弟选择器效果

5.2.3 结构化伪类选择器

CSS3 常用的结构化伪类选择器有:root 选择器、:not 选择器、:empty 选择器、:target 选择器、:only-child 选择器、:first-child 选择器、:last-child 选择器、:nth-child（n）选择器、:nth-last-child（n）选择器、:nth-of-type（n）选择器、:nth-last-of-type（n）选择器。

微课：结构化伪类选择器（1）

微课：结构化伪类选择器（2）

1. :root 选择器

:root 选择器用于选择文档的根元素。在 HTML 中，文档的根元素为 html 元素。因此，:root 选择器定义的样式，对本文档内的所有元素生效。

例 5-4 演示:root 选择器在文档中的效果，文件保存为 5-4.html。代码如下。

```
<!doctype html>
<html>
<head>
<meta charset="utf-8">
<title>: root 选择器</title>
```

```
<style type="text/css">
    :root{background: #FFD4D5;font-size: 30px;}
</style>
</head>
<body>
    <h3>标题</h3>
    <p>正文</p>
</body>
</html>
```

浏览文件，效果如图 5-8 所示。

2. :not 选择器

:not 选择器又称为否定选择器，可以选择除了某个元素之外的所有元素。

例 5-5 为列表项设置样式，并用:not 选择器排除特殊列表项，文件保存为 5-5.html。代码如下。

```
<!doctype html>
<html>
<head>
<meta charset="utf-8">
<title>:not 选择器</title>
<style type="text/css">
  ul li:not(.first) {color:#666666;font-family:"隶书";}
</style>
</head>
<body>
<ul>
  <li class="first">首页</li>
  <li>学院概况</li>
  <li>联系方式</li>
</ul>
</body>
</html>
```

浏览文件，效果如图 5-9 所示。

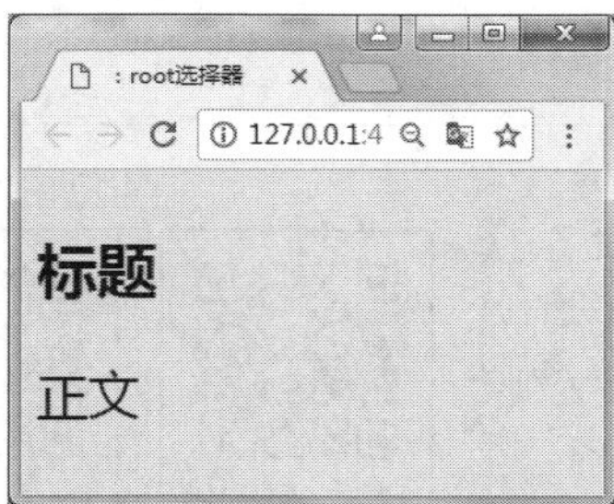

图 5-8 :root 选择器效果

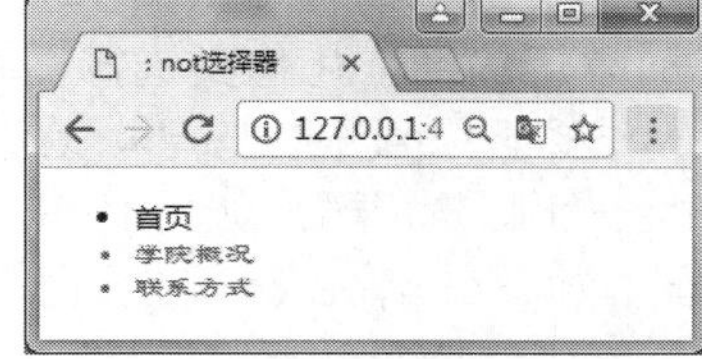

图 5-9 :not 选择器效果

3. :empty 选择器

:empty 选择器用于选择没有内容的元素。

例 5-6 :empty 选择器用法演示，文件保存为 5-6.html。代码如下。

```
<!doctype html>
<html>
<head>
<meta charset="utf-8">
<title>:empty 选择器</title>
```

```
<style type="text/css">
p:empty {
      background: orange;
      height: 26px;
}
</style>
</head>
<body>
      <p>我是一个有内容的段落</p>
<p></p>
</body>
</html>
```

例 5-6 代码中的第 15 行代码定义了空的 p 元素，p:empty 选择器将空 p 元素设置背景色为橙色，行高为 26px。浏览文件，效果如图 5-10 所示。

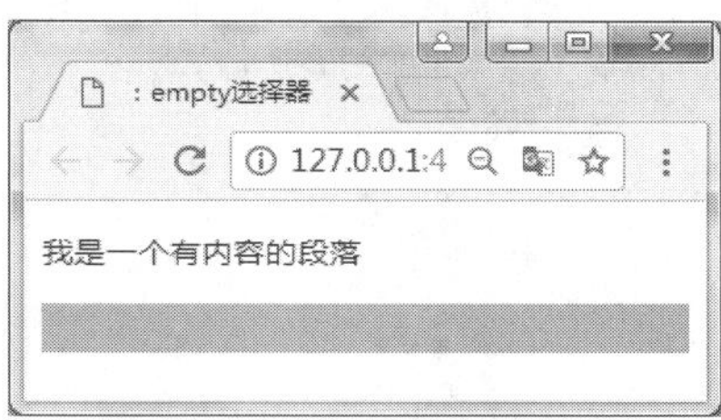

图 5-10　:empty 选择器效果

4. :target 选择器

:target 选择器用于选取当前活动的目标元素。只有用户单击了超链接，而且此链接地址为本页面内的目标位置时，:target 选择器样式才起作用。

例 5-7　:target 选择器用法演示，文件保存为 5-7.html。代码如下。

```
<!doctype html>
<html>
<head>
<meta charset="utf-8">
<title>:target 选择器</title>
<style type="text/css">
 :target { border: 1px solid #7A7A7A;}
</style>
</head>
<body>
 <p>国产电影</p>
 <p><a href="#p1">战狼 2</a></p>
 <p><a href="#p2">流浪地球</a></p>
 <p id="p1">战狼 2 简介...</p>
 <p id="p2">流浪地球简介...</p>
</body>
</html>
```

例 5-7 代码中的第 12 行定义了超链接，单击此超链接，跳转到第 14 行 id=p1 的 p 元素，该元素内容被添加边框。浏览文件，效果如图 5-11 和图 5-12 所示。

图 5-11　:target 选择器效果 1

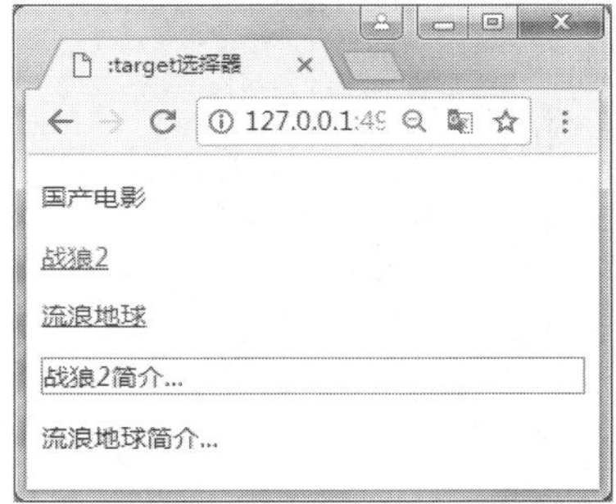

图 5-12　:target 选择器效果 2

5. :only-child 选择器

only-child 选择器用于匹配属于父元素中唯一子元素的元素。也就是说，匹配元素的父元素中仅有一个子元素，而且是一个唯一的子元素。

例 5-8　:only-child 选择器用法演示，文件保存为 5-8.html。代码如下。

```
<!doctype html>
<html>
<head>
<meta charset="utf-8">
<title>:only-child 选择器</title>
<style>
 p:only-child{background:yellow;}
</style>
</head>
<body>
 <div><p>我是唯一的子元素</p></div>
 <div>
	<p>我是第一个子元素</p>
	<p>我是第二个子元素</p>
 </div>
</body>
</html>
```

在例 5-8 代码中，父元素为 div，选择器 p:only-child 将 div 中唯一的 p 元素设置背景色为黄色。浏览文件，效果如图 5-13 所示。

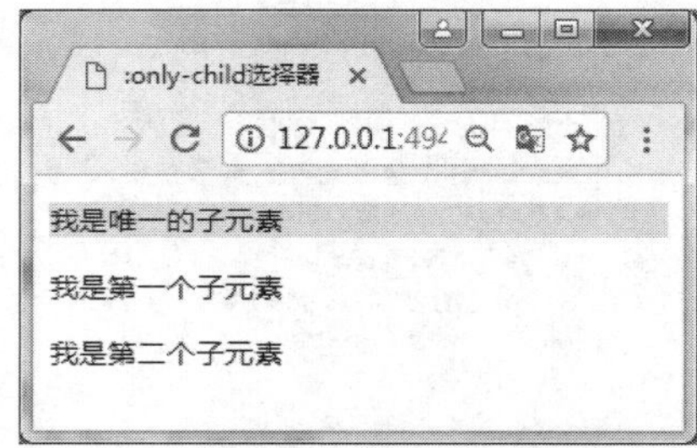

图 5-13　:only-child 选择器效果

6. :first-child 选择器、:last-child 选择器、:nth-child（n）选择器、:nth-last-child（n）选择器

:first-child 选择器和:last-child 选择器分别用于选择父元素中的第一个和最后一个子元素。如果父元素内子元素较多，可以用:nth-child（n）选择器和:nth-last-child（n）选择器分别选择第 *n* 个或者倒数第 *n* 个元素。*n* 可以为数值，也可以为 odd（奇数）或 even（偶数），odd 和 even 分别代表子元素中第奇数个子元素和第偶数个子元素。

例 5-9　演示各选择器的用法，文件保存为 5-9.html。代码如下。

```
<!doctype html>
<html>
<!doctype html>
<html>
<head>
<meta charset="utf-8">
<title>:first-child 等选择器</title>
<style type="text/css">
	li:first-child{ background-color: yellow; }
	li:last-child{ border: 1px solid red;}
	li:nth-child(2){ font-size: 28px; }
	li:nth-last-child(2){ font-size: 24px;}
	li:nth-child(even){ text-align: center;}
</style>
</head>
<body>
	<ul>
		<li>列表项 1</li>
```

```
        <li>列表项 2</li>
        <li>列表项 3</li>
        <li>列表项 4</li>
        <li>列表项 5</li>
    </ul>
</body>
</html>
```

在例 5-9 中，父元素为 ul，第 9 行代码为第一个列表项设置背景色为黄色，第 10 行代码为最后一个列表项添加红色边框，第 11 行代码为第二个列表项设置字号 28px，第 12 行代码为倒数第二个列表项设置字号 24px，第 13 行代码为第偶数个列表项设置居中对齐样式。浏览文件，效果如图 5-14 所示。

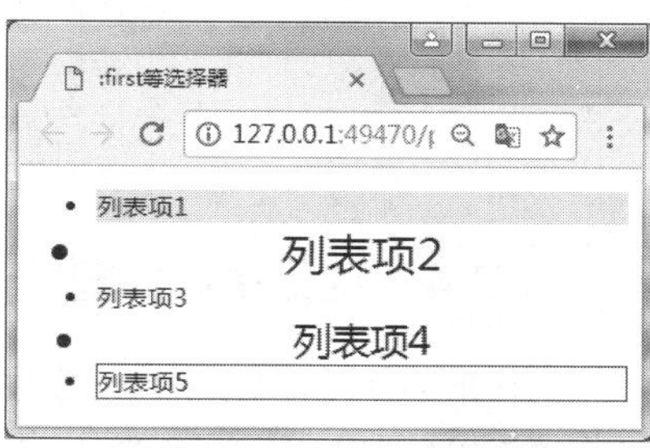

图 5-14　:first-child 等选择器效果

7. :nth-of-type（n）选择器、:nth-last-of-type（n）选择器

:nth-of-type（n）选择器、:nth-last-of-type（n）选择器分别用于选择父元素的特定类型的第 *n* 个子元素或倒数第 *n* 个子元素。

> **说明　这两个选择器与:nth-child（n）选择器、:nth-last-child（n）选择器不同，:nth-of-type（n）选择器、:nth-last-of-type（n）选择器与元素类型相关，:nth-child（n）选择器、:nth-last-child（n）选择器与元素类型无关。下面用例 5-10 演示它们的区别。**

例 5-10　演示:nth-of-type（n）选择器、:nth-last-of-type（n）与:nth-child（n）选择器、:nth-last-child（n）选择器这两类选择器的区别。文件名保存为 5-10.html。代码如下。

```
<!doctype html>
<html>
<head>
<meta charset="utf-8">
<title>:nth-of-type(n)等选择器</title>
<style type="text/css">
    p:nth-child(2){ background-color: yellow;}
    p:nth-of-type(2){ text-align: center;}
    p:nth-last-of-type(2){ font-size: 24px;}
</style>
</head>
<body>
    <article>
        <header>内容 1</header>
        <p>内容 2</p>
        <p>内容 3</p>
        <p>内容 4</p>
        <p>内容 5</p>
    </ article >
</body>
</html>
```

上述代码中，父元素为 article 元素，第 7 行代码设置 article 元素的第二个子元素背景色为黄色。第 8 行代码设置 div 元素中的第二个 p 元素内容居中对齐，header 元素是与 p 元素不同的类，被忽略。浏览文件，效果如图 5-15 所示。

图 5-15　:nth-of-type(n)等选择器效果

5.2.4　伪元素选择器

微课：伪元素选择器

伪元素选择器，是针对 CSS 中已经定义好的伪元素使用的选择器。常用的伪元素选择器有:before 选择器和:after 选择器。在最新的 CSS3 标准中，伪元素选择器的格式改为双冒号，这两个元素可以写为::before、::after，但只兼容 IE 9 以上的浏览器。如果为了往下兼容，可以使用单冒号格式。

1. :before 选择器

:before 选择器用于在元素内部所有子元素之前插入内容，插入的内容必须用 content 属性值设定。其语法格式如下。

```
标记名称：before{ content:属性值;}
```

content 的属性值可以是文本、图像，也可以为空。

例 5-11　演示:before 选择器的用法，文件保存为 5-11.html。代码如下。

```
<!doctype html>
<html>
<head>
<title>:before 选择器</title>
<style type="text/css">
    p:before{
        content:"您好！";
        font-size: 30px;
        color: red;
    }
</style>
</head>
<body>
<p>欢迎来到网页学习乐园！</p>
</body>
</html>
```

上述代码中，p:before 选择器为段落前添加了红色文本“您好！”。浏览文件，效果如图 5-16 所示。

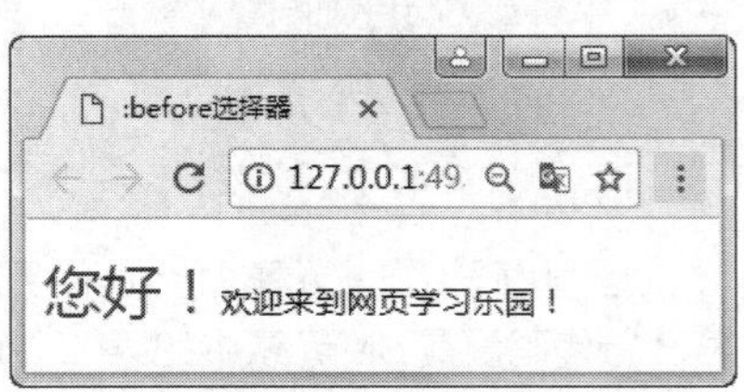

图 5-16　:before 选择器效果

2. :after 选择器

:after 选择器用于在元素内部所有子元素之后插入内容，用法与:before 选择器相同。

例 5-12　演示:after 选择器的用法，文件保存为 5-12.html。

代码如下。

```
<!doctype html>
<html>
<head>
<meta charset="utf-8">
<title>:after 选择器</title>
<style type="text/css">
    p:before{
        content: url("images/book.png");
    }
    p:after{
        content: "-屈原";
        font-size: 12px;
        color: #9F9004;
    }
</style>
</head>
<body>
    <p>路漫漫其修远兮,吾将上下而求索。</p>
</body>
</html>
```

浏览文件，效果如图 5-17 所示。

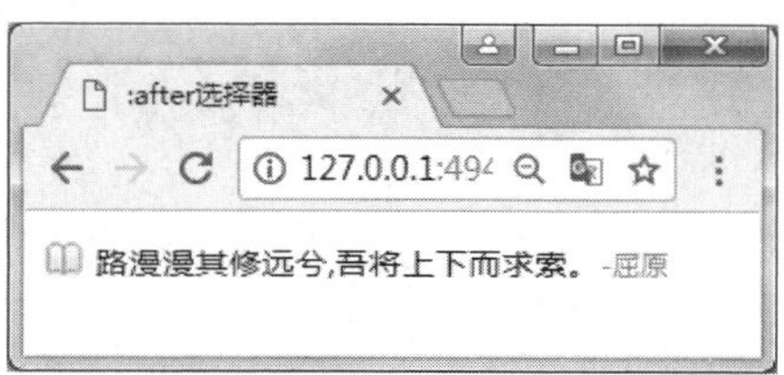

图 5-17　:after 选择器效果

5.3 案例实现

结合高级选择器，利用 HTML5 和 CSS3，制作景点介绍页面。单击图 5-18 中的某个景点时，显示图 5-19 所示的效果。要求使用高级选择器，提高代码效率。

图 5-18　景点介绍页面 1

1. 页面分析

图 5-19 所示的页面由标题、导航、图片和文字组成。用<nav>元素嵌套<a>标记实现导航；每个景点的内容部分用<dl>标记定义，其中图片用<dt>标记，文字用<dd>标记定义，某些特殊文本用<em>定义。

微课：
案例实现

2. 制作页面结构

根据上面的分析，用 HTML 实现页面结构，代码如下。

图 5-19 景点介绍页面 2

```
<!doctype html>
<html>
<head>
<meta charset="utf-8">
<title>云南旅游</title>
</head>
<body>
<h2>景点介绍（单击查看)</h2>
<hr>
<nav> <a href="#news1" class="one">丽江古城</a> <a href="#news2" class="two">大理古城</a> <a href="#news3" class="two">泸沽湖</a> <a href="#news4" class="two">玉龙雪山</a> </nav>
<hr>
<dl id="news1">
  <dt><img src="images/lijiang.png"></dt>
  <dd>丽江古城是云南省丽江纳西族自治县的中心城镇，位于云南省西北部。</dd>
  <dd>古城位于县境的中部，海拔<em>2400 余米</em>。</dd>
  <dd>是一座风景秀丽，历史悠久和文化灿烂的名城，也是中国罕见的保存相当完好的少数民族古城。</dd>
  <dd><em>1997 年 12 月 3 日</em>，丽江古城被列入《世界遗产名录》。</dd>
</dl>
<dl id="news2">
  <dt><img src="images/dali.png"></dt>
  <dd>大理古城简称榆城，位居风光亮丽的苍山脚下，距大理市下关<em>13 公里</em>。</dd>
  <dd>大理古城始建于明洪武十五年（1382 年），是全国首批历史文化名城之一。</dd>
  <dd>大理古城东临洱海，西枕苍山，城楼雄伟，风光优美。</dd>
  <dd>大理古城有“家家流水，户户养花”之说。</dd>
</dl>
<dl id="news3">
  <dt><img src="images/luguhu.png"></dt>
  <dd>泸沽湖位于云南宁蒗县与四川盐源县之间的崇山峻岭中，距宁蒗县城<em>69 公里</em>。</dd>
  <dd>湖面积 <em>52 平方公里</em>，平均水深 <em>45 米</em>，最深处达 <em>93 米</em>。</dd>
  <dd>湖水清碧，最大能见度为<em> 12 米</em>。</dd>
  <dd>湖水向东流入雅砻江、金沙江，属长江水系。</dd>
</dl>
<dl id="news4">
  <dt><img src="images/xueshan.png"></dt>
  <dd>玉龙雪山是北半球最南的大雪山。</dd>
  <dd>山势由北向南走向，南北长<em>35 公里</em>，东西宽<em>25 公里</em>，雪山面积<em>960 平方公里</em>，高山雪域风景位于海拔<em>4000 米</em>以上。</dd>
  <dd>玉龙雪山以险、奇、美、秀著称于世，气势磅礴，玲珑秀丽，随着时令和阴晴的变化，有时云蒸霞蔚、玉龙时隐时现；</dd>
  <dd>有时碧空如水，群峰晶莹耀眼；有时云带束腰，云中雪峰皎洁，云下岗峦碧翠；有时霞光辉映，雪峰如披红纱，娇艳无比。</dd>
```

```
</dl>
</body>
</html>
```

网页效果如图 5-20 所示。

图 5-20　景点介绍页面结构

3. 添加 CSS 代码

在<head>标记中添加如下 CSS 代码。

```
<style type="text/css">
* {      /* 删除浏览器的默认样式 */
    list-style: none;
    outline: none;
}
body { /* 全局控制 */
    font-family: "微软雅黑";
}
a {
    font-size: 16px;
    color: #5E2D00;
    padding-right: 20px;
}
a {
    text-decoration: none;
}
a:hover {
    text-decoration: underline;
    color: #f03;
}
dl {
    display: none;    /* 内容不可见 */
}
dd {
    line-height: 22px;
    font-size: 14px;
    font-family: "微软雅黑";
    color: #333;
}
dd:before {           /* 添加小图片 */
    content: url(images/book.png);
```

```
}
dd:nth-child(odd) {
    color: #943133;
}
dd:nth-child(2) em {
    color: #f03;
    font-weight: bold;
    font-style: normal;
}
dd:nth-child(3) em {
    color: #269207;
    font-weight: bold;
    font-style: normal;
}
:target {          /* 显示链接到的内容部分 */
    display: block;
}
</style>
```

最后，浏览页面，效果如图 5-18 和图 5-19 所示。

本章小结

本章学习了 CSS3 中的 4 类高级选择器，分别是属性选择器、关系选择器、结构化伪类选择器、伪元素选择器。最后利用本章所学内容，实现了景点介绍的页面。CSS3 的高级选择器可以提高代码效率和页面的可维护性。限于篇幅，本章仅介绍了常用的高级选择器及其常规用法，读者可以深入学习其高级功能。

实训 5

实训 5
参考步骤

一、实训目的

练习高级选择器的使用方法。

二、实训内容

用高级选择器实现图 5-21 所示的页面。

拓展阅读 5-1

图 5-21　烘焙页面浏览效果

第 6 章 CSS3盒子模型

盒子模型是 CSS 网页布局的一个关键概念。只有掌握了盒子模型的各种规律和特征，才能更好地实现网页中各个元素呈现的效果。本章将介绍盒子模型的概念、盒子相关属性及元素的类型和转换。

本章是学习网页布局的基础。学习目标（含素养要点）如下：

※ 了解盒子模型的概念；

※ 掌握盒子的相关属性（法制意识）；

※ 了解元素的类型与转换（学以致用）。

6.1 案例：学院简介页面

制作学院简介页面。将学院简介内容放入定义的盒子中，并设置盒子模型的相关属性。浏览效果如图 6-1 所示，要求如下。

（1）页面背景为祥云图案（bodybg.jpg）。

（2）盒子实际的宽度为 900px，高度自动适应文字内容，内边距为 20px，边框为 1px、灰色（#ccc）、实线，盒子的背景为白色，盒子在浏览器中水平居中显示。

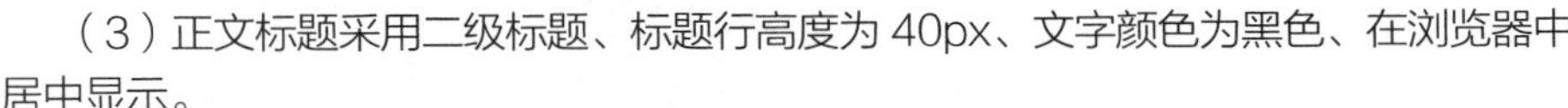

（3）正文标题采用二级标题、标题行高度为 40px、文字颜色为黑色、在浏览器中居中显示。

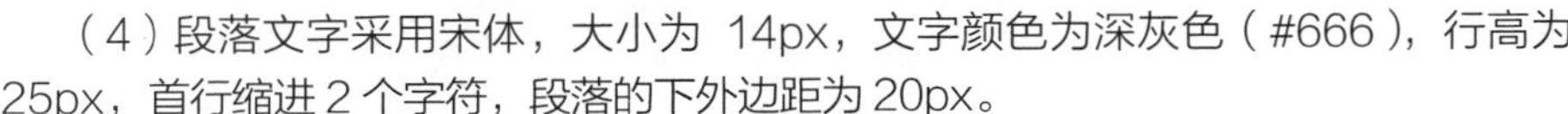

（4）段落文字采用宋体，大小为 14px，文字颜色为深灰色（#666），行高为 25px，首行缩进 2 个字符，段落的下外边距为 20px。

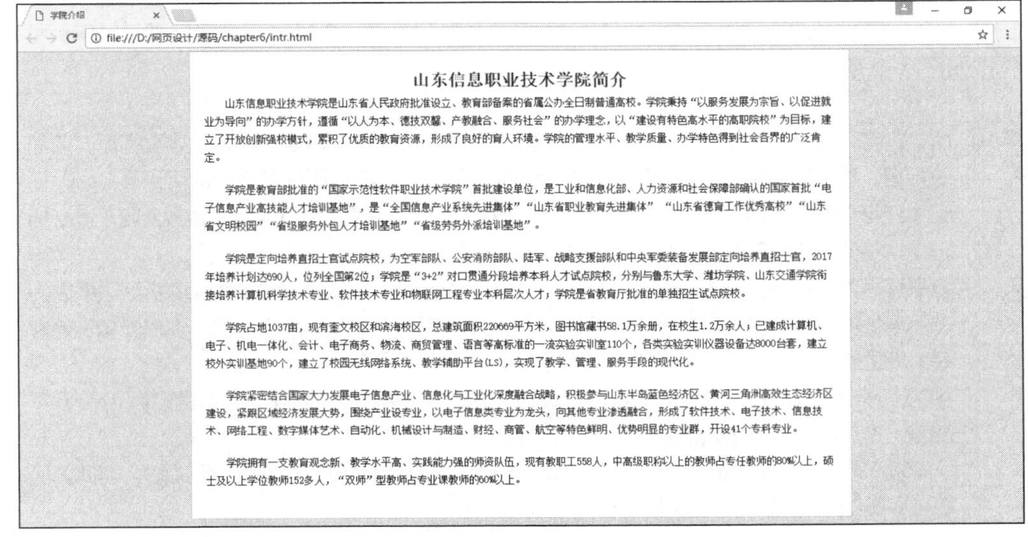

山东信息职业技术学院简介

山东信息职业技术学院是山东省人民政府批准设立、教育部备案的省属公办全日制普通高校。学院秉持“以服务发展为宗旨、以促进就业为导向”的办学方针，遵循“以人为本、德技双馨、产教融合、服务社会”的办学理念，以“建设有特色高水平的高职院校”为目标，建立了开放创新强校模式，累积了优质的教育资源，形成了良好的育人环境。学院的管理水平、教学质量、办学特色得到社会各界的广泛肯定。

学院是教育部批准的“国家示范性软件职业技术学院”首批建设单位，是工业和信息化部、人力资源和社会保障部确认的国家首批“电子信息产业高技能人才培训基地”，是“全国信息产业系统先进集体”“山东省职业教育先进集体” “山东省德育工作优秀高校”“山东省文明校园”“省级服务外包人才培训基地”“省级劳务外派培训基地”。

学院是定向培养直招士官试点院校，为空军部队、公安消防部队、陆军、战略支援部队和中央军委装备发展部定向培养直招士官，2017年培养计划达690人，位列全国第2位；学院是“3+2”对口贯通分段培养本科人才试点院校，分别与鲁东大学、潍坊学院、山东交通学院衔接培养计算机科学技术专业、软件技术专业和物联网工程专业本科层次人才；学院是省教育厅批准的单独招生试点院校。

学院占地1037亩，现有奎文校区和滨海校区，总建筑面积220669平方米，图书馆藏书58.1万余册，在校生1.2万余人；已建成计算机、电子、机电一体化、会计、电子商务、物流、商贸管理、语言等高标准的一流实验实训室110个，各类实验实训仪器设备达8000台套，建立校外实训基地90个，建立了校园无线网络系统、教学辅助平台(LS)，实现了教学、管理、服务手段的现代化。

学院紧密结合国家大力发展电子信息产业、信息化与工业化深度融合战略，积极参与山东半岛蓝色经济区、黄河三角洲高效生态经济区建设，紧跟区域经济发展大势，围绕产业设专业，以电子信息类专业为龙头，向其他专业渗透融合，形成了软件技术、电子技术、信息技术、网络工程、数字媒体艺术、自动化、机械设计与制造、财经、商管、航空等特色鲜明、优势明显的专业群，开设41个专科专业。

学院拥有一支教育观念新、教学水平高、实践能力强的师资队伍，现有教职工558人，中高级职称以上的教师占专任教师的80%以上，硕士及以上学位教师152多人，“双师”型教师占专业课教师的60%以上。

图 6-1 网页浏览效果

6.2 知识准备

6.2.1 盒子模型的概念

盒子模型就是把 HTML 页面中的元素看作一个矩形的盒子，也就是一个盛装内容的容器。每个矩形都由元素的内容（content）、内边距（padding）、边框（border）和外边距（margin）组成。

微课：盒子模型的概念

下面通过一个具体实例认识到底什么是盒子模型。

例 6-1 认识盒子模型。创建一个网页，定义一个盒子，并设置盒子的相关属性，文件保存为 6-1.html，代码如下。

```
<!doctype html>
<html>
<head>
<meta charset="utf-8">
<title>认识盒子模型</title>
<style type="text/css">
#box{
 width:200px; /*盒子的宽度*/
 height:200px;   /*盒子的高度*/
 border:5px solid red; /*盒子的边框为 5px、实线边框、红色*/
 background:#ccc;   /*盒子的背景色为灰色*/
 padding:20px;   /*盒子的内边距*/
 margin:30px;    /*盒子的外边距*/
}
</style>
</head>
<body>
<div id="box">盒子中的内容</div>
</body>
</html>
```

例 6-1 中，在 body 标记中使用 div 标记定义了一个盒子 box，并对 box 盒子设置了若干属性。盒子的构成如图 6-2 所示。

说明 div 是英文 division 的缩写，意为“分割、区域”。div 标记就是一个区块容器标记，简称块标记，块通称为盒子。块标记可以容纳段落、标题、表格、图像等各种网页元素。div 标记中还可以包含多层 div 标记。实际上 DIV+CSS 布局网页就是将网页内容放入若干 div 标记中，并使用 CSS 设置这些块的属性。

盒子里面内容占的宽度为 width 属性值；高度为 height 属性值；盒子里面内容到边框之间的距离为内边距，即 padding 属性值；盒子的边框为 border 属性；盒子边框外和其他盒子之间的距离为外边距，即 margin 属性值。

由前面看出，盒子的概念是非常容易理解的。但是如果需要精确地排版，有的时候 1px 都不能差，这就需要非常精确地理解其中的计算方法。

一个盒子实际占有的宽度（或高度）是由“内容+内边距+边框+外边距”组成的。因此，例 6-1 中定义的盒子 box 的实际宽度和高度均是 310px。

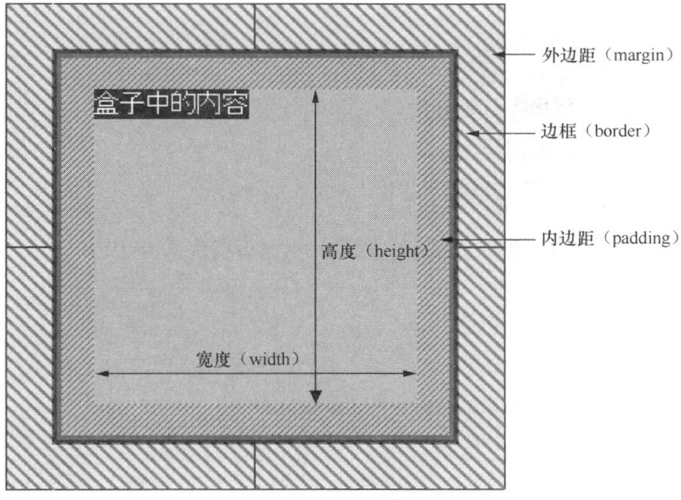

图 6-2　盒子模型

注意　（1）并不仅仅是用 div 定义的块才是一个盒子，事实上大部分网页元素本质上都是以盒子的形式存在的。例如，body、p、h1~h6、ul、li 等元素都是盒子，这些元素都有默认的盒子属性值。

（2）给盒子添加背景色或背景图像时，该元素的背景色或背景图像也将出现在内边距中。

（3）虽然每个盒子模型拥有内边距、边框、外边距、宽和高这些基本属性，但是并不要求每个元素都必须定义这些属性。

（4）div 标记定义的盒子默认的宽度是浏览器的宽度，默认的高度由盒子中的内容决定，默认的边框、内边距、外边距都为 0。但网页中的元素 body、p、h1~h6、ul、li 等都有默认的外边距和内边距，设计网页时，一般要将这些元素的外边距和内边距都先设为 0，需要时再设置为非零的值。

6.2.2　盒子模型的相关属性

1. 边框（border）属性

微课：盒子模型相关属性（1）

边框（border）属性设置方式如下。

（1）border-top：上边框宽度、样式、颜色。

（2）border-right：右边框宽度、样式、颜色。

（3）border-bottom：下边框宽度、样式、颜色。

（4）border-left：左边框宽度、样式、颜色。

若 4 个边框具有相同的宽度、样式和颜色，则可以用一行代码，设置如下。

border：边框宽度、样式、颜色。

例如，将盒子 box 的下边框设置为 2px、实线、红色，则可以用如下代码。

```
#box{border-bottom:2px solid #f00;}
```

若将盒子 box 的 4 个边框均设置为 2px、实线、红色，则可以用如下代码。

```
#box {border:2px solid #f00;}
```

说 明 边框样式常用的属性值有以下 4 个。

（1）solid：边框样式为单实线。

（2）dashed：边框样式为虚线。

（3）dotted：边框样式为点线。

（4）double：边框样式为双实线。

例 6-2 利用边框属性，设计图 6-3 所示的网页，文件保存为 6-2.html。

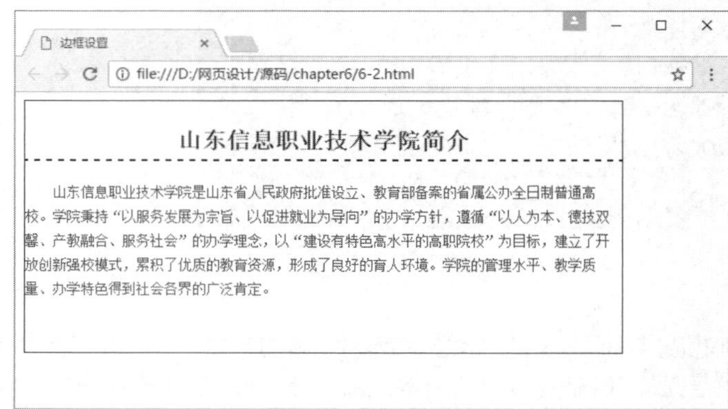

图 6-3 给盒子添加边框

代码如下。

```
<!doctype html>
<html>
<head>
<meta charset="utf-8">
<title>边框设置</title>
<style type="text/css">
#box{
 width:600px;   /*设置宽度*/
 height:260px;   /*设置高度*/
 border:1px solid #000;   /*设置边框为 1px、实线、黑色*/
}
h2{
 text-align:center;   /*设置标题水平居中*/
 height:40px;          /*设置标题的高度*/
 line-height:40px;   /*设置标题的行高，使文字垂直居中*/
 border-bottom:2px dashed #000; /*设置下边框为 2px、虚线、黑色*/
}
p{
 font-family:"宋体";   /*设置字体*/
 font-size:14px;   /*设置段落文字大小*/
 color:#333;         /*设置文字颜色为深灰色*/
 text-indent:2em;   /*设置首行缩进 2 个字符*/
 line-height:25px;   /*设置行高*/
}
</style>
</head>
<body>
<div id="box">
<h2>山东信息职业技术学院简介</h2>
<p>山东信息职业技术学院是山东省人民政府批准设立、教育部备案的省属公办全日制普通高校。学院秉持“以服务发展为宗旨、以促进就业为导向”的办学方针，遵循“以人为本、德技双馨、产教融合、服务社会”的办学理念，以“建设有特色高水平的高职院校”为目标，建立了开放创新强校模式，累积了优质的教育资源，形成了良好的育人环境。学院的管理水平、教学质量、办学特色得到社会各界的广泛肯定。</p>
```

```
</div>
</body>
</html>
```

在例 6-2 中，网页中的标题和段落文字都放入一个 box 的盒子中，使用 border 属性为盒子添加了边框；使用 border-bottom 属性为盒子中的标题添加了下边框。

浏览网页，效果如图 6-3 所示。

小技巧 **通过例 6-2 可以看出，网页中要添加水平或垂直线条时，可以通过给元素设置边框的办法实现。以前学习的使用 hr 标记添加水平线的方法不灵活，而且样式单一，实际设计网页时一般不用。**

2. 圆角边框（border-radius）属性

CSS3 中新增的 border-radius 属性可以给元素设置圆角边框。这是 CSS3 很有吸引力的一个功能。其基本语法格式如下。

```
border-radius:圆角半径
```

说 明 **属性值可以是长度或百分比，表示圆角的半径。**

例 6-3 利用圆角边框属性，设计图 6-4 所示的网页，文件保存为 6-3.html。

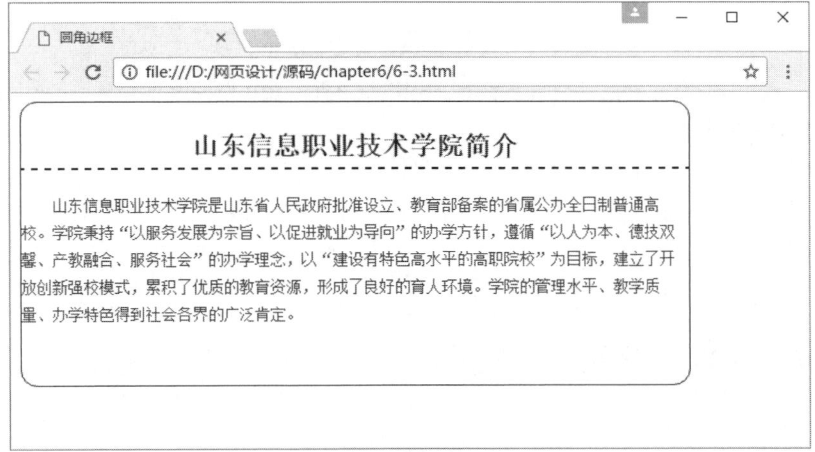

图 6-4 给盒子添加圆角边框

该文件的代码只需在例 6-2 的基础上，对 box 盒子添加 border-radius 属性即可，其余代码不变。代码如下。

```
#box{
 width:600px;   /*设置宽度*/
 height:260px;   /*设置高度*/
 border:1px solid #000;   /*设置边框为 1px、实线、灰色*/
 border-radius: 15px; /*设置圆角边框*/
}
```

在例 6-3 中，设置了圆角半径为 15px，浏览网页时便会出现圆角矩形的效果，如图 6-4 所示。

注意

（1）设置圆角半径时，也可以分别为 4 个角的圆角半径设置不同的值。

例如，在例 6-3 中，盒子的样式代码改为如下。

```
#box{
 width:600px;   /*设置宽度*/
 height:auto;   /*设置高度为自动值*/
 border:1px solid #000;   /*设置边框为 1px、实线、灰色*/
 border-radius:15px 15px 0 0; /*设置圆角边框*/
}
```

代码 border-radius:15px 15px 0 0 中，第一个参数表示左上圆角半径，第二个参数表示右上角的圆角半径，第三个参数表示右下圆角半径，第四个参数表示左下圆角半径。浏览网页，效果如图 6-5 所示。

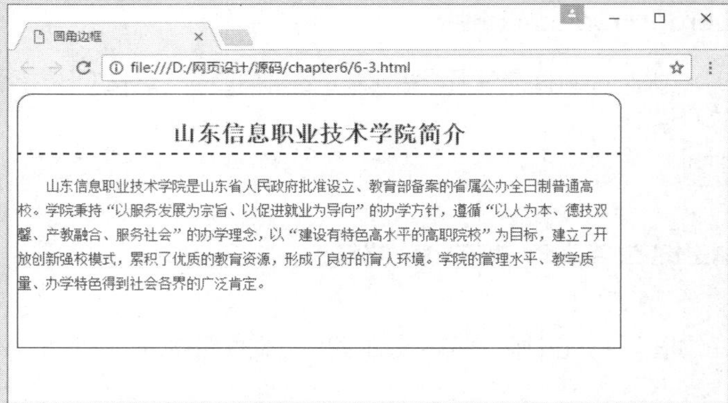

图 6-5　给盒子的上面两个角添加圆角边框

（2）若盒子设置了背景色或背景图像，不设置边框时，也可以使用 border-radius 属性显示出圆角的效果。

例如，在例 6-3 中，盒子的样式代码改为如下。

```
#box{
 width:600px;   /*设置宽度*/
 height:260px;   /*设置高度*/
 border-radius:15px;   /*设置圆角边框*/
 background:#CCC;/*设置背景色为灰色*/
}
```

此时，浏览网页，效果如图 6-6 所示。

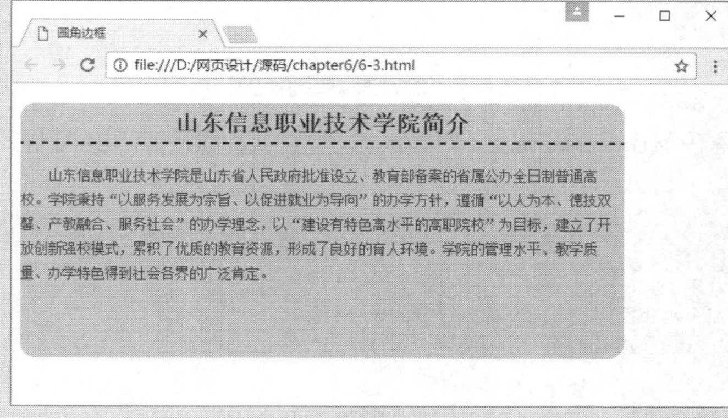

图 6-6　给盒子设置背景色后添加圆角边框

（3）使用 border-radius 属性也可以给图像添加圆角效果，下面举例说明。

例 6-4　利用圆角边框属性，给图像添加圆角效果。设计图 6-7 所示的网页，文件保存为 6-4.html。

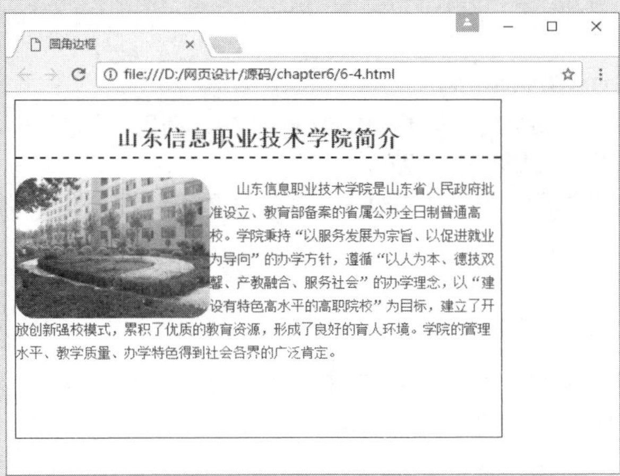

图 6-7　给图像添加圆角

代码如下。

```
<!doctype html>
<html>
<head>
<meta charset="utf-8">
<title>给图像添加圆角</title>
<style type="text/css">
#box {
  width: 500px;   /*设置宽度*/
  height: 360px;   /*设置高度*/
  border: 1px solid #000;   /*设置边框为 1px、实线、黑色*/
}
h2 {
  text-align: center;   /*设置标题水平居中*/
  height: 40px;            /*设置标题的高度*/
  line-height: 40px;   /*设置标题的行高，使文字垂直居中*/
  border-bottom: 2px dashed #000;/*设置下边框*/
}
.text { /*创建类样式，应用于段落文字*/
  font-family: "宋体";   /*设置字体*/
  font-size: 14px;   /*设置段落文字大小*/
  color: #333;         /*设置文字颜色为深灰色*/
  text-indent: 2em;   /*设置首行缩进 2 个字符*/
  line-height: 25px;   /*设置行高*/
}
.image1{ /*创建类样式，应用于图像*/
  border-radius: 20px;/*设置图像的圆角半径*/
  float:left;/*设置图像左浮动，使图像与文字环绕*/
}
</style>
</head>
<body>
<div id="box">
  <h2>山东信息职业技术学院简介</h2>
  <p><img src="images/school1.jpg" width="200" height="150" alt="" class="image1"/></p>
```

```
<p class="text">山东信息职业技术学院是山东省人民政府批准设立、教育部备案的省属公办全日制普通高校。学院秉持“以服务发展为宗旨、以促进就业为导向”的办学方针，遵循“以人为本、德技双馨、产教融合、服务社会”的办学理念，以“建设有特色高水平的高职院校”为目标，建立了开放创新强校模式，累积了优质的教育资源，形成了良好的育人环境。学院的管理水平、教学质量、办学特色得到社会各界的广泛肯定。</p>
</div>
</body>
</html>
```

浏览网页，效果如图 6-7 所示。

例 6-4 的代码中，创建的图像的类样式.image1 中，使用了浮动属性 float，该属性在第 9 章中还会详细介绍，这里简单了解即可。

若图像的宽度和高度相等，设置图像的圆角半径为宽度的一半时，则图像就会呈圆形显示。读者可自行尝试。

3. 内边距（padding）属性

微课：盒子模型相关属性（2）

内边距用于设置盒子中内容与边框之间的距离，也常常称为内填充。其设置方法类似于边框（border）属性的设置，其设置方式如下。

（1）padding-top：上内边距大小。

（2）padding-right：右内边距大小。

（3）padding-bottom：下内边距大小。

（4）padding-left：左内边距大小。

若 4 个内边距具有相同的大小，则可以用一行代码设置如下。

padding：内边距大小。

例如，将盒子 box 的上右下左 4 个内边距分别设置为 10px、20px、30px、40px，则可以使用如下代码。

```
#box{
padding-top:10px;
padding-right:20px;
padding-bottom:30px;
padding-left:40px;
}
```

也可以简写成：

```
#box{padding:10px 20px 30px 40px;}
```

若写成：

```
#box{padding:10px 20px 30px;} /*表示上内边距 10px，左右内边距 20px、下内边距 30px */
```

若写成：

```
#box{padding:10px 20px;} /*表示上下内边距均为 10px，左右内边距均为 20px */
```

若写成：

```
#box{padding:10px;} /*表示上右下左 4 个内边距均为 10px */
```

4. 外边距（margin）属性

网页是由多个盒子排列而成的，要想拉开盒子与盒子之间的距离，合理地布局网页，就需要为盒子设置外边距。外边距用于设置盒子与其他盒子之间的距离。其设置方法类似于内边距（paddding）属性的设置，其设置方式如下。

- margin-top：上外边距大小。
- margin-right：右外边距大小。
- margin-bottom：下外边距大小。
- margin-left：左外边距大小。

若 4 个外边距具有相同的大小，则可以用一行代码，设置如下。

margin：外边距大小。

例如，将盒子 box 的上、右、下、左 4 个外边距分别设置为 10px、20px、30px、40px，则可以使用如下代码。

```
#box{
margin-top:10px;
margin-right:20px;
margin-bottom:30px;
margin-left:40px;
}
```

也可以简写成：

```
#box{ margin:10px 20px 30px 40px;}
```

若写成：

```
#box{ margin:10px 20px 30px;}  /*表示上外边距为 10px，左右外边距为 20px，下外边距为 30px */
```

若写成：

```
#box{ margin:10px 20px;} /*表示上下外边距均为 10px，左右外边距均为 20px */
```

若写成：

```
#box{ margin:10px;} /*表示上右下左 4 个外边距均为 10px */
```

若写成：

```
#box{ margin:0 auto;} /*表示上下外边距为 0px，左右外边距为自动均匀分布，盒子在浏览器居中显示 */
```

例 6-5 在例 6-4 的基础上给盒子和图像添加边距属性，使盒子与内容之间、图像与周围文字之间有一定的距离。网页浏览效果如图 6-8 所示，文件保存为 6-5.html。

图 6-8　给盒子和图像添加边距

代码如下。

```
<!doctype html>
<html>
<head>
```

```
<meta charset="utf-8">
<title>添加边距属性</title>
<style type="text/css">
body,h2,p{margin:0;padding:0;} /*设置内边距和外边距为 0*/
#box {
  width: 500px;   /*设置宽度*/
  height: 360px;   /*设置高度*/
  border: 1px solid #000;   /*设置边框为 1px、实线、灰色*/
  padding:10px;/*设置盒子内边距，使盒子边框与内容之间有 10px 的空白*/
  margin:0 auto;/*设置盒子外边距，使盒子在浏览器中居中显示*/
}
h2 {
  text-align: center;   /*设置标题水平居中*/
  height: 40px;             /*设置标题的高度*/
  line-height: 40px;   /*设置标题的行高，使文字垂直居中*/
  border-bottom: 2px dashed #000;/*设置下边框*/
}
.text {
  font-family: "宋体";   /*设置字体*/
  font-size: 14px;   /*设置段落文字大小*/
  color: #333;          /*设置文字颜色为深灰色*/
  text-indent: 2em;   /*设置首行缩进 2 个字符*/
  line-height: 25px;   /*设置行高*/
}
.image1{
  border-radius: 15px;/*设置图像的圆角半径*/
  float:left;/*设置图像左浮动，使图像与文字环绕*/
  margin:20px;/*设置外边距，使图像与文字有 20px 的距离*/
}
</style>
</head>
<body>
<div id="box">
   <h2>山东信息职业技术学院简介</h2>
   <p><img src="images/school1.jpg" width="200" height="150" alt="" class="image1"></p>
   <p class="text">山东信息职业技术学院是山东省人民政府批准设立、教育部备案的省属公办全日制普通高校。学院秉持“以服务发展为宗旨、以促进就业为导向”的办学方针，遵循“以人为本、德技双馨、产教融合、服务社会”的办学理念，以“建设有特色高水平的高职院校”为目标，建立了开放创新强校模式，累积了优质的教育资源，形成了良好的育人环境。学院的管理水平、教学质量、办学特色得到社会各界的广泛肯定。</p>
</div>
</body>
</html>
```

浏览网页，效果如图 6-8 所示。

例 6-5 的代码中，样式代码的第一行是清除网页中 body、h2、p 元素的 margin 和 padding 属性的默认值，div 和 img 元素默认的 margin 和 padding 属性值为 0，因此不需要清除。

微课：盒子模型相关属性（3）

5. 盒子阴影（box-shadow）属性

第 4 章介绍过的 text-shadow 属性，是给文本添加阴影效果，而此处介绍的 box-shadow 是给盒子添加周边阴影效果。这也是 CSS3 中新增加的属性。

其基本语法格式如下。

```
box-shadow:阴影水平偏移量 阴影垂直偏移量 阴影模糊半径 阴影扩展半径 阴影颜色 阴影类型;
```

说明 （1）阴影水平偏移量：必选项，可以为负值，正值表示向右偏移，负值表示向左偏移。
（2）阴影垂直偏移量：必选项，可以为负值，正值表示向下偏移，负值表示向上偏移。
（3）阴影模糊半径：可选项，不能为负值，值越大阴影就越模糊，默认值为 0，表示不模糊。
（4）阴影扩展半径：可选项，可以为负值。正值表示在所有方向扩展，负值表示在所有方向上消减，默认值为 0。
（5）阴影颜色：可选项，省略时为黑色。
（6）阴影类型：可选项，内阴影的值为 inset，省略时为外阴影。

例 6-6 在例 6-5 的基础上给盒子和图像添加阴影效果，网页浏览效果如图 6-9 所示，文件保存为 6-6.html。

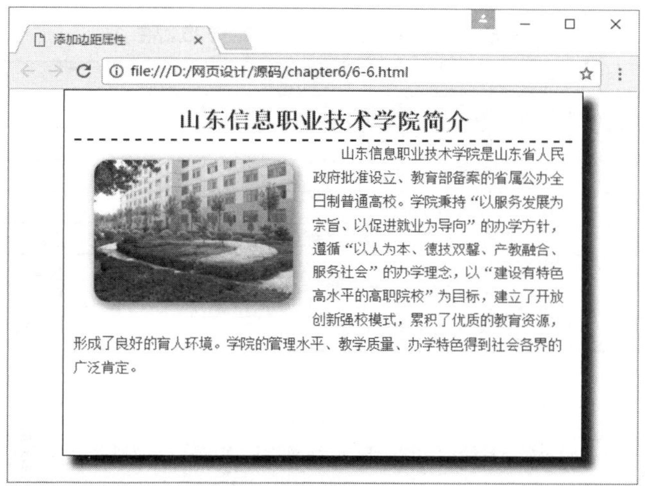

图 6-9 给盒子和图像添加阴影

只需将盒子和图像的样式修改为如下代码。

```
#box {
  width: 500px;   /*设置宽度*/
  height: 360px;   /*设置高度*/
  border: 1px solid #000;   /*设置边框为 1px、实线、灰色*/
  padding:10px;/*设置盒子内边距，使盒子边框与内容之间有 10px 的空白*/
  margin:0 auto;/*设置盒子外边距，使盒子在浏览器中居中显示*/
  box-shadow:10px 10px 10px;/*给盒子添加阴影*/
}
.image1{
  border-radius: 15px;/*设置图像的圆角半径*/
  float:left;/*设置图像左浮动，使图像与文字环绕*/
  margin:20px;/*设置外边距，使图像与文字有 20px 的距离*/
  box-shadow:3px 3px 10px 2px #999;/*给图像添加阴影*/
}
```

浏览网页，效果如图 6-9 所示。

例 6-6 的代码中，给盒子 box 添加了水平阴影偏移量为 10px，垂直阴影偏移量为 10px，阴影模糊半径也是 10px，阴影的颜色默认为黑色；给图像添加了水平阴影偏移量为 3px，垂直阴影偏移量为 3px，阴影模糊半径也是 10px，阴影扩展半径是 2px，阴影的颜色是灰色。

可以看出，图像和盒子添加阴影后立体感更强，视觉效果会更好。利用 box-shadow 属性可以不再使用 Photoshop 制作阴影。

6.2.3 CSS 设置背景

微课：CSS 设置背景（1）

微课：CSS 设置背景（2）

微课：CSS 设置背景（3）

微课：CSS 设置背景（4）

网页能通过背景颜色或背景图像给人留下深刻的第一印象，如节日题材的网站一般采用喜庆祥和的图片来突出效果，所以在网页设计中，控制背景颜色和图像是很重要的内容。

设置背景颜色或背景图像有一个综合属性 background，通过该属性可以设置与背景相关的所有值。与 background 属性相关的一系列属性，如表 6-1 所示。

表 6-1　与 background 相关的属性

属性	作用	备注
background-color	设置要使用的背景颜色	
background-image	设置要使用的背景图像	
background-repeat	设置如何重复背景图像	
background-position	设置背景图像的位置	
background-attachment	设置背景图像是否固定或者随着页面的其余部分滚动	
background-size	设置背景图像的大小	CSS3 新增加的属性
background-clip	设置背景的裁剪区域	CSS3 新增加的属性
background-origin	设置背景图像的参考原点	CSS3 新增加的属性

1. 设置背景颜色

格式：background-color：#RRGGBB 或#rgb(r,g,b)或预定义的颜色值

例 6-7　创建网页，分别设置网页的背景颜色和标题行的背景颜色，文件保存为 6-7.html，代码如下。

```
<!doctype html>
<html>
<head>
<meta charset="utf-8">
<title>设置背景颜色</title>
<style type="text/css">
body{
 background-color: #B6ECEB;   /*设置网页的背景颜色*/
}
h2{
 text-align:center;
 background-color:#009; /*设置标题行的背景颜色*/
 color:#FFF;
}
</style>
</head>
<body>
<div id="box">
  <h2>山东信息职业技术学院简介</h2>
   <p>山东信息职业技术学院是山东省人民政府批准设立、教育部备案的省属公办全日制普通高校。学院秉持“以服务发展为宗旨、以促进就业为导向”的办学方针，遵循“以人为本、德技双馨、产教融合、服务社会”的办学理念，以“建设有特色高水平的高职院校”为目标，建立了开放创新强校模式，累积了优质的教育资源，形成了良好的育人环境。学院的管理水平、教学质量、办学特色得到社会各界的广泛肯定。</p>
</div>
</body>
</html>
```

浏览网页，效果如图 6-10 所示。

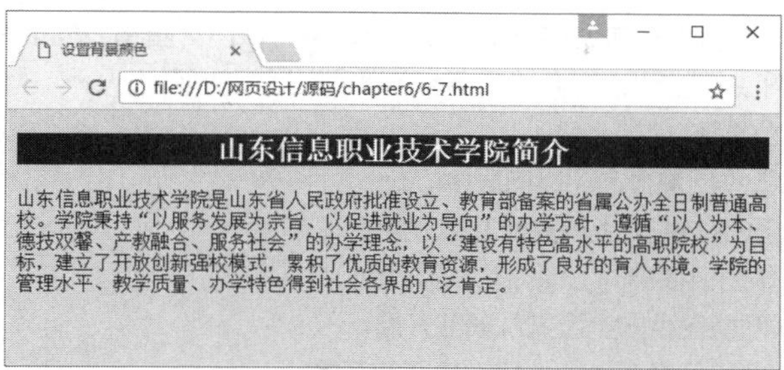

图 6-10　设置背景色

2. 设置背景图像

格式：background-image：URL（图像来源）

例 6-8　修改 6-7 的代码，设置网页的背景图像，文件保存为 6-8.html，修改 body 的 CSS 代码如下。

```
body{
 background-image:url(images/bodybg.jpg); /*设置网页的背景图像为祥云图案*/
}
```

浏览网页，效果如图 6-11 所示。

默认情况下，背景图像在元素的左上角，并自动沿着水平和竖直两个方向平铺，充满整个网页。

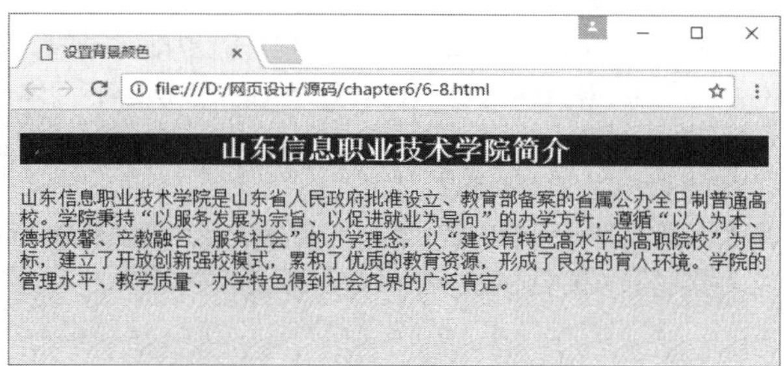

图 6-11　设置网页的背景图像

3. 设置背景图像平铺

格式：background-repeat:repeat|no-repeat|repeat-x|repeat-y|space|round

设置元素的背景图像如何铺排填充。

说明　**（1）repeat：背景图像在横向和纵向平铺，为默认值。**

（2）no-repeat：背景图像不平铺。

（3）repeat-x：背景图像在横向上平铺。

（4）repeat-y：背景图像在纵向上平铺。

（5）space：背景图像以相同的间距平铺，且填充满整个容器或某个方向（CSS3 新增关键字）。

（6）round：背景图像自动缩放直到合适，且填充满整个容器（CSS3 新增关键字）。

4. 设置背景图像位置

格式：background-position:关键字|百分比|长度

用于设置元素的背景图像位置。

说 明 （1）关键字。在水平方向上有 left、center 和 right，垂直方向上有 top、center 和 bottom，水平方向和垂直方向的关键字可以相互搭配使用。
各关键字的含义如下。
① center：背景图像横向和纵向居中。
② left：背景图像在横向上填充从左边开始。
③ right：背景图像在横向上填充从右边开始。
④ top：背景图像在纵向上填充从顶部开始。
⑤ bottom：背景图像在纵向上填充从底部开始。
（2）百分比。表示用百分比指定背景图像填充的位置，可以为负值。一般要指定两个值，两个值之间用空格隔开，分别代表水平位置和垂直位置，水平位置的起始参考点在元素左端，垂直位置的起始参考点在元素顶端。默认值是 0% 0%，效果等同于 left top。
（3）长度。用长度值指定背景图像填充的位置，可以为负值。也要指定两个值代表水平位置和垂直位置，起始点相对于元素左端和顶端。

5. 设置背景图像固定

格式：background-attachment：scroll| fixed|local
设置或检索背景图像是随元素滚动还是固定的。

说 明 （1）scroll。背景图像相对于元素固定，也就是说当元素内容滚动时，背景图像不会跟着滚动，因为背景图像总是要跟着元素本身，但会随元素的祖先元素或窗体一起滚动。默认值为 scroll。
（2）fixed。背景图像相对于窗体固定。
（3）local。背景图像相对于元素内容固定，也就是说当元素随元素滚动时，背景图像也会跟着滚动，因为背景图像总是要跟着内容。（CSS3 新增关键字）

6. 设置背景图像的大小

格式：background-size：长度|百分比|auto| cover| contain
检索或设置对象的背景图像的尺寸大小。

说 明 （1）长度：用长度指定背景图像大小，不允许为负值。
（2）百分比：用百分比指定背景图像大小，不允许为负值。
（3）auto：背景图像的真实大小，默认值为 auto。
（4）cover：将背景图像等比缩放到完全覆盖容器，背景图像有可能超出容器。
（5）contain：将背景图像等比缩放到宽度或高度与容器的宽度或高度相等，背景图像始终被包含在容器内。

注意

长度和百分比如果提供两个值，则第一个用于定义背景图像的宽度，第二个用于定义背景图像的高度。如果只提供一个，则该值将用于定义背景图像的宽度，第 2 个值默认为 auto，即高度为 auto，此时背景图以提供的宽度作为参照来等比例缩放。

7. 设置背景图像的裁剪区域

格式：background-clip：border-box|padding-box|content-box
设置背景图像向外裁剪的区域，也可以理解为背景呈现的区域。

> **说 明** （1）border-box：不会发生裁剪，默认值。
> （2）padding-box：超出 padding 区域也就是 border 区域的背景将会被裁剪。
> （3）content-box：从 content 区域开始向外裁剪背景，即 border 和 padding 区域内的背景将会被裁剪。

8. 设置背景图像的参考原点

格式：background-origin：padding-box|border-box|content-box
设置背景图像向外裁剪的区域，也可以理解为背景呈现的区域。

> **说 明** （1）padding-box：从 padding 区域（含 padding）开始显示背景图像。
> （2）border-box：从 border 区域（含 border）开始显示背景图像。
> （3）content-box：从 content 区域开始显示背景图像。

例 6-9 创建网页，利用背景图像的各种属性设置元素的背景颜色和背景图像，文件保存为 6-9.html，代码如下。

```
<!doctype html>
<html>
<head>
<meta charset="utf-8">
<title>设置背景图像</title>
<style type="text/css">
 body,h2,p{margin:0;padding:0;}
#box{
 width:600px;
 height: 620px;
 margin: 20px auto 0;
 background-image:url(images/binhai.jpg); /*设置背景图像*/
 background-repeat: no-repeat;/*设置背景图像不重复*/
 background-position:center bottom; /*设置背景图像的位置*/
}
h2{
 height:40px;
 line-height:40px;
 text-align:center;
 margin-bottom: 10px;
 background-color:#ccc; /*设置背景颜色*/
 background-image:url(images/xiaohui.png);/*设置背景图像*/
 background-repeat: no-repeat;/*设置背景图像不重复*/
 background-position:left center; /*设置背景图像的位置*/
 background-size: 40px;  /*设置背景图像的大小，只有一个值，图像等比例缩放*/
}
p{
 text-indent:2em;
 line-height:25px;
}
</style>
```

```
    </head>
    <body>
    <div id="box">
      <h2>山东信息职业技术学院简介</h2>
        <p>山东信息职业技术学院是山东省人民政府批准设立、教育部备案的省属公办全日制普通高校。学院秉持“以服务发展为宗旨、以促进就业为导向”的办学方针，遵循“以人为本、德技双馨、产教融合、服务社会”的办学理念，以“建设有特色高水平的高职院校”为目标，建立了开放创新强校模式，累积了优质的教育资源，形成了良好的育人环境。学院的管理水平、教学质量、办学特色得到社会各界的广泛肯定。</p>
    </div>
    </body>
    </html>
```

浏览网页，效果如图 6-12 所示。

图 6-12　设置元素的背景颜色和图像

9. 综合设置背景

格式：background：背景色 url("图像") 重复 位置 固定 大小 裁剪 原点

说明 background 可以综合设置元素的背景色和背景图像，并可以设置图像是否重复、位置、是否固定、图像的大小及裁剪方式和背景图像的参考原点。某些属性值省略时以默认值的方式显示。

注意 （1）所有属性在书写时顺序任意。

（2）如果同时设置了“position”和“size”两个属性，应该用左斜杠“/”：“position/size”，而不是用空格把两个参数值隔开。

（3）设置元素的背景色和背景图像时建议使用综合属性 background 一次性设置。

例 6-10　修改例 6-9，使用 background 综合设置网页中标题的背景色和网页的背景图像，文件保存为 6-10.html。代码如下。

```
<!doctype html>
<html>
<head>
<meta charset="utf-8">
<title>设置背景图像</title>
<style type="text/css">
 body,h2,p{margin:0;padding:0;}
#box{
 width:600px;
 height: 620px;
 margin: 20px auto 0;
 background:url(images/binhai.jpg) no-repeat center bottom; /*综合设置背景图像*/
}
h2{
 height:40px;
 line-height:40px;
 text-align:center;
 margin-bottom: 10px;
 background:#ccc url(images/xiaohui.png)   no-repeat left center/40px;/*  综合设置背景颜色和图像*/
 }
p{
 text-indent:2em;
 line-height:25px;
}
</style>
</head>
<body>
<div id="box">
   <h2>山东信息职业技术学院简介</h2>
    <p>山东信息职业技术学院是山东省人民政府批准设立、教育部备案的省属公办全日制普通高校。学院秉持“以服务发展为宗旨、以促进就业为导向”的办学方针，遵循“以人为本、德技双馨、产教融合、服务社会”的办学理念，以“建设有特色高水平的高职院校”为目标，建立了开放创新强校模式，累积了优质的教育资源，形成了良好的育人环境。学院的管理水平、教学质量、办学特色得到社会各界的广泛肯定。</p>
</div>
</body>
</html>
```

浏览网页，显示和例 6-9 相同的网页效果，如图 6-12 所示。

可以看出，使用 background 属性综合设置背景图像可以简化代码，这种方式更常用。

10. 设置多重背景图像

在 CSS3 中，可以对一个元素应用多个图像作为背景，需要用逗号来分隔多个图像。

例 6-11 创建网页，使用 background 属性给盒子添加两个背景图像，文件保存为 6-11.html。代码如下。

```
<!doctype html>
<html>
<head>
<meta charset="utf-8">
<title>设置多重背景图像</title>
<style type="text/css">
#box {
 width: 300px;
 height: 175px;
 margin: 20px auto;
 border: 1px solid #ccc;
 /*给盒子添加两个背景图像*/
```

```
 background: url(images/caodi.png) no-repeat left bottom, url(images/taiyang.png) no-repeat right top;
}
</style>
</head>
<body>
<div id="box"></div>
</body>
</html>
```

浏览网页，效果如图 6-13 所示。

在例 6-11 中，给网页元素 box 添加了两个图像作为背景，一个在盒子的左下方，一个在盒子的右上方。

图 6-13　设置网页的多重背景图像

11. 设置不透明度

第 4 章已介绍颜色的不透明度可以使用 rgba(r,g,b,alpha)模式设置。另外，也可以使用元素的 opacity 属性，为任何元素设置不透明效果。

格式：opacity：不透明度值；

> **说 明**　**不透明度值是 0~1 的浮点数值。其中，0 表示完全透明，1 表示完全不透明，0.5 则表示半透明。**

下面通过案例说明如何使用 opacity 属性设置图像的不透明度。

例 6-12　创建网页，使用 opacity 属性设置图像的不透明度，文件保存为 6-12.html。代码如下。

```
<!doctype html>
<html>
<head>
<meta charset="utf-8">
<title>设置图像的不透明度</title>
<style type="text/css">
body{margin:0;padding:0;}
#box{
 width:725px;
 height: 483px;
 margin: 20px auto 0;
 }
img{opacity:0.3}/*设置不透明度为 0.3*/
img:hover{opacity:1;}/*设置不透明度为 1*/
</style>
</head>
<body>
<div id="box">
 <img src="images/shizi.jpg" width="725" height="483" alt=""/>
</div>
</body>
</html>
<html>
```

浏览网页，效果如图 6-14 所示。

在例 6-12 中，首先给图像设置了不透明度是 0.3，图像是模糊的；当鼠标指针移动到图像时，图像的不透明度变为 1，即图像变清晰。:hover 是指鼠标指针悬停到该元素时的状态。

12. 设置背景图像的渐变效果

在 CSS3 之前需要添加渐变效果的背景，通常要设置背景图像来实现。在 CSS3 中可以使用

linear-gradient()创建线性渐变图像，使用 radial-gradient()创建径向渐变图像，使用 repeating-linear-gradient()创建重复的线性渐变图像，使用 repeating-radial-gradient()创建重复的径向渐变图像。在此只介绍线性渐变，其他 3 种请读者自学。

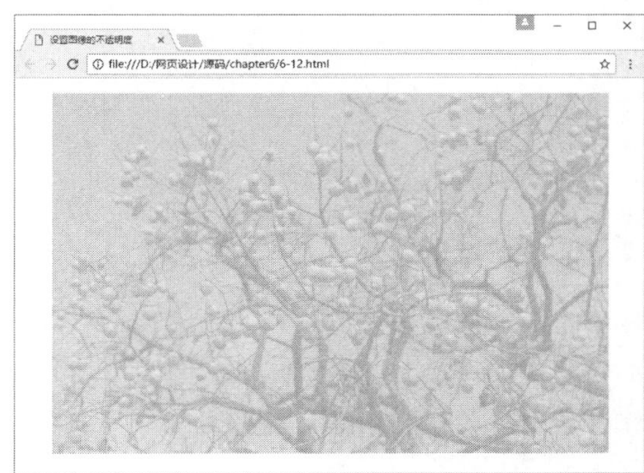

图 6-14　设置图像的不透明度

线性渐变背景图像格式如下。

```
background:linear-gradient(渐变角度，颜色值 1，颜色值 2，…，颜色值 n);
```

说明　**（1）渐变角度。指水平线和渐变线之间的夹角，通常是以 deg 为单位的角度值，角度省略时默认为 180deg。**

（2）颜色值。用于设置渐变颜色，其中，颜色值 1 表示起始颜色，颜色值 n 表示结束颜色，起始颜色和结束颜色之间可以添加多个颜色值，各颜色值之间用逗号隔开。

例 6-13　创建网页，设置渐变色的背景，文件保存为 6-13.html。代码如下。

```
<!doctype html>
<html>
<head>
<meta charset="utf-8">
<title>设置渐变背景</title>
<style type="text/css">
#box{
 width:600px;
 height:300px;
 margin:20px auto;
 border: 1px solid #000;
 background:linear-gradient(white,blue); /*设置渐变色的背景*/
}
h2{
 text-align:center;
}
p{
 text-indent:2em;
 line-height:25px;
}
</style>
</head>
<body>
<div id="box">
   <h2>山东信息职业技术学院简介</h2>
```

```
        <p>山东信息职业技术学院是山东省人民政府批准设立、教育部备案的省属公办全日制普通高校。学院秉持"以服务发展为宗旨、以促进就业为导向"的办学方针，遵循"以人为本、德技双馨、产教融合、服务社会"的办学理念，以"建设有特色高水平的高职院校"为目标，建立了开放创新强校模式，累积了优质的教育资源，形成了良好的育人环境。学院的管理水平、教学质量、办学特色得到社会各界的广泛肯定。</p>
    </div>
    </body>
    </html>
```

浏览网页，效果如图 6-15 所示。

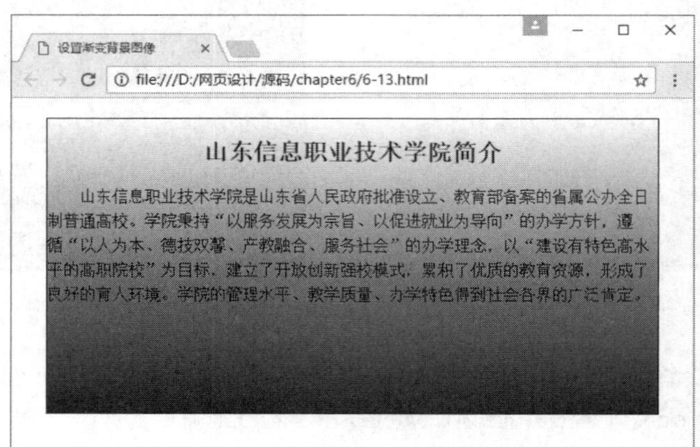

图 6-15 设置渐变背景

在例 6-13 中，给盒子 box 设置了从白色到蓝色的渐变背景，渐变角度是 180deg，该角度值可以省略，若以其他角度渐变，则必须写上角度值，读者可自行尝试。

6.2.4 元素的类型与转换

HTML 提供了丰富的标记，用于组织页面结构。为了使页面结构的组织更加轻松、合理，HTML 标记被定义成了不同的类型，一般分为块标记和行内标记，也称块元素和行内元素。

微课：元素的类型与转换

1. 块元素

块元素在页面中以区域块的形式出现，其特点是：每个块元素通常都会占据一整行或多行，可以对其设置宽度、高度、对齐等属性，常用于网页布局和搭建网页结构。

常见的块元素有<h1>~<h6>、<p>、<ul>、<ol>、<li>、<div>、<header>、<nav>、<article>、<aside>、<section>、<footer>等。

块元素的宽度默认为其父元素的宽度。

2. 行内元素

行内元素也称为内联元素或内嵌元素，其特点是：不必在新的一行开始，同时，也不强迫其他元素在新的一行显示。一个行内元素通常会和它前后的其他行内元素显示在同一行中，它们不占据独立的区域，仅仅靠自身的字体大小和图像尺寸来支撑结构，一般不可以设置宽度、高度和对齐等属性，常用于控制页面中特殊文本的样式。

常见的行内元素有<strong>、<b>、<em>、<i>、<a>、<span>等，其中<span>标记是最典型的行内元素。

<span>标记与<div>标记一样作为容器标记而被广泛应用在 HTML 中。在<span>与</span>中

间同样可以容纳各种 HTML 元素，从而形成独立的对象。

<div>与<span>的区别在于，<div>是一个块级元素，它包围的元素会自动换行。而<span>仅仅是一个行内元素（inline elements），在它的前后不会换行。<span>没有结构上的意义，纯粹是应用样式，当其他行内元素都不合适时，就可以使用<span>元素。

下面举例说明<span>标记的使用。

例 6-14 创建网页，在源文件中添加<span>标记，设置 CSS 样式使<span>标记中的文字为红色，文件保存为 6-14.html，代码如下。

```
<!doctype html>
<html>
<head>
<meta charset="utf-8">
<title>设置行元素的样式</title>
<style type="text/css">
body{
  background:url(images/bodybg.jpg);    /*设置网页的背景图像*/
}
h2{
  text-align:center;
}
p{
  text-indent:2em;
  line-height:25px;
}
p span{
  color:#F00;     /*设置文字颜色*/
  font-weight:bold;    /*设置文字的粗体效果*/
}
</style>
</head>
<body>
<div id="box">
<h2>山东信息职业技术学院简介</h2>
<p><span>山东信息职业技术学院</span>是山东省人民政府批准设立、教育部备案的公办省属普通高等学校，由山东省经济和信息化委员会和教育厅主管。学院具有 30 多年的办学历史，是教育部批办的“国家示范性软件职业技术学院”首批建设单位，是工信部、人力资源和社会保障部确认的国家首批“电子信息产业高技能人才培养基地”，是“全国信息产业系统先进集体”“山东省职业教育先进集体”“山东省德育工作优秀高校”“山东省文明校园”“潍坊市文明和谐单位”。</p>
</div>
</body>
</html>
```

浏览网页，效果如图 6-16 所示。

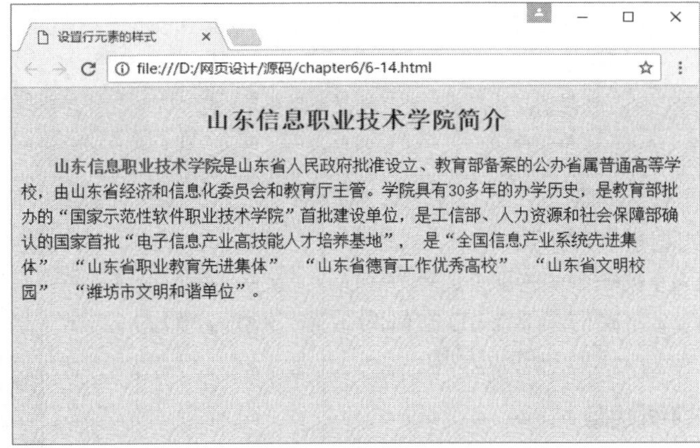

图 6-16 设置行元素的样式

3. 元素的转换

网页是由多个块元素和行内元素构成的盒子排列而成的。如果希望行内元素具有块元素的某些特性，如可以设置宽高，或者需要块元素具有行内元素的某些特性，如不独占一行排列，可以使用 display 属性转换元素的类型。

display 属性常用的属性值及含义如下。

- inline：行内元素。
- block：块元素。
- inline-block：行内块元素，可以对其设置宽高和对齐等属性，但是该元素不会独占一行。
- none：元素被隐藏，不显示。

6.2.5 块元素间的外边距

1. 块元素间的垂直外边距

微课：块元素的外边距

当上下相邻的两个块元素相遇时，如果上面的元素有下外边距 margin-bottom，下面的元素有上外边距 margin-top，则它们之间的垂直间距不是两者的和，而是两者中的较大者。下面举例说明。

例 6-15 创建网页，在网页中定义两个块，并设置它们的外边距，文件保存为 6-15.html，代码如下。

```
<!doctype html>
<html>
<head>
<meta charset="utf-8">
<title>两元素间的垂直外边距</title>
<style type="text/css">
#one{
      width:200px;
      height:100px;
      background:#FF0;
      margin-bottom:10px;     /*定义第一个块的下外边距*/
}
#two{
      width:200px;
      height:100px;
      background:#C60;
      margin-top:30px;     /*定义第二个块的上外边距*/
}
</style>
</head>
<body>
<div id="one">第一个块</div>
<div id="two">第二个块</div>
</body>
</html>
```

浏览网页，效果如图 6-17 所示。

例 6-15 中，定义了第一个块的下外边距为 10px，定义了第二个块的上外边距为 30px，此时两个块的垂直间距是 30px，即为 margin-bottom 和 margin-top 中的较大者。

图 6-17 块元素间的垂直外边距

2. 块元素间的水平外边距

当两个相邻的块元素水平排列时，如果左边的元素有右外边距

margin-right，右边的元素有左外边距 margin-left，则它们之间的水平间距是两者的和。下面举例说明。

例 6-16 创建网页，在网页中定义两个块，并设置它们的外边距，文件保存为 6-16.html，代码如下。

```
<!doctype html>
<html>
<head>
<meta charset="utf-8">
<title>两元素间的水平外边距</title>
<style type="text/css">
#one{
 width:200px;
 height:100px;
 background:#FF0;
 float:left;                   /*设置块左浮动*/
 margin-right:10px;            /*定义第一个块的右外边距*/
}
#two{
 width:200px;
 height:100px;
 background:#C60;
 float:left;                   /*设置块左浮动*/
 margin-left:30px;             /*定义第二个块的左外边距*/
}
</style>
</head>
<body>
<div id="one">第一个块</div>
<div id="two">第二个块</div>
</body>
</html>
```

注意 **在上述代码中，float 属性设置块的浮动后，可以使两个块水平排列，关于浮动的内容这里了解即可，本书后面的章节会详细介绍。**

浏览网页，效果如图 6-18 所示。

例 6-16 中，定义了第一个块的右外边距为 10px，定义了第二个块的左外边距为 30px，此时两个块的水平间距是 40px，即为 margin-right 和 margin-left 的和。

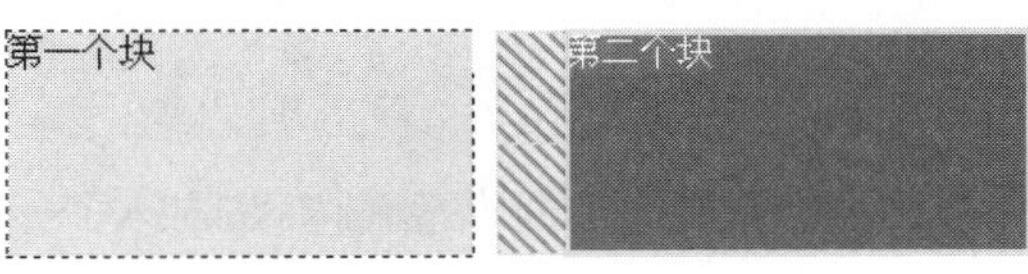

图 6-18　块元素间的水平外边距

6.3 案例实现

本案例新建一个网页文件，在文件中首先添加页面内容即结构，然后定义网页元素的样式。

微课：案例实现

6.3.1 制作页面结构

分析图 6-19 所示的学院简介页面效果，该页面主要由标题和段落文字组成。所有文字内容放入一个块中。标题文字使用标记<h2>，段落文字使用标记<p>。因此首先要在页面中使用<div>定义一个块，将标题和段落内容放入块中。网页元素的样式使用 CSS 样式设置。

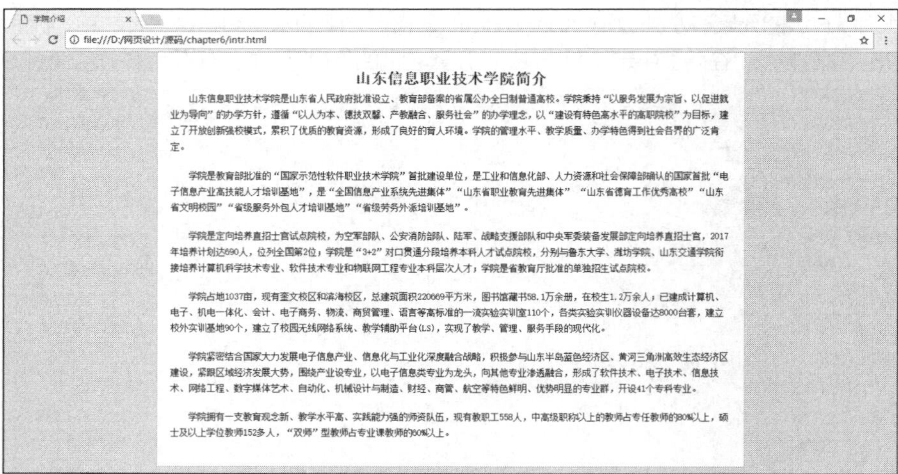

图 6-19　学院简介页面浏览效果

新建一个网页文件，文件名称为 intr.html。双击文件 intr.html，打开该文件，添加页面结构代码如下。

```
<!doctype html>
<html>
<head>
<meta charset="utf-8">
<title>学院介绍</title>
</head>
<body>
<div id="box">
<h2>山东信息职业技术学院简介</h2>
<p>山东信息职业技术学院是山东省人民政府批准设立、教育部备案的省属公办全日制普通高校。学院秉持“以服务发展为宗旨、以促进就业为导向”的办学方针，遵循“以人为本、德技双馨、产教融合、服务社会”的办学理念，以“建设有特色高水平的高职院校”为目标，建立了开放创新强校模式，累积了优质的教育资源，形成了良好的育人环境。学院的管理水平、教学质量、办学特色得到社会各界的广泛肯定。</p>
……
</div>
</body>
</html>
```

在上述代码中，标题和段落的内容都放入了一个 box 的盒子中。此时浏览网页，效果如图 6-20 所示。

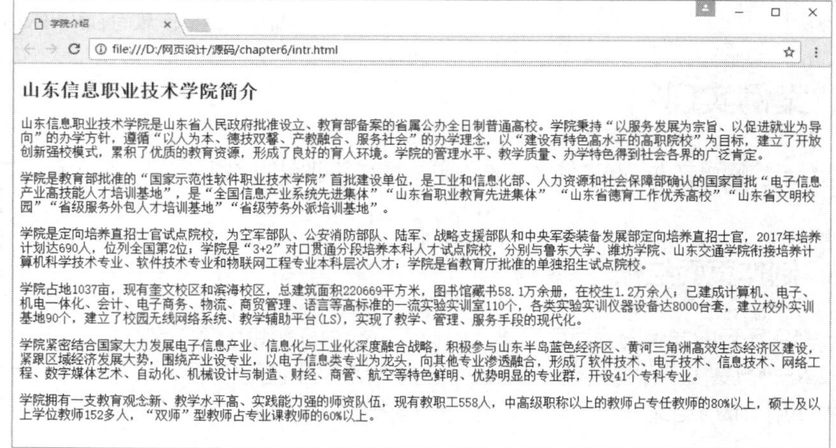

图 6-20　没有添加样式的页面浏览效果

6.3.2 添加 CSS 样式

添加页面内容后，使用 CSS 内部样式表设置页面各元素样式，将该部分代码放入<head>和</head>标记之间，代码如下。

```
<style type="text/css">
body,h2,p{
 margin:0;   /*设置元素的外边距为 0*/
 padding:0  /*设置元素的内边距为 0*/
}
body{
 background:url(images/bodybg.jpg);/*设置背景图像为祥云图案，并使图像平铺*/
}
#box{
 width:858px;  /*设置宽度*/
 height:auto;  /*设置高度为自动值*/
 border:1px solid #CCC;  /*设置边距为 1px、实线、灰色*/
 margin:0 auto;  /*设置元素在网页上水平居中*/
 padding:20px;   /*设置元素的内边距*/
 background:#FFF;/*设置背景色为白色*/
}
h2{
 text-align:center;  /*设置标题水平居中*/
 height:40px;            /*设置标题的高度*/
 line-height:40px;  /*设置标题的行高，使文字垂直居中*/
}
p{
 font-family:"宋体";  /*设置字体*/
 font-size:14px;  /*设置段落文字大小*/
 color:#333;         /*设置文字颜色为深灰色*/
 text-indent:2em;  /*设置首行缩进 2 个字符*/
 line-height:25px;  /*设置行高*/
 margin-bottom:20px;  /*设置段落间距*/
}
</style>
```

浏览文件，效果如图 6-19 所示。

在上述代码中，所有网页上的内容都放入了一个 box 块中，再使用 CSS 设置块及各个元素的样式。当然，也可以将文章内容放入<article>标记中，设置<article>标记的样式代替 box 块的样式即可。

本章小结

本章介绍了盒子模型的概念及常用属性。盒子的定义使用 div 标记，盒子的常用属性有 width（宽度）、height（高度）、border（边框）、margin（外边距）、padding（内边距）和 background（背景）等。通过 background 属性可以综合设置元素的各种背景效果。

网页中的元素有块元素和行元素，行元素不能设置宽度和高度等属性，块元素和行元素可以通过 display 属性转换。

最后综合利用盒子模型及盒子模型的相关属性制作信息学院简介页面。通过本章的学习，读者可以掌握盒子模型的概念及盒子相关属性。

实训 6

一、实训目的

1. 理解盒子模型的定义和使用。
2. 掌握盒子模型的常用属性。

二、实训内容

创建介绍绿色食品的网页，页面效果如图 6-21 所示。

图 6-21　页面浏览效果

第 7 章 列表与超链接

07

为了使网页更易阅读，经常将网页信息以列表的形式呈现。例如，许多网站中的新闻条目、图片展示、导航项等都采用列表来显示。列表在网页设计中占有很大比重。传统的 HTML 提供了项目列表的基本功能，当引入 CSS 后，项目列表被赋予了许多新的属性，甚至超越了它最初设计时的功能。而超链接更是网页设计中必须使用的元素。使用列表和超链接元素，可以制作网页中常见的新闻块和导航等元素。

本章学习目标（含素养要点）如下：

※ 掌握列表的 CSS 样式设置方法（价值塑造）；

※ 掌握超链接的 CSS 样式设置方法（职业素养）；

※ 掌握通知公告块和网站导航条的制作方法。

7.1 案例：通知公告块与学院网站导航条

1. 制作通知公告块

将学院通知公告内容放入定义的块中，公告条目使用无序列表显示。设置块及相关元素的 CSS 属性。浏览效果如图 7-1 所示。具体要求如下。

（1）块的宽度 width 属性值为 440px，高度 height 属性值为 265px。

（2）块的边框为 1px、灰色（#ccc）、实线。

（3）标题行采用一级标题、标题行高度为 38px，文字大小为 20px。

（4）所有文字采用微软雅黑字体、文字大小为 14px、文字颜色为灰色（#333）、行高为 28px、无下画线。

（5）鼠标指针移到通知条目文字时，文字颜色为蓝色（#1c4ba9）。

图 7-1　通知公告块浏览效果

2. 制作学院网站导航条

导航条的内容一般用无序列表来构造，将导航条内容放入一个定义的块中，并设置块及块中列表项的相关属性。浏览效果如图 7-2 所示。要求如下。

（1）导航条的宽度为 100%，高度为 42px。

（2）导航条的背景颜色为蓝色 rgb(28, 75, 169)。

（3）每个导航项的宽度为 120px，高度为 42px，文字水平居中。

（4）每个导航项为超链接文字，文字采用微软雅黑体，大小为 14px，文字为白色，无下画线。

（5）鼠标指针移到超链接文字时，显示白色背景，蓝色文字。

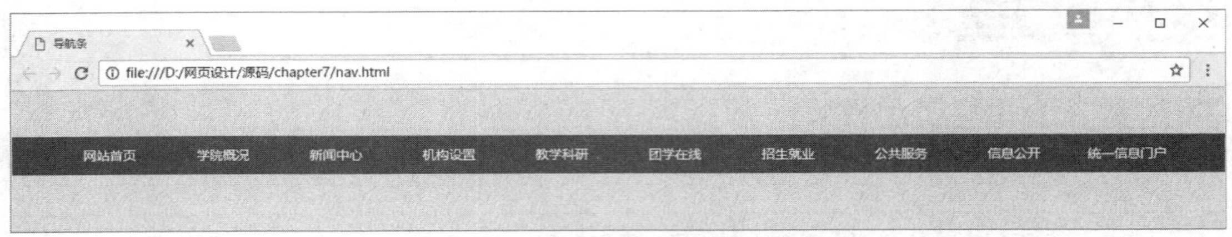

图 7-2　学院网站导航条浏览效果

7.2 知识准备

7.2.1　列表样式设置

第 2 章已介绍过，列表有无序列表、有序列表和自定义列表，对应的标记分别是 ul、ol 和 dl。通过标记的属性可以控制列表的项目符号，但是这种方式实现的效果并不理想，为此 CSS 提供了一系列列表样式属性来设置列表的样式。

微课：列表样式设置

（1）list-style-type 属性：用于控制无序或有序列表的项目符号。例如，无序列表的取值有 disc、circle、square。

（2）list-style-image 属性：设置列表项的项目图像，使列表的样式更加美观，其取值为图像的 URL（地址）。

（3）list-style-position 属性：设置列表项目符号的位置，其取值有 inside 和 outside 两种。

（4）list-style 属性：综合设置列表样式，可以代替上面 3 个属性。格式如下。

```
list-style: 列表项目符号　列表项目符号的位置　列表项目图像
```

实际上，在网页制作过程中，为了更高效地控制列表项目符号，通常将 list-style 的属性值定义为 none，清除列表的默认样式，然后为<li>设置背景图像来实现不同的列表项目符号。下面举例说明。

例 7-1　在网页上创建无序列表，并设置列表样式，文件保存为 7-1.html，代码如下。

```
<!doctype html>
<html>
<head>
<meta charset="utf-8">
<title>列表样式设置</title>
<style type="text/css">
li{
    list-style:none;   /*清除列表的默认样式*/
    height:28px;
    line-height:28px;
    background:url(images/arror.jpg) no-repeat left center; /*为 li 设置背景图像*/
    padding-left:25px; /*使文字往右移动，使背景图像与文字不重叠*/
}
</style>
</head>
<body>
<h2>教学系部</h2>
<ul>
<li>计算机系</li>
<li>电子系</li>
<li>信息系</li>
```

```
<li>管理系</li>
<li>软件系</li>
<li>航空系</li>
<li>基础教学部</li>
</ul>
</body>
</html>
```

浏览网页，效果如图 7-3 所示。

从图 7-3 可以看到，每个列表项都用背景图像重新定义了列表的项目符号。如果想重新选择列表项目符号，只需修改 background 属性的值即可。

例 7-1 中使用了无序列表，在实际网页制作过程中，也经常使用自定义列表。通过设置 CSS 样式，可以制作一些图文显示的效果。下面举例说明。

例 7-2 通过自定义列表构造块中的内容，并设置 CSS 样式，文件保存为 7-2.html，代码如下。

图 7-3 列表样式定义浏览效果

```
<!doctype html>
<html>
<head>
<meta charset="utf-8">
<title>优秀毕业生介绍</title>
<style type="text/css">
dl,dd,dt,h2,p,img{
    margin:0;
    padding:0;
    border:0
}
#box{
    width:580px;
    height:230px;
    background-color:#9CF;
    padding:20px;
    margin:20px auto;
}
dt{
    float:left; /*使图像左浮动*/
    width:310px;
}
dd{
    float:left; /*使文字左浮动*/
    margin-left:15px;
    width:255px;
}
span{
  color:#039;
  }
h2{
    font-size:14px;
    line-height:25px;
    }
p{
    font-size:14px;
    line-height:25px;
    text-indent:2em;
```

```
        margin-top:15px;
        }
    </style>
    </head>
    <body>
    <div id="box">
    <dl>
     <dt><img src="images/gaotao.jpg" width="304" height="229" /></dt>
     <dd>
      <h2>高涛（计算机系优秀毕业生风采）</h2>
      <h2>工作单位：浙商惠购服饰有限公司</h2>
      <p>高涛，计算机应用技术专业 2018 届毕业生高涛，毕业后就职于浙商惠购(北京)服饰有限公司，任网站开发工程师，负责公司项目的开发、维护和服务架构设计。入职以来工作认真负责、兢兢业业，具有较强的创新意识，能出色地完成工作任务，深受领导器重。</p>
    </dd>
    </dl>
    </div>
    </body>
    </html>
```

浏览网页，效果如图 7-4 所示。

图 7-4　自定义列表样式浏览效果

由例 7-2 可以看出，制作图文混排效果时，图片往往放入<dt>标记中，文字放入<dd>标记中，然后设置<dt>和<dd>左浮动，使它们水平排列。关于浮动的内容将在第 9 章详细介绍，这里了解即可。

7.2.2　超链接样式设置

定义超链接时，为了提高用户体验，经常需要为超链接指定不同的状态，使得超链接在单击前、单击后和鼠标指针悬停时的样式不同。在 CSS 中，通过链接伪类可以实现不同的链接状态。

伪类并不是真正意义上的类，它的名称是由系统定义的。超链接标记<a>的伪类有如下 4 种。

（1）a:link{CSS 样式规则;}：未访问时超链接的状态。

（2）a:visited{CSS 样式规则;}：访问后超链接的状态。

（3）a:hover{CSS 样式规则;}：鼠标指针悬停时超链接的状态。

（4）a:active{CSS 样式规则;}：鼠标单击不动时超链接的状态。

微课：超链接样式设置

通常在实际应用时，只需要使用 a:link、a:visited 来定义未访问和访问后的样式，而且 a:link 和 a:visited 定义相同的样式；使用 a:hover 定义鼠标指针悬停时超链接的样式即可。有时干脆只定义 a 和

a:hover 的样式。

例 7-3 设置超链接文字的样式，文件保存为 7-3.html，代码如下。

```
<!doctype html>
<html>
<head>
<meta charset="utf-8">
<title>超链接样式设置</title>
<style type="text/css">
body{
    padding:0;
    margin:0;
    font-size:16px;
    font-family:"微软雅黑";
    color:#3c3c3c;
}
a{
    color:#4c4c4c; /*超链接文字的颜色*/
    text-decoration:none; /*设置超链接文字无下画线*/
}
a:hover{
    color:#FF8400;
    text-decoration:underline; /*设置鼠标指针悬停时超链接文字有下画线*/
}
</style>
</head>
<body>
    <a href="#">学院简介</a>
    <a href="#">学院新闻</a>
    <a href="#">专业介绍</a>
    <a href="#">招生就业</a>
</body>
</html>
```

浏览网页，效果如图 7-5 所示。

例 7-3 浏览网页时，鼠标指针移动到超链接文字时，文字变成橘红色，且带有下画线效果。设置超链接样式，可以改变默认超链接的文字样式。实际制作网站时，都要对网站的超链接进行个性化的设置，一般不采用默认的样式。

图 7-5 超链接文字样式浏览效果

7.3 案例实现

本节使用前面所学的知识，制作通知公告块和学院网站导航条。

7.3.1 制作通知公告块

1. 通知公告块页面结构

微课：制作通知公告块

分析图 7-6 所示的通知公告块页面效果，该页面主要由标题和列表文字组成。所有文字内容放入一个块中。标题文字使用标记<h1>，列表文字使用无序列表标记<ul>。因此首先在页面中使用 div 定义一个块，将标题和列表内容放入块中，再设置块中各元素及超链接的 CSS 样式。

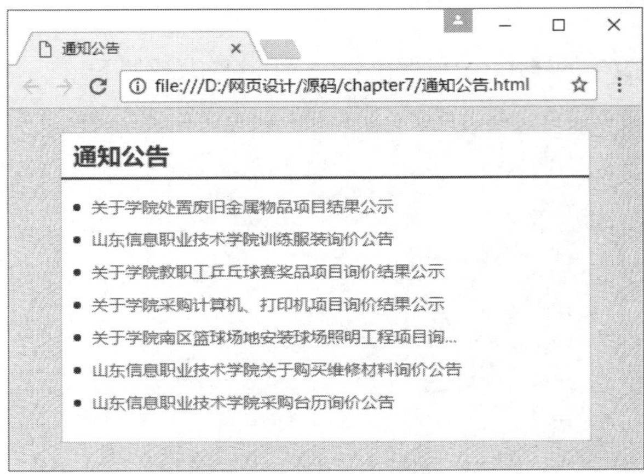

图 7-6　通知公告块浏览效果

新建一个网页文件，文件保存为 notice.html。双击文件 notice.html，打开该文件，添加如下页面结构代码。

```
<!doctype html>
<html>
<head>
<meta charset="utf-8">
<title>通知公告</title>
</head>
<body>
<div class="notice">
  <h1>通知公告</h1>
  <ul>
    <li><a href="#" target="_blank">关于学院处置废旧金属物品项目结果公示 </a></li>
    <li><a href="#" target="_blank"> 山东信息职业技术学院训练服装询价公告 </a></li>
    <li><a href="#" target="_blank">关于学院教职工乒乓球赛奖品项目询价结果公示 </a></li>
    <li><a href="#" target="_blank">关于学院采购计算机、打印机项目询价结果公示 </a></li>
    <li><a href="#" target="_blank">关于学院南区篮球场地安装球场照明工程项目询...</a></li>
    <li><a href="#" target="_blank">山东信息职业技术学院关于购买维修材料询价公告</a></li>
    <li><a href="#" target="_blank">山东信息职业技术学院采购台历询价公告</a></li>
  </ul>
</div>
</body>
</html>
```

上述代码中，标题和列表的内容都放入一个 notice 的盒子中。此时浏览网页，效果如图 7-7 所示。

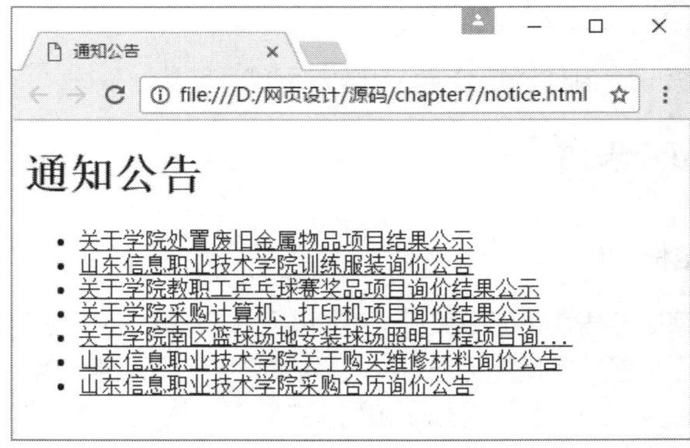

图 7-7　通知公告块结构内容

2. 添加 CSS 样式

添加页面内容后，使用 CSS 内部样式表设置页面各元素样式，样式表代码如下。

```
<style type="text/css">
body, h1, ul, li {/*设置元素的初始属性*/
    margin: 0;
    padding: 0;
    list-style: none;/*去掉列表项默认的项目符号*/
}
body {
    background: #cdcdcc url("images/bodybg.jpg");/*背景图像默认是平铺的*/
    font-family: "微软雅黑";
    font-size: 14px;
    color: #333;
}
a {/*设置超链接文字的样式*/
    text-decoration: none;/*去掉超链接文字的下画线*/
    color: #666;
}
/*通知公告*/
.notice {/*设置公告块的样式*/
    background: #ffffff;
    border: 1px solid #ccc;
    width: 440px;
    height: 265px;
    margin: 20px auto;/*让块水平居中，上下外边距为 20px*/
}
.notice h1 {/*设置标题行的样式*/
    height: 38px;
    line-height: 38px;
    width: 430px;/*这个宽度是 440px-10px*/
    border-bottom: 2px solid #1a4aa7;
    font-size: 20px;
    font-weight: bold;
    padding-left: 10px;/*使文字向右移动 10px*/
}
.notice ul {/*设置无序列表的样式*/
    width: 420px;/*这个宽度是 440px-20px*/
    height: 207px;
    padding: 10px;/*让列表的内容和块的边缘有 10px 的间隔*/
}
.notice ul li {/*设置每个列表项的样式*/
    height: 28px;
    line-height: 28px;
    background: url(images/icon.png) no-repeat left center;/*设置每个列表项左侧的图像*/
    padding-left: 15px;
    width: 405px;/*这个宽度是 420px-15px*/
}
.notice ul li a:hover {/*设置鼠标悬停到超链接文字时的样式*/
    color: #1c4ba9;
}
</style>
```

浏览网页，效果如图 7-6 所示。

在上述代码中，所有网页上的内容都放在了一个类样式为 notice 的块中，主要设置了列表和超链接文字的样式。切记元素的实际宽度为 margin、padding、border 和 width 的总和。因此在设置无序列表和列表项的宽度时不要出现错误。

7.3.2 制作学院网站导航条

微课：制作学院网站导航条

1. 学院导航条结构

分析图 7-8 所示的学院导航条效果，该导航条由 10 个导航项构成。导航条的项可以使用无序列表构造，所有内容放入一个导航块中，再设置块中各元素及超链接的 CSS 样式。

图 7-8　学院导航条浏览效果

新建一个网页文件，文件保存为 nav.html。双击文件 nav.html，打开该文件，添加如下页面结构代码。

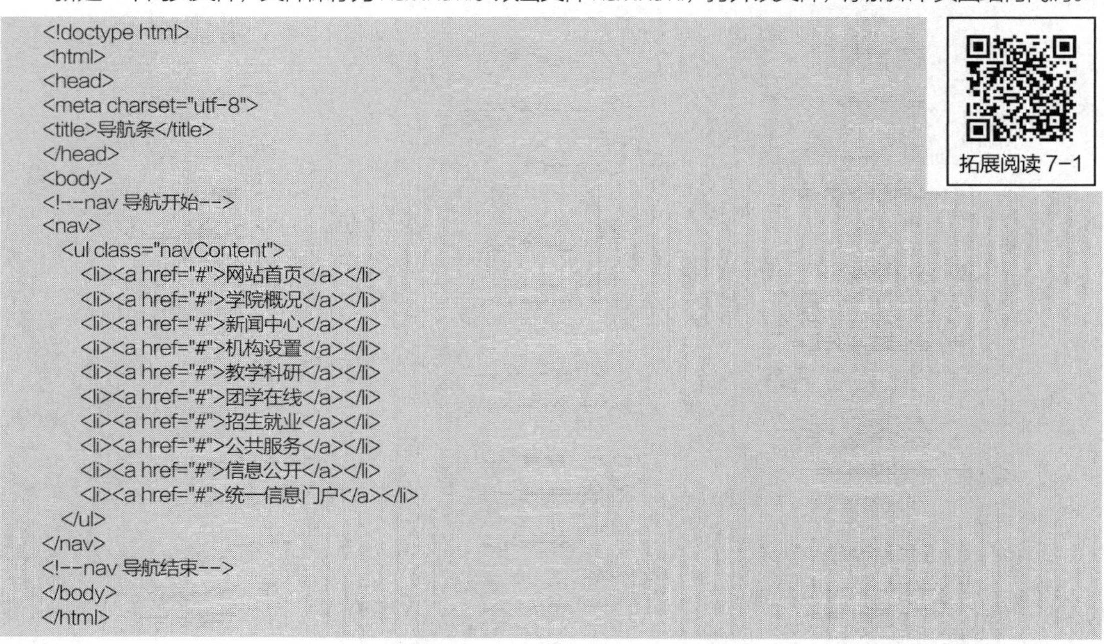

```
<!doctype html>
<html>
<head>
<meta charset="utf-8">
<title>导航条</title>
</head>
<body>
<!--nav 导航开始-->
<nav>
  <ul class="navContent">
    <li><a href="#">网站首页</a></li>
    <li><a href="#">学院概况</a></li>
    <li><a href="#">新闻中心</a></li>
    <li><a href="#">机构设置</a></li>
    <li><a href="#">教学科研</a></li>
    <li><a href="#">团学在线</a></li>
    <li><a href="#">招生就业</a></li>
    <li><a href="#">公共服务</a></li>
    <li><a href="#">信息公开</a></li>
    <li><a href="#">统一信息门户</a></li>
  </ul>
</nav>
<!--nav 导航结束-->
</body>
</html>
```

拓展阅读 7-1

在上述代码中，无序列表的内容都放入一个 nav 的盒子中。此时浏览网页，效果如图 7-9 所示。可以看到列表项垂直排列，超链接采用默认样式。

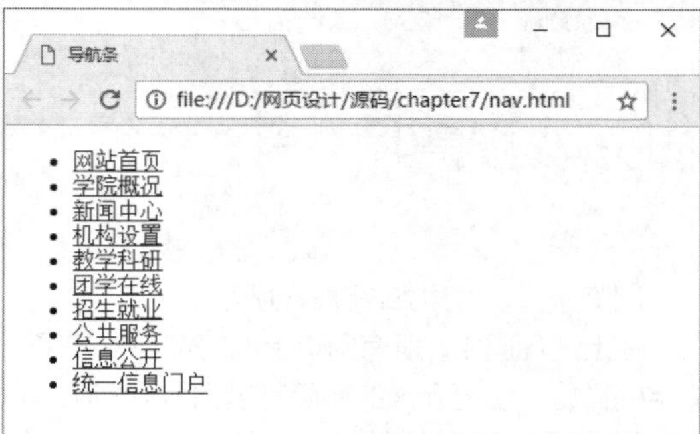

图 7-9　导航条结构内容

2. 添加 CSS 样式

添加页面内容后，使用 CSS 内部样式表设置页面各元素样式，样式表代码如下。

```
<style type="text/css">
body,ul,li{
    margin: 0;
    padding: 0;
    list-style: none;
}
body {
    background: url("images/bodybg.jpg");
    font-family: "微软雅黑";
    font-size: 14px;
}
a {
    text-decoration: none;
}
nav{/*导航块的样式*/
    background: rgb(28,75,169);
    margin: 50px auto;
    height: 42px;
    width: 100%;/*宽度与浏览器相同*/
}
.navContent{/*导航块中无序列表的样式*/
    margin: 0px auto;/*内容在导航块中居中*/
    width: 1200px;
    height: 42px;
}
.navContent li {/*导航块中每个列表项的样式*/
    width: 120px;
    float: left;/*每个列表项左浮动，使列表项水平排列*/
}
.navContent li a {/*超链接文字的样式*/
    display: block;/*使超链接元素为块元素，可以设置宽度和高度*/
    width:120px;
    height: 42px;
    line-height: 42px;
    text-align: center;
    color:#FFF;
}
.navContent li a:hover {/*鼠标指针悬停到超链接文字时的样式*/
    color: rgb(28,75,169);
    background:#FFF;
}
</style>
```

浏览网页，效果如图 7-8 所示。

在上述代码中，最关键的样式是设置列表项左浮动，使列表项水平排列；鼠标指针悬停时超链接背景为白底蓝字，就需要设置超链接元素为块元素，设置超链接元素的宽度、高度和背景色。该案例采用了网站制作中典型的导航条制作方法。

本章小结

本章介绍了列表和超链接元素的样式设置方法。在网站建设中，重复的内容大都用列表构造。无序列表在使用时，一般是去掉其本身的项目符号，通过设置列表项背景图像来添加个性化的项目符号。超链接元素设置样式时，通常只设置 a 元素和 a:hover 元素的样式即可。

通知公告块和学院网站导航条案例采用了典型的新闻块和导航条制作方法。切实理解这些案例的代码可以制作出网页中各种样式的新闻块和导航条。

实训 7

一、实训目的

1. 练习列表和超链接元素的 CSS 样式定义。
2. 掌握新闻块和导航条的制作方法。

二、实训内容

1. 根据提供的素材，制作学校要闻块，如图 7-10 所示。具体要求如下。

（1）块的实际宽度为 480px，高度为 240px。

（2）标题行中的图像为 head1.png。

（3）新闻列表条目超链接文字采用微软雅黑，文字大小为 14px，文字颜色为灰色 rgb(60, 60, 60)，无下画线。

（4）鼠标指针移到列表条目文字时文字颜色为蓝色 rgb(28, 75, 169)。

图 7-10 学校要闻块浏览效果

2. 制作图 7-11 所示的竖直导航条，鼠标指针悬停在超链接文字时变换背景颜色。

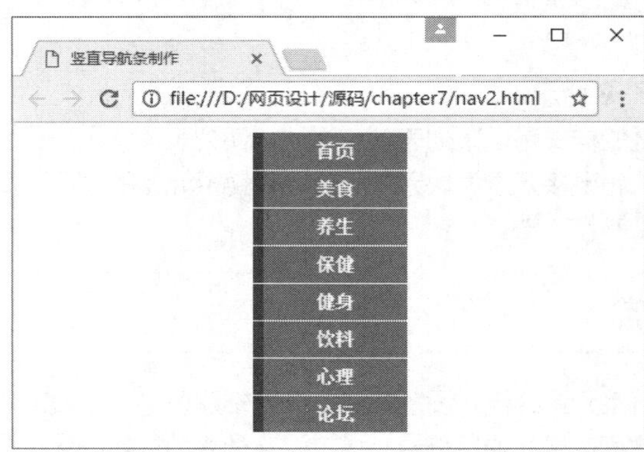

图 7-11 竖直导航条浏览效果

第 8 章 表格与表单

08

表格是 HTML 网页中的重要元素，利用表格可以有条理地显示网页内容。早期的网页版面采用表格进行布局，随着网页技术的发展，现在的网页排版一般采用 HTML5+CSS3 布局。但网页上的一些内容，如通信录、学生信息表、课程表采用表格仍然是较好的呈现方式。表单用于搜集不同类型的用户输入，例如网上注册、网上登录、网上交易等页面都需要创建表单。本章将介绍表格相关标记、表单相关标记以及 CSS 控制表格和表单的样式。

本章学习目标（含素养要点）如下：

※ 掌握创建表格的 HTML 标记（与时俱进）；

※ 掌握表格的 CSS 样式控制；

※ 掌握创建表单的 HTML 标记；

※ 掌握表单的 CSS 样式控制（捕捉新技术）。

8.1 表格案例：学生信息表

拓展阅读 8-1

制作学生信息表，浏览效果如图 8-1 所示。具体要求如下。

（1）创建一个 6 行 7 列的表格。

（2）设置表格标题——学生信息表。

（3）在表格标记中添加相应的文本内容，并用<th>标记为表格设置表头。

（4）通过 CSS 控制表格的样式。

（5）表格中的奇数行和偶数行分别显示不同的背景色。

设置表格样式

file:///D:/网页设计/源码/chapter8/students.html

学生信息表

学号	姓名	性别	家庭住址	联系电话	QQ	电子邮箱
2017010206	王大强	男	山东菏泽市	15833345×××	61576×××	wdq@×××.com
2017021501	于鲲	男	山东潍坊市	18833345×××	65516×××	yk@×××.com
2017021503	王雪岩	男	山东济南市	13833545×××	25576×××	wxy@×××.com
2017021504	王晓林	男	山东青岛市	18843345×××	45576×××	wxl@×××.com
2017010205	于钦智	男	山东潍坊市	15833348×××	45576×××	yqz@×××.com

图 8-1　学生信息表浏览效果

8.2 表格相关知识

8.2.1 表格标记

例 8-1 在网页上创建图 8-2 所示的简单表格，文件保存为 8-1.html，代码如下。

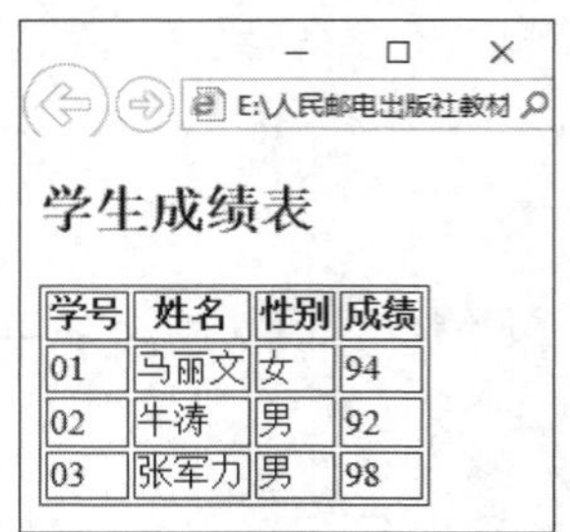

图 8-2 简单表格

```
<!doctype html>
<html>
<head>
<meta charset="utf-8">
<title>简单表格</title>
</head>
<body>
<h2>学生成绩表</h2>
<table border="1">
  <tr>
    <th>学号</th>
    <th>姓名</th>
    <th>性别</th>
    <th>成绩</th>
  </tr>
  <tr>
    <td>01</td>
    <td>马丽文</td>
    <td>女</td>
    <td>94</td>
  </tr>
  <tr>
    <td>02</td>
    <td>牛涛</td>
    <td>男</td>
    <td>92</td>
  </tr>
  <tr>
    <td>03</td>
    <td>张军力</td>
    <td>男</td>
    <td>98</td>
  </tr>
</table>
</body>
</html>
```

通过上面的代码，可以看出创建表格的基本标记有以下几个。

（1）<table></table>。用于定义一个表格。

（2）<tr></tr>。用于定义表格的一行，该标记必须包含在<table>和</table>中，表格有几行，在<table>和</table>中就要有几对<tr></tr>标记。

（3）<th></th>。用于定义表头的单元格，该标记必须包含在<tr>和</tr>中，表头行有几个单元格，在<tr>和</tr>中就要有几对<th></th>标记。该单元格中的文字自动设为粗体、在单元格中居中对齐显示。

（4）<td></td>。用于定义表格的普通单元格，该标记必须包含在<tr>和</tr>中，一行有几个单元格，在<tr>和</tr>中就要有几对<td></td>标记。该单元格中的文字自动设为左对齐显示。

在例 8-1 的代码中，在<table>标记中用到了 border 属性，其作用是给表格添加边框，如果去掉该属性，则表格默认情况下无边框。默认情况下，表格的宽度和高度靠其自身的内容来支撑。如果要进一步设置表格的外观样式，可以通过设置 CSS 样式实现。

8.2.2 合并单元格

可以通过给单元格标记 td 或 th 添加 colspan 或 rowspan 属性合并单元格。

如果要将表格的列合并，也就是让同一行不同列的单元格合并为一个单元格，那么要找到被合并的几个单元格中处于最左侧的那个单元格，加上 colspan 属性，其他被合并的单元格的标记要删除。

微课：合并单元格

如果要将表格的行合并，也就是让同一列上的不同行上的单元格合并为一个单元格，那么要找到被合并的几个单元格中处于最上面的那个单元格，加上 rowspan 属性，其他被合并的单元格的标记要删除。

下面以列合并为例，说明单元格合并的表格的创建。

图 8-3　单元格合并后的表格

例 8-2　在网页上创建图 8-3 所示的表格，文件保存为 8-2.html，代码如下。

```
<!doctype html>
<html>
<head>
<meta charset="utf-8">
<title>合并单元格</title>
</head>
<body>
<h2>学生情况表</h2>
<table border="1" >
  <tr>
    <th colspan="3">基本信息</th>
    <th colspan="3">成绩信息</th>
  </tr>
  <tr>
    <th>学号</th>
    <th>姓名</th>
    <th>性别</th>
    <th>数学</th>
    <th>语文</th>
    <th>英语</th>
  </tr>
  <tr>
    <td>01</td>
```

```
        <td>马丽文</td>
        <td>女</td>
        <td>94</td>
        <td>94</td>
        <td>94</td>
    </tr>
    <tr>
        <td>02</td>
        <td>牛涛</td>
        <td>男</td>
        <td>45</td>
        <td>92</td>
        <td>92</td>
    </tr>
    <tr>
        <td>03</td>
        <td>张军力</td>
        <td>男</td>
        <td>98</td>
        <td>98</td>
        <td>56</td>
    </tr>
</table>
</body>
</html></html>
```

在例 8-2 的代码中，创建了一个 5 行 6 列的表格，在第一行中分别合并了第 1、2、3 列的单元格和第 4、5、6 列的单元格，因此第一行只写两对<th>标记就可以。

8.2.3 使用 CSS 设置表格样式

通过 CSS 样式设置表格的样式，可以创建出各种美观的表格。下面举例说明。

例 8-3 将例 8-2 创建的表格使用 CSS 属性设置表格的样式，效果如图 8-4 所示，文件保存为 8-3.html，代码如下。

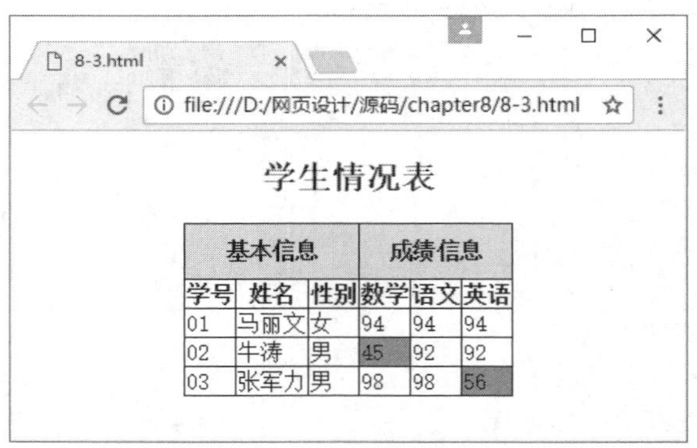

基本信息			成绩信息		
学号	姓名	性别	数学	语文	英语
01	马丽文	女	94	94	94
02	牛涛	男	45	92	92
03	张军力	男	98	98	56

图 8-4 设置表格样式

微课：使用 CSS 设置表格样式

```
<!doctype html>
<html>
<head>
<meta charset="utf-8">
<title>设置表格样式</title>
<style type="text/css">
h2 {
    text-align: center;
```

```
}
table {
    border: 1px solid #000;/*设置表格的边框*/
    border-collapse: collapse;/*表格的边框合并*/
    margin: 0 auto;
}
th, td {
    border: 1px solid #000; /*设置单元格的边框*/
}
tr:first-child { /*设置表格第一行的样式*/
    background: #dedede;
    height: 40px;
}
.redTd { /*设置成绩不及格的单元格的样式*/
    background:#F4696B;
}
</style>
</head>
<body>
<h2>学生情况表</h2>
<table>
  <tr>
    <th colspan="3">基本信息</th>
    <th colspan="3">成绩信息</th>
  </tr>
  <tr>
    <th>学号</th>
    <th>姓名</th>
    <th>性别</th>
    <th>数学</th>
    <th>语文</th>
    <th>英语</th>
  </tr>
  <tr>
    <td>01</td>
    <td>马丽文</td>
    <td>女</td>
    <td>94</td>
    <td>94</td>
    <td>94</td>
  </tr>
  <tr>
    <td>02</td>
    <td>牛涛</td>
    <td>男</td>
    <td class="redTd">45</td>
    <td>92</td>
    <td>92</td>
  </tr>
  <tr>
    <td>03</td>
    <td>张军力</td>
    <td>男</td>
    <td>98</td>
    <td>98</td>
    <td class="redTd">56</td>
  </tr>
</table>
</body>
</html>
```

在例 8-3 的代码中，分别对<table>和<th><td>标记设置了边框样式。使用 border-collapse 属性可以使表格的边框合并，这样可以制作 1 像素的细线表格。对于特殊的行和单元格可以定义类样式来单独设置它们的样式。

8.3 表格案例实现

本节使用前面所学的表格知识制作学生信息表。

8.3.1 学生信息表的页面结构

分析图 8-5 所示的学生信息表效果，该页面由标题和 6 行 7 列的表格构成。标题可以使用<h1>标记，表格使用<table>标记，表格的行使用<tr>标记，单元格使用<th>和<td>标记。表格和单元格的样式使用 CSS 设置。

学号	姓名	性别	家庭住址	联系电话	QQ	电子邮箱
2017010206	王大强	男	山东菏泽市	15833345×××	61576×××	wdq@×××.com
2017021501	于鲲	男	山东潍坊市	18833345×××	65516×××	yk@×××.com
2017021503	王雪岩	男	山东济南市	13833545×××	25576×××	wxy@×××.com
2017021504	王晓林	男	山东青岛市	18843345×××	45576×××	wxl@×××.com
2017010205	于钦智	男	山东潍坊市	15833348×××	45576×××	yqz@×××.com

微课：表格案例实现

图 8-5 学生信息表浏览效果

新建一个网页文件，文件名称为 students.html。双击文件 students.html，打开该文件，添加如下页面结构代码。

```
<!doctype html>
<html>
<head>
<meta charset="utf-8">
<title>学生信息表</title>
</head>
<body>
<h1>学生信息表</h1>
<table class="gridtable">
  <tr>
    <th>学号</th>
    <th>姓名</th>
    <th>性别</th>
    <th>家庭住址</th>
    <th>联系电话</th>
    <th>QQ</th>
    <th>电子邮箱</th>
  </tr>
  <tr>
    <td>2017010206</td>
    <td>王大强</td>
    <td>男</td>
```

```
        <td>山东菏泽市</td>
        <td>15833345×××</td>
        <td>61576×××</td>
        <td>wdq@×××.com</td>
    </tr>
    <tr>
        <td>2017021501</td>
        <td>于鲲</td>
        <td>男</td>
        <td>山东潍坊市</td>
        <td>18833345×××</td>
        <td>65516×××</td>
        <td>yk@×××.com</td>
    </tr>
    <tr>
        <td>2017021503</td>
        <td>王雪岩</td>
        <td>男</td>
        <td>山东济南市</td>
        <td>13833545×××</td>
        <td>25576×××</td>
        <td>wxy@×××.com</td>
    </tr>
    <tr>
        <td>2017021504</td>
        <td>王晓林</td>
        <td>男</td>
        <td>山东青岛市</td>
        <td>18843345×××</td>
        <td>45576×××</td>
        <td>wxl@×××.com</td>
    </tr>
    <tr>
        <td>2017010205</td>
        <td>于钦智</td>
        <td>男</td>
        <td>山东潍坊市</td>
        <td>15833348×××</td>
        <td>45576×××</td>
        <td>yqz@×××.com</td>
    </tr>
</table>
</body>
</html>
```

此时浏览网页，效果如图 8-6 所示。

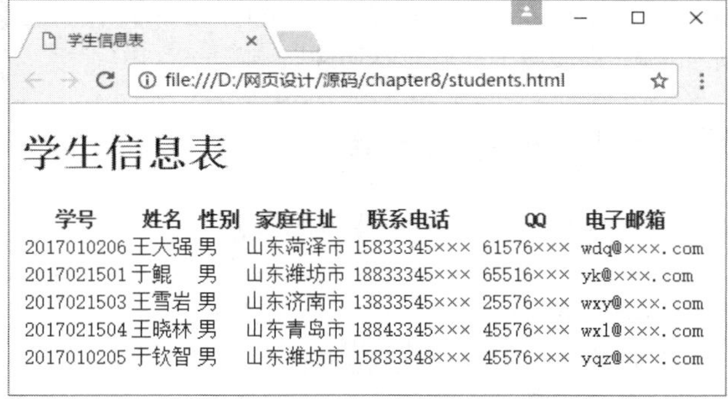

图 8-6　学生信息表结构内容

8.3.2 添加 CSS 样式

添加页面内容后，使用 CSS 内部样式表设置表格各元素样式，样式表代码如下。

```
<style type="text/css">
body, h1, table, th, td {
    margin: 0;
    padding: 0
}
h1 {
    text-align: center;
}
.gridtable {  /*定义类的样式，应用到表格上*/
    width: 600px;
    height: 200px;
    margin: 0 auto;  /*让表格在浏览器中水平居中*/
    border: 1px solid #666; /*给表格加边框线*/
    border-collapse: collapse; /*合并表格的边框线，双线变单线*/
    font-family: "微软雅黑";
    font-size: 12px;
}
.gridtable th, .gridtable td { /*设置表格单元格的样式*/
    border: 1px solid #666;/* 给单元格加边框线*/
    padding: 2px; /*设置单元格中的内容与边框线的距离*/
}
.gridtable th {
    background: #222DA2; /*设置表头单元格的背景色*/
    color: #FFF;
}
.gridtable tr:nth-child(odd) {/*设置表格奇数行的背景色*/
    background: #B1C1ED;
}
.gridtable tr:nth-child(even) {/*设置表格偶数行的背景色*/
    background: #dedede;
}
</style>
```

浏览网页，效果如图 8-5 所示。

上述样式表代码给表格 table 定义了一个类样式.gridtable，给单元格 th 和 td 分别定义了样式。为了使文字与边框有一定的间隔，还设置了 padding 属性。

8.4 表单案例：用户注册表单

制作用户注册表单，浏览效果如图 8-7 所示。具体要求如下。

（1）定义表单域。

（2）使用表单控件定义各输入控件。

（3）使用<input>标记的按钮属性定义提交和重置按钮。

（4）通过 CSS 整体控制表单样式。

图 8-7　用户注册表单浏览效果

8.5 表单相关知识

8.5.1 认识表单

表单是用于实现浏览者与网页制作者之间信息交互的一种网页对象。图 8-8 所示是用户登录表单。

微课：
认识表单

表单是允许浏览者进行输入的区域，可以使用表单从客户端收集信息。浏览者在表单中输入信息，然后将这些信息提交给网站服务器，服务器中的应用程序会对这些信息进行处理并响应，这样就完成了浏览者和网站服务器之间的交互。

HTML5 新增了很多表单控件，完善了表单的功能，新特性提供了更好的用户体验和输入控制。

图 8-8　用户登录表单浏览效果

在网页中，一个完整的表单通常由表单域、提示信息和表单控件 3 部分构成。

（1）表单域（<form>标记）：<form>标记是一个包含框，是包含表单控件的容器。

（2）提示信息：表单控件周围用于提示输入内容的文字。

（3）表单控件（<input>标记等）：用于输入用户信息的控件，如文本框、密码框、单选按钮、复选框和按钮等。

8.5.2 表单标记

表单是一个包含表单控件的容器，表单控件允许用户在表单中使用表单域输入信息。可以使用

<form>标记在网页中创建表单。表单使用的<form>标记是成对出现的，在开始标记<form>和结束标记</form>之间的部分就是一个表单。

微课：
表单标记

表单的基本语法及格式如下。

```
<form name="表单名称" action="URL 地址" method="提交方式" autocomplete="on|off" novalidate>
......
</form>
```

<form>标记主要用于处理和传送表单结果，其常用属性的含义如下。

（1）name 属性。给定表单名称，以区分同一个页面中的多个表单。

（2）action 属性。指定处理表单信息的服务器端应用程序。

（3）method 属性。用于设置表单数据的提交方式，其取值为 get 或 post。其中，get 为默认值，这种方式提交的数据将显示在浏览器的地址栏中，保密性差，且有数据量的限制。而 post 方式的保密性好，并且无数据量的限制，使用 method="post"可以大量提交数据。

（4）autocomplete 属性。用于指定表单是否有自动完成功能。所谓“自动完成”，是指将表单控件输入的内容记录下来，当再次输入时，会将输入的历史记录显示在一个下拉列表中，以实现自动完成输入。该属性的取值有 on 和 off，当为 on 时，表示有自动完成功能，否则没有。该属性是 HTML5 的新增属性。

（5）novalidate 属性。指定在提交表单时，取消对表单进行有效性检查。为表单设置该属性时，可以关闭整个表单的验证。该属性的取值有 true 和 false，当为 true 时，表示取消表单验证。该属性是 HTML5 新增属性。

注意

<form>标记的属性并不会直接影响表单的显示效果。要想让一个表单有意义，就必须在<form>与</form>之间添加相应的表单控件。

8.5.3 表单控件

表单中通常包含一个或多个表单控件，如图 8-9 所示。

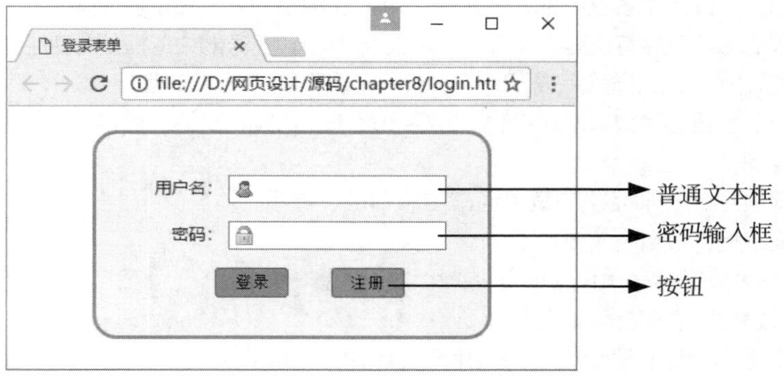

图 8-9 登录表单中的所有控件

下面讲解表单的常用控件。

微课：
input 控件

1. input 控件

input 控件用于定义文本框、单选按钮、复选框、提交按钮、重置按钮等。其基本语法格式如下。

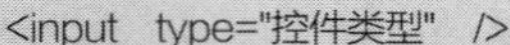

```
<input  type="控件类型"  />
```

说明 <input />标记为单标记，type 属性为其最基本的属性，其取值有多种，用于指定不同的控件类型。除了 type 属性（见表 8-1）之外，<input>标记还可以定义很多其他的属性，如表 8-2 所示。

表 8-1　input 控件的 type 属性

属　性	属 性 值	作　用
type	text	单行文本输入框
	password	密码输入框
	radio	单选按钮
	checkbox	复选框
	button	普通按钮
	submit	提交按钮
	reset	重置按钮
	image	图像形式的提交按钮
	hidden	隐藏域
	file	文件域
	email	E-mail 地址的输入域
	url	URL 地址的输入域
	number	数值的输入域
	range	一定范围内数值的输入域
	date、time 等	日期和时间的输入
	search	搜索域
	color	选择颜色
	tel	电话号码的输入

表 8-2　input 控件的其他属性

属　性	属 性 值	作　用
name	由用户自定义	控件的名称
value	由用户自定义	input 控件中的默认文本值
size	正整数	input 控件在页面中的显示宽度
readonly	readonly	该控件内容为只读（不能编辑修改）
disabled	disabled	第一次加载页面时禁用该控件（显示为灰色）
checked	checked	定义选择控件默认被选中的项
maxlength	正整数	控件允许输入的最多字符数
autocomplete	on/off	设置是否自动完成表单字段的内容
autofocus	autofocus	设置页面加载后是否自动获取焦点
form	form 元素的 id	设置字段隶属于哪个表单
list	datalist 元素的 id	设置字段的数据值列表
multiple	multiple	设置输入框是否可以选多个值
min、max、step	数值	设置最小值、最大值及步进值
pattern	字符串	设置正则表达式，验证数据合法性
placeholder	字符串	提供提示
required	required	输入框中不能为空

2. textarea 控件

当定义 input 控件的 type 属性值为 text 时，可以创建一个单行文本输入框。如果需要输入大量信息，且字数没有限制，就需要使用<textarea>和</textarea>标记。例如，输入个人简历时的控件就是 textarea 控件。其基本语法格式如下。

微课：
textarea 控件

```
<textarea cols="每行中的字符数" rows="显示的行数">
        文本内容
</textarea>
```

说明 **在上面的语法格式中，cols 和 rows 为<textarea>标记的必需属性，其中 cols 用来定义多行文本输入框每行中的字符数，rows 用来定义多行文本输入框显示的行数，它们的取值均为正整数。**

注意 **各浏览器对 cols 和 rows 属性的理解不同，当对 textarea 控件应用 cols 和 rows 属性时，多行文本输入框在各浏览器中的显示效果可能会有差异。所以在实际工作中，更常用的方法是使用 CSS 的 width 和 height 属性来定义多行文本输入框的宽、高。**

3. select 控件

微课：select
控件

select 控件提供下拉列表选项，供用户选择。下拉列表通过 select 标记和 option 标记来定义。例如，在用户注册表单中，职业的选择项就使用下拉列表实现。其基本语法格式如下。

```
<select>
        <option>选项 1</option>
        <option>选项 2</option>
        <option>选项 3</option>
        ...
</select>
```

说明 **在上面的语法中，<select>和</select>标记用于在表单中添加一个下拉菜单，<option>和</option>用于定义下拉菜单中的具体选项，每对<select>和</select>中至少应包含一对<option>和</option>。**

可以为<select>和<option>标记定义属性，以改变下拉菜单的外观显示效果，具体如表 8-3 所示。

表 8-3 <select>和<option>标记的常用属性

标记名	常用属性	作　用
<select>	size	指定下拉菜单的可见选项数（取值为正整数）
	multiple	定义 multiple="multiple"时，下拉菜单将具有多项选择的功能，方法为按住 Ctrl 键的同时选择多项
<option>	selected	定义 selected ="selected "时，当前项即为默认选中项

8.5.4 使用 CSS 设置表单样式

微课：使用 CSS
设置表单样式

下面通过实例说明如何创建表单以及通过 CSS 设置表单的样式。

例 8-4 创建用户登录表单，并使用 CSS 设置表单样式，效果如图 8-10 所示，文件保存为 8-4.html。

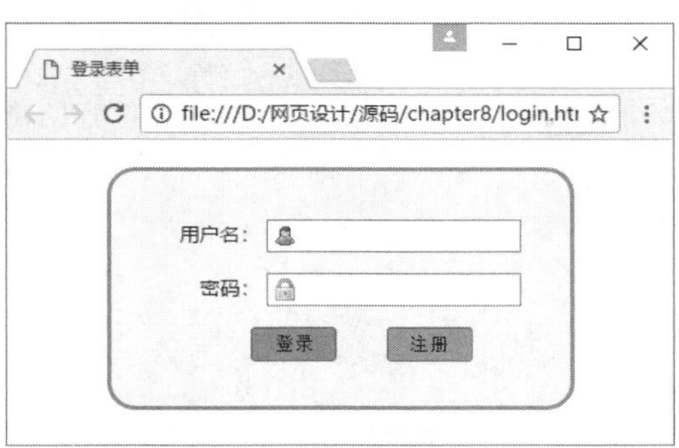

图 8-10 使用 CSS 属性设置表单样式

图 8-10 所示的表单界面由 3 行构成，每行可以使用一对<p>标记来构建。左边的提示信息放入<span>标记中，以便于设置文字的右对齐。HTML 结构代码如下。

```
<!doctype html>
<html>
<head>
<meta charset="utf-8">
<title>登录表单</title>
</head>
<body>
<form action="" method="get" autocomplete="on">
  <p><span>用户名：</span>
    <input name="txtUsername" type="text"  class="num" pattern="^[a-zA-Z][a-zA-Z0- 9_]{4,15}$">
  </p>
  <p><span>密码：</span>
    <input name="txtPwd" type="password"  class="pass" pattern="^[a-zA-Z]\w{5,17}$">
  </p>
  <p>
    <input name="btnLogin" type="submit" value="登录" class="btn1">
    <input name="btnReg" type="button" value="注册" class="btn2">
  </p>
</form>
</body>
</html>
```

在上面的代码中，在每对<p>标记中添加相应的表单控件，分别用于定义单行文本框、密码输入框和普通按钮。输入用户名的文本框中使用了属性 pattern="^[a-zA-Z][a-zA-Z0-9_]{4,15}$"，设置正则表达式，验证输入的规则，表示以字母开头，允许 5～16 个字符，允许字母、数字或下画线；输入密码的文本框中使用了属性 pattern="^[a-zA-Z]\w{5,17}$"，设置正则表达式，验证输入密码的规则，表示以字母开头，长度在 6～18，只能包含字母、数字和下画线。

此时浏览网页，效果如图 8-11 所示。

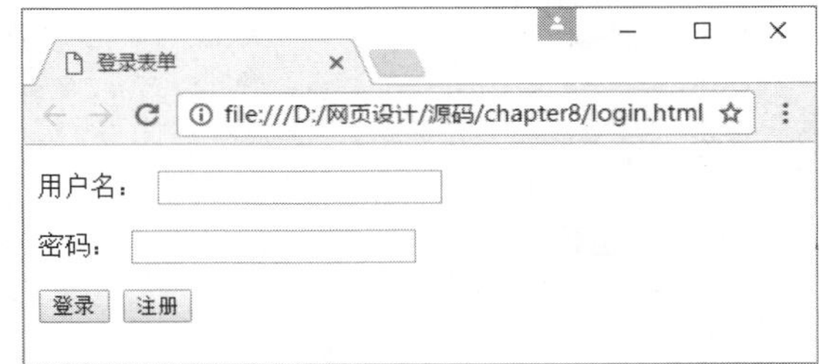

图 8-11 添加表单结构后的页面效果

为了使表单界面更加美观，下面使用内部样式表修饰页面，样式表代码如下。

```
<style type="text/css">
body, form, input, p {/*重置浏览器的默认样式*/
    margin: 0;
```

```
        padding: 0;
        border: 0;
    }
    body {/*全局控制*/
        font-family: "微软雅黑";
        font-size: 14px;
    }
    form {/*表单的样式*/
        width: 320px;
        height: 150px;
        padding-top: 20px;
        margin: 50px auto;
        background: #f5f8fd;
        border-radius: 20px;/*设置圆角半径*/
        border: 3px solid #4faccb;
    }
    p {
        margin-top: 15px;
        text-align: center;
    }
    p span {
        display: inline-block;/*行元素变为行内块元素，可以设置宽度*/
        width: 70px;
        text-align: right;/*文本右对齐*/
    }
    .num, .pass {/*两个文本框设置相同的宽高等*/
        width: 152px;
        height: 18px;
        border: 1px solid #38a1bf;
        padding: 2px 2px 2px 22px;
    }
    .num {/*设置第一个文本框的背景*/
        background: url(images/1.jpg) no-repeat 5px center #FFF;
    }
    .pass {/*设置第二个文本框的背景*/
        background: url(images/2.jpg) no-repeat 5px center #FFF;
    }
    .btn1, .btn2 {/*两个按钮设置相同的宽高等*/
        width: 60px;
        height: 25px;
        border: 1px solid #6b5d50;
        border-radius: 3px;
        margin-left: 30px;
    }
    .btn1 {/*设置第一个按钮的背景色*/
        background: #3bb7ea;
    }
    .btn2 {/*设置第二个按钮的背景色*/
        background: #fb8c16;
    }
    </style>
```

保存文件，浏览页面，效果如图 8-10 所示。

使用 CSS 可以轻松地控制表单控件的样式，主要体现在控制表单控件的字体、边框、背景和内边距等。

在使用 CSS 控制表单样式时，初学者还需要注意以下几个问题。

（1）由于 form 是块元素，所以重置浏览器的默认样式时，需要清除其内边距 padding 和外边距 margin。

（2）input 控件默认有边框效果，当使用<input>标记定义各种按钮时，通常需要清除其边框。

（3）通常情况下，需要对文本框和密码框设置 2~3px 的内边距，以使用户输入的内容不会紧贴输入框。

8.6 表单案例实现

本节使用前面所学的表单知识制作案例用户注册表单页面。

微课：用户注册表单的页面结构

8.6.1 用户注册表单的页面结构

分析图 8-12 所示的用户注册表单效果，该页面所有内容通过最外层的大盒子来包含，为大盒子添加背景图像，标题使用<h2>标记，表单每行左边的提示信息和右边的表单控件放入<p>标记中。最后使用 CSS 属性对所有元素设置样式。

图 8-12　用户注册表单浏览效果

新建一个网页文件，文件名称为 register.html。双击文件 register.html，打开该文件，添加如下页面结构代码。

```
<!doctype html>
<html>
<head>
<meta charset="utf-8">
<title>注册表单</title>
</head>
<body>
<div class="bg">
  <form action="#" method="get" >
    <h2>用户注册</h2>
```

```
    <P class="yelc">请注意：带有*的项必须填写</P>
    <p><span>昵称：*</span>
      <input type="text" name="txtUsername" value="" autofocus   required pattern="^[a- zA-Z]\w{5,17}$">
      （6~18 个字符，由字母、数字或下画线构成） </p>
    <p><span>手机：*</span>
      <input type="tel" name="telphone" required pattern="\d{11}$">
    </p>
    <p><span>姓名：*</span>
      <input type="text" name="txtName" required pattern="^[\u4e00-\u9fa5]{0,}$"/>
      （要填真实姓名，只能输入汉字） </p>
    <p><span>性别：</span>
      <input type="radio" name="gender" checked class="spe">男
      <input type="radio" name="gender" class="spe">
      女</p>
    <p><span>年龄：</span>
      <input type="number" name="age" value="24" min="18" max="100">
      （年龄介于 18~100 岁） </p>
    <p><span>出生日期：</span>
      <input type="date" name="birthday" value="1999-10-01">
    </p>
    <p><span>电子邮箱：</span>
      <input type="email" name="myemail" placeholder="susan@126.com">
    </p>
    <p><span>身份证号：*</span>
      <input type="text" name="card" required pattern="^\d{8,18}|[0-9x]{8,18}|[0-9X]{8, 18}?$">
    </p>
    <p><span>职业：</span>
      <select>
        <option>教师</option>
        <option selected="selected">公司员工</option>
        <option>工程师</option>
        <option>自由职业者</option>
      </select>
    </p>
    <p><span>爱好：</span>
      <input type="checkbox" name="music" class="spe">
      音乐
      <input type="checkbox" name="internet" class="spe">
      上网
      <input type="checkbox" name="movie" class="spe">
      看电影
      <input type="checkbox" name="xiaqi" class="spe">
      下棋 </p>
    <p class="lucky"><span>喜欢的颜色：</span>
      <input type="color" name="lovecolor" value="#fed000">
      （请选择你喜欢的颜色）</p>
    <p class="btn">
      <input type="submit" value="提交">
      <input type="reset" value="重置">
    </p>
  </form>
</div>
</body>
</html>
```

此时浏览网页，效果如图 8-13 所示。

图 8-13　用户注册表单结构内容

8.6.2　添加 CSS 样式

为了使表单界面更加美观，下面使用内部样式表修饰页面，样式表代码如下。

```
<style type="text/css">
body, form, input, select, h2, p {/*重置浏览器的默认样式*/
    padding: 0;
    margin: 0;
    border: 0;
}
body {  /*全局控制*/
    font-size: 12px;
    font-family: "微软雅黑";
}
.bg {
    width: 800px;
    height: 500px;
    margin: 20px auto;
    background: url(images/bg.jpg) no-repeat;
}
form {
    width: 550px;
    height: 480px;
    padding-left: 250px;/*使文字内容向右移动*/
    padding-top: 20px;
}
h2 {                        /*控制标题*/
    height: 40px;
    line-height: 40px;
    text-align: center;
    font-size: 20px;
    border-bottom: 2px solid #ccc;
}
.yelc {
    color: #FFFF00;
    font-weight: bold;
}
p {
    margin-top: 10px;
}
```

微课：添加 CSS 样式

```
p span {
    width: 75px;
    display: inline-block;      /*将行内元素转换为行内块元素*/
    text-align: right;
    padding-right: 10px;
}
p input{
    width: 200px;
    height: 15px;
    line-height: 15px;
    border: 1px solid #d4cdba;
    padding: 2px;                   /*设置输入框与输入内容之间拉开一些距离*/
}
p input.spe {
    width: 15px;
    height: 15px;
    border: 0;
    padding: 0;
}
.lucky input {
    width: 50px;
    height: 24px;
    border: 0;
    padding: 0;
}
.btn input {                        /*设置两个按钮的宽高、边距及边框样式*/
    width: 80px;
    height: 30px;
    background: #93b518;
    margin-top: 10px;
    margin-left: 120px;
    border-radius: 3px;             /*设置圆角边框*/
    font-size: 14px;
    color: #fff;
}
</style>
```

浏览网页，效果如图 8-12 所示。

本章小结

本章介绍了 HTML 中两个重要的元素：表格与表单，主要包括表格相关标记、表单相关标记以及如何使用 CSS 控制表格与表单的样式。本章通过两个典型案例，分别使用表格和表单标记制作了学生信息表和用户注册表单，并使用 CSS 对表格和表单进行了修饰。

通过本章的学习，读者应该能够掌握创建表格与表单的基本语法，学会表格标记的使用，并熟悉常用的表单控件，熟练运用表格与表单组织页面元素。

实训 8

一、实训目的

实训 8
参考步骤

1. 练习创建表格和表单的各种标记。
2. 掌握设置表格和表单的 CSS 样式方法。

二、实训内容

1. 使用表格标记创建图 8-14 所示的课程表。

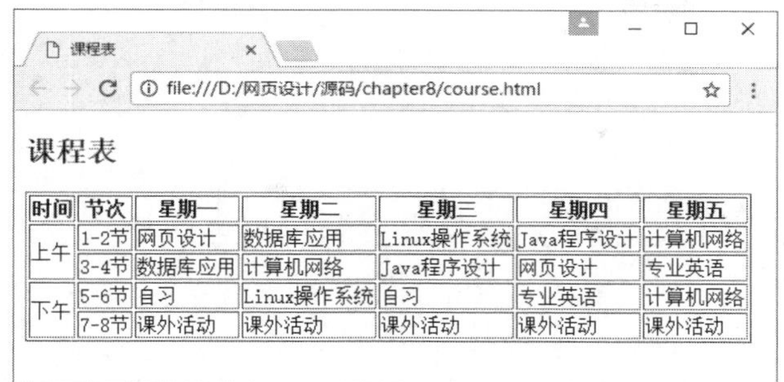

图 8-14　课程表

2. 使用表格标记制作学生情况表，使用 CSS 设置表格的样式，并且使鼠标指针移动到数据行上时黄色高亮显示该行，如图 8-15 所示。

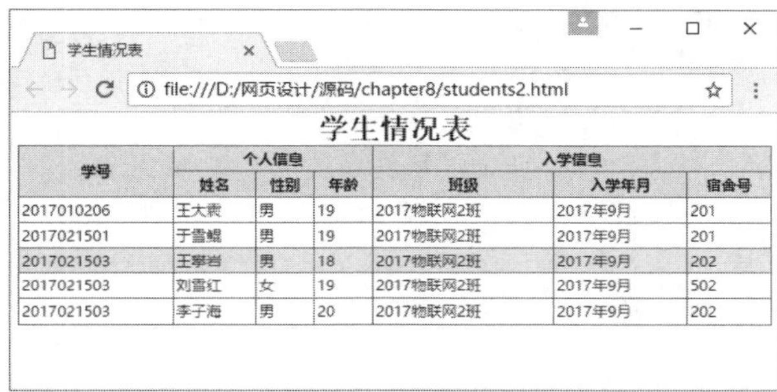

图 8-15　学生情况表

3. 制作简单的交规考试答卷页面，如图 8-16 所示。具体要求如下。

（1）定义一个名为“交通考试选择题”的<h3>标题。

（2）定义表单域。

（3）使用<p>标记定义单选题的题干。

（4）使用<input>标记的单选按钮属性定义选项。

（5）使用<p>标记定义多选题的题干。

（6）使用<input>标记的复选框属性定义选项。

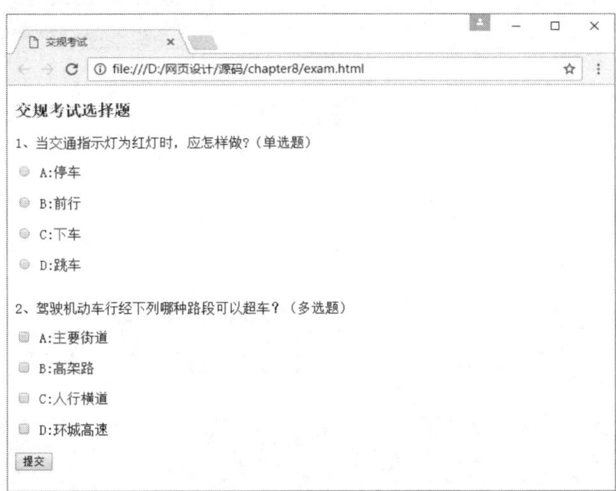

图 8-16　交规考试页面浏览效果

拓展阅读 8-2

第 9 章 HTML5+CSS3布局网页

09

本书第 4 章～第 8 章的案例都是针对网页中的某个块进行设计与制作的，但网页是由多个块构成的。如何将多个块合理地安排到网页上，就要涉及网页布局的问题，这也是网页制作中最核心的问题。传统网页采用表格进行布局，但这种方式已经逐渐淡出设计舞台，取而代之的是符合 Web 标准的 HTML5+CSS3 布局方式。本章将介绍元素的浮动与定位、常用的 HTML5+CSS3 布局方式等内容。

本章学习目标（含素养要点）如下：

※ 理解元素的浮动属性；

※ 掌握元素的各种定位方法（创新思维）；

※ 掌握常用的 HTML5+CSS3 布局方式（节约资源）。

9.1 案例：学院网站主页布局

根据学院网站主页效果图，对主页的布局进行划分，如图 9-1 所示。创建网页，对学院网站的主页进行布局。布局浏览效果如图 9-2 所示。

图 9-1　学院网站主页划分布局块

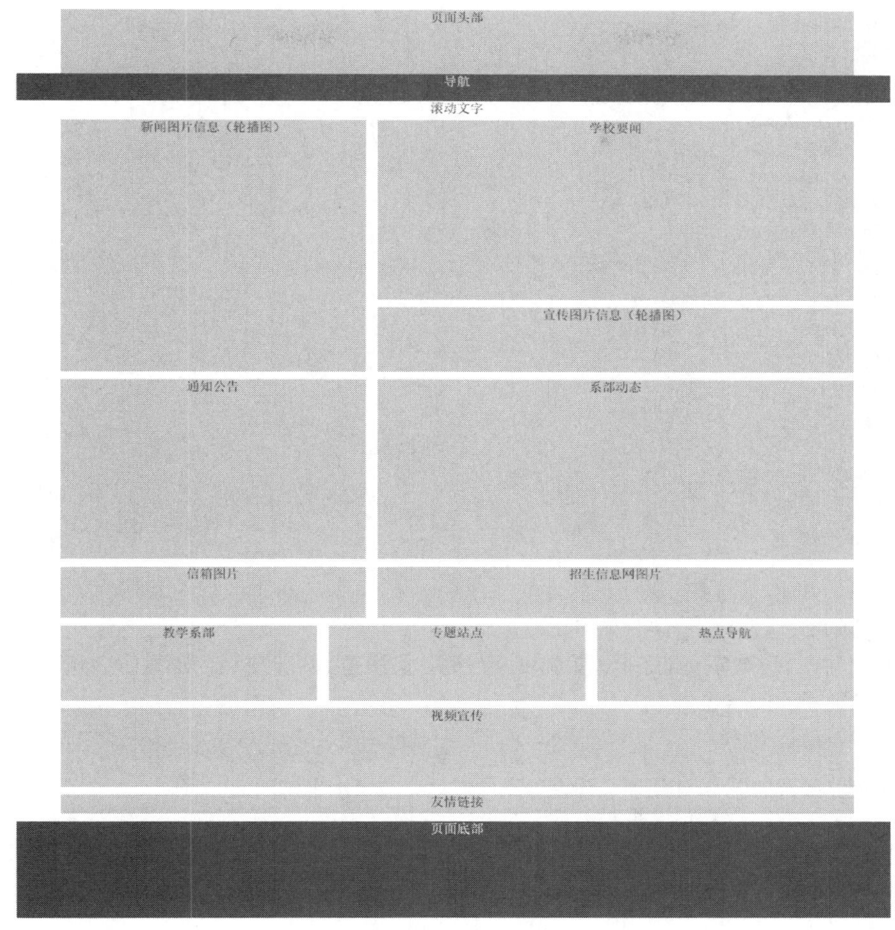

图 9-2　布局浏览效果

9.2 知识准备

9.2.1 元素的浮动

微课：元素的浮动

通过图 9-1 可以看到，学院网站主页中的块，有的水平排列，有的竖直排列。但在默认情况下，网页中的块元素会以标准流的方式竖直排列，即将块元素从上到下一一罗列。但在网页实际排版时，有时需要将块元素水平排列，这就需要为元素设置浮动属性。

元素的浮动是指设置了浮动属性的元素会脱离标准流的控制，移动到指定位置。在 CSS 中，通过 float 属性来设置左浮动或右浮动。其语法格式如下。

```
选择器{float:left|right|none;}
```

设为 left 或 right，使浮动的元素可以向左或向右移动，直到它的外边缘碰到父元素或另一个浮动元素的边框为止。若不设置 float 属性，则 float 属性值默认为 none，即不浮动。

例 9-1　在网页中定义两个盒子，文件保存为 9-1.html，代码如下。

```
<!doctype html>
<html>
<head>
<meta charset="utf-8">
<title>元素的浮动</title>
<style type="text/css">
#one {          /*定义第一个盒子的样式*/
    width: 300px;
    height: 200px;
    background-color: #E08789;
}
#two {          /*定义第二个盒子的样式*/
    width: 300px;
    height: 200px;
    background-color: #FF0000;
}
</style>
</head>
<body>
<div id="one"></div>
<div id="two"></div>
</body>
</html>
```

此时浏览网页，效果如图 9-3 所示。

在例 9-1 中，两个盒子都没有设置 float 属性时，盒子自上而下排列，如图 9-3 所示。

若给每个盒子添加浮动属性：

```
#one,#two{float:left;}
```

则此时浏览效果如图 9-4 所示。设置浮动属性后，盒子水平排列。

图 9-3　没有设置浮动时的效果

图 9-4　设置浮动时的效果

浮动元素不再占用原文档流的位置，它会对页面中其他元素的排版产生影响。下面举例说明。

例 9-2　在网页中定义两个盒子，在盒子下面显示一段段落文字，文件保存为 9-2.html，代码如下。

```
<!doctype html>
<html>
<head>
<meta charset="utf-8">
<title>元素的浮动</title>
```

```
<style type="text/css">
#one {          /*定义第一个盒子的样式*/
    width: 300px;
    height: 200px;
    background-color: #E08789;
}
#two {          /*定义第二个盒子的样式*/
    width: 300px;
    height: 200px;
    background-color: #F00;
}
</style>
</head>
<body>
<div id="one"></div>
<div id="two"></div>
<p>这里是段落文字，这里是段落文字，这里是段落文字，这里是段落文字，这里是段落文字，这里是段落文字，这里是段落文字，这里是段落文字，这里是段落文字，这里是段落文字，这里是段落文字，这里是段落文字，这里是段落文字，这里是段落文字，这里是段落文字，这里是段落文字，这里是段落文字，这里是段落文字，这里是段落文字，这里是段落文字，这里是段落文字，这里是段落文字，这里是段落文字，这里是段落文字，这里是段落文字，这里是段落文字，这里是段落文字，这里是段落文字，这里是段落文字，这里是段落文字，这里是段落文字，这里是段落文字，这里是段落文字，这里是段落文字，这里是段落文字，这里是段落文字，这里是段落文字。 </p>
</body>
</html>
```

浏览网页，效果如图 9-5 所示。

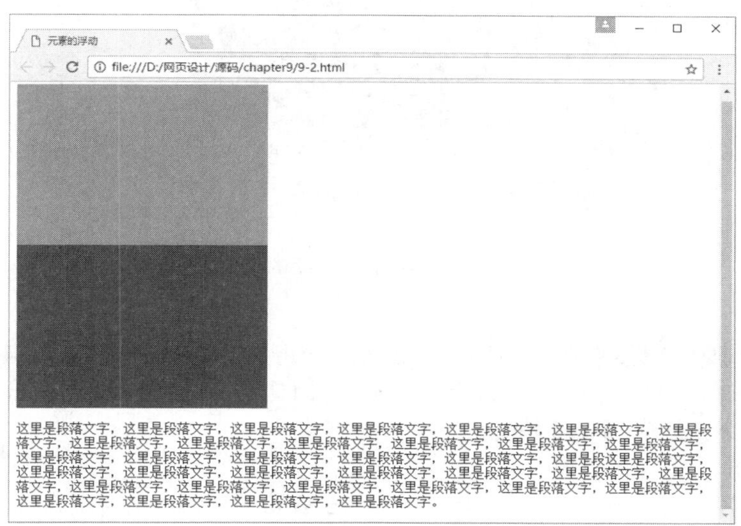

图 9-5　不设置浮动时的效果

可以看出，此时网页中的元素按标准流的方式自上而下排列。若给两个盒子添加浮动属性：

```
#one,#two{float:left;} /*设置左浮动*/
```

则会形成文字与块环绕的效果，如图 9-6 所示。

若要使图 9-6 所示段落的文字按原文档流的方式显示，即不受前面浮动元素的影响，则需要清除浮动。在 CSS 中，使用 clear 属性清除浮动，其语法格式如下。

```
选择器{clear:left|right|both;}
```

其中，值为 left 时，清除左侧浮动的影响；值为 right 时，清除右侧浮动的影响；值为 both 时，同时清除左右两侧浮动的影响。其中，最常用的属性值是 both。

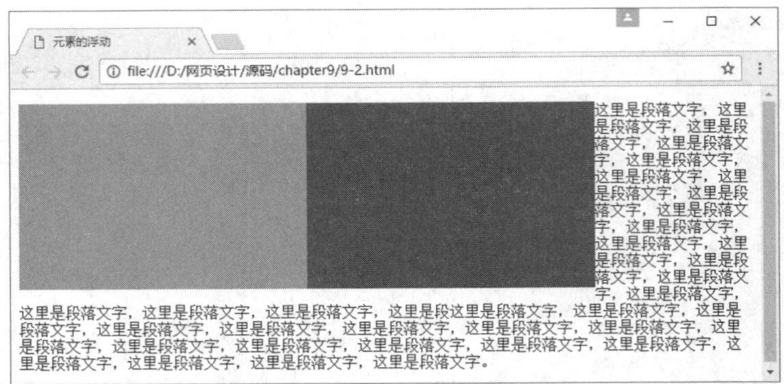

图 9-6 段落文字与块环绕的效果

继续在例 9-2 中添加如下样式代码。

```
p{clear:both;} /*清除浮动的影响*/
```

此时浏览网页，效果如图 9-7 所示。

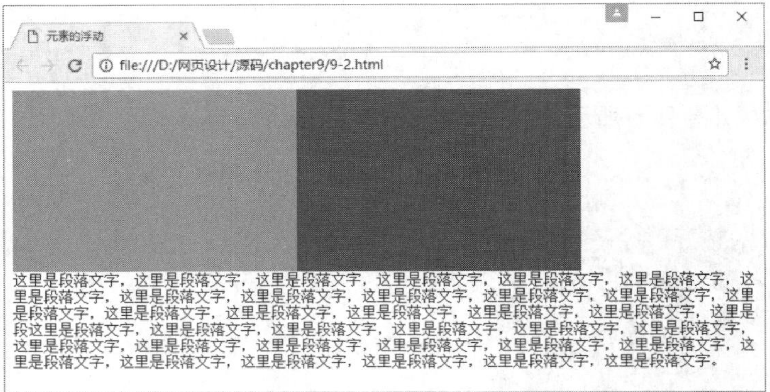

图 9-7 清除浮动影响后的效果

注意 **clear 属性只能清除元素左右两侧浮动的影响，但是在制作网页时，经常会遇到一些特殊的浮动影响。例如，对子元素设置浮动时，如果不对其父元素定义高度，则子元素的浮动会对父元素产生影响，下面举例说明。**

例 9-3 在网页中定义一个大盒子，其中包含两个子盒子，文件保存为 9-3.html，代码如下。

```
<!doctype html>
<html>
<head>
<meta charset="utf-8">
<title>元素的浮动</title>
<style type="text/css">
#box { /*定义大盒子的样式，不设置高度*/
    width: 700px;
    background: #9F0;
}
#one {         /*定义子盒子的样式*/
    width: 300px;
    height: 200px;
    background-color: #E08789;
```

```
    float: left; /*设置左浮动*/
    margin: 10px;
}
#two {       /*定义子盒子的样式*/
    width: 300px;
    height: 200px;
    background-color: #F00;
    float: left; /*设置左浮动*/
    margin: 10px;
}
</style>
</head>
<body>
<div id="box">
  <div id="one"></div>
  <div id="two"></div>
</div>
</body>
</html>
```

浏览网页，效果如图 9-8 所示。

图 9-8　子元素浮动对父元素的影响

从图 9-8 可以看出，此时没有看到父元素。也就是说子元素设置浮动后，由于父元素没有设置高度，受子元素浮动的影响，所以父元素没有显示。

因为子元素和父元素为嵌套关系，不存在左右位置，所以使用 clear 属性并不能清除子元素浮动对父元素的影响。那么如何使父元素适应子元素的高，并显示呢？最简单的方法是使用 overflow 属性清除浮动影响。代码如下。

```
<!doctype html>
<html>
<head>
<meta charset="utf-8">
<title>元素的浮动</title>
<style type="text/css">
#box { /*定义大盒子的样式，不设置高度*/
    width: 700px;
    background: #9F0;
    overflow:hidden; /*清除浮动影响，使父元素适应子元素的高*/
}
#one {       /*定义子盒子的样式*/
    width: 300px;
    height: 200px;
    background-color: #E08789;
    float: left; /*设置左浮动*/
    margin: 10px;
}
```

```
#two {          /*定义子盒子的样式*/
    width: 300px;
    height: 200px;
    background-color: #F00;
    float: left; /*设置左浮动*/
    margin: 10px;
}
</style>
</head>
<body>
<div id="box">
  <div id="one"></div>
  <div id="two"></div>
</div>
</body>
</html>
```

此时浏览网页，效果如图 9-9 所示。

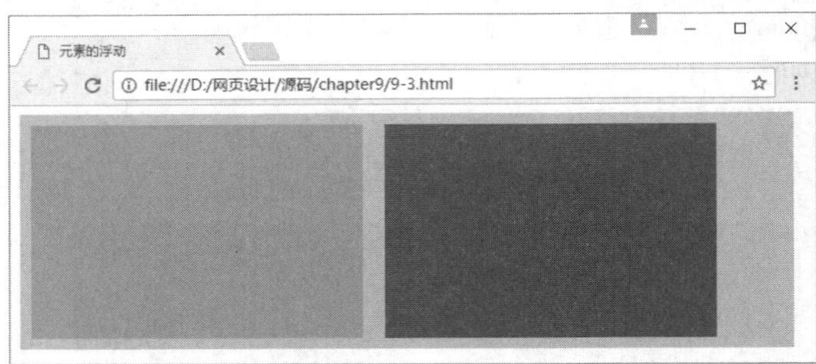

图 9-9　使用 overflow 属性清除浮动影响

在图 9-9 中，父元素又被子元素撑开，即子元素浮动对父元素的影响已经被清除。

9.2.2　元素的定位

前面已经知道，元素设置浮动属性后，可以使元素灵活地排列，却无法对元素的位置进行精确控制。使用元素的定位等相关属性可以对元素进行精确定位。

微课：元素的定位（1）

微课：元素的定位（2）

1. 元素的定位属性

（1）定位方式

在 CSS 中，position 属性用于定义元素的定位方式，其常用语法格式如下。

```
选择器{position:static|relative|absolute|fixed;}
```

说明

① static：静态定位，默认定位方式。

② relative：相对定位，相对于其原文档流的位置进行定位。

③ absolute：绝对定位，相对于其上一个已经定位的父元素进行定位。

④ fixed：固定定位，相对于浏览器窗口进行定位。

（2）确定元素位置

position 属性仅仅用于定义元素以哪种方式定位，并不能确定元素的具体位置。在 CSS 中，通过 left、right、top、bottom 4 个属性来精确定位元素的位置。

① left：定义元素相对于其父元素左边线的距离。
② right：定义元素相对于其父元素右边线的距离。
③ top：定义元素相对于其父元素上边线的距离。
④ bottom：定义元素相对于其父元素下边线的距离。

2. 静态定位 static

静态定位（static）是元素的默认定位方式，是各个元素按照标准流（包括浮动方式）进行定位。在静态定位状态下，无法通过 left、right、top、bottom 4 个属性来改变元素的位置。

例 9-4 演示静态定位。在网页中定义一个大盒子，其中包含 3 个子盒子，文件保存为 9-4.html，代码如下。

```
<!doctype html>
<html>
<head>
<meta charset="utf-8">
<title>静态定位</title>
<style type="text/css">
#box { /*定义大盒子的样式*/
    width: 400px;
    height: 400px;
    background: #CCC;
}
#one, #two, #three {          /*定义子盒子的样式*/
    width: 100px;
    height: 100px;
    background-color:#5BE93F;
    border: 1px solid #333;
}
</style>
</head>
<body>
<div id="box">
  <div id="one">one</div>
  <div id="two">two</div>
  <div id="three">three</div>
</div>
</body>
</html>
```

浏览网页，效果如图 9-10 所示。

图 9-10 中的所有元素都采用静态定位，即按标准流的方式定位。

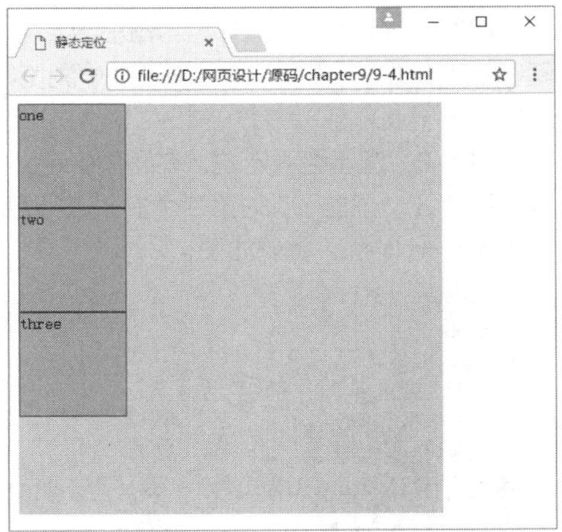

图 9-10 静态定位效果

3. 相对定位 relative

采用相对定位的元素会相对于自身原本的位置，通过偏移指定的距离到达新的位置。其中，水平方向的偏移量由 left 或 right 属性指定；竖直方向的偏移量由 top 和 bottom 属性指定。

例 9-5 演示相对定位。在网页中定义一个大盒子，其中包含 3 个子盒子，对第二个盒子进行相对定位，文件保存为 9-5.html，代码如下。

```
<!doctype html>
<html>
<head>
<meta charset="utf-8">
<title>相对定位</title>
<style type="text/css">
#box { /*定义大盒子的样式*/
    width: 400px;
    height: 400px;
    background: #CCC;
}
#one, #two, #three {   /*定义子盒子的样式*/
    width: 100px;
    height: 100px;
    background-color: #0FF;
    border: 1px solid #333;
}
#two {
    position: relative; /*设置相对定位*/
    left: 30px;
    top: 30px;
}
</style>
</head>
<body>
<div id="box">
  <div id="one">one</div>
  <div id="two">two</div>
  <div id="three">three</div>
</div>
</body>
</html>
```

浏览网页，效果如图 9-11 所示。

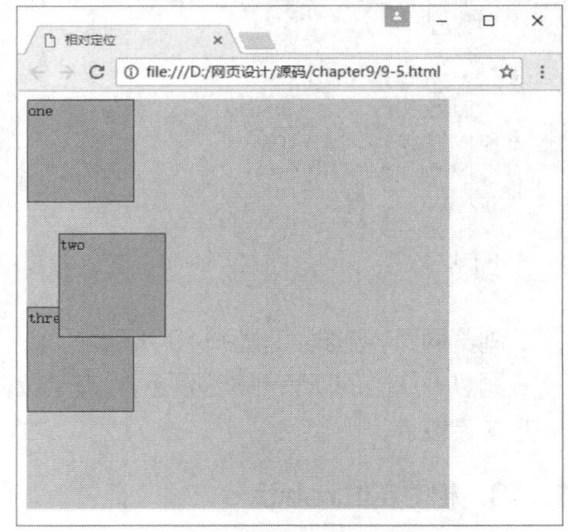

图 9-11　相对定位效果

在图 9-11 中，第二个子元素采用相对定位，可以看出该元素相对于其自身原来的位置，向下向右各偏移了 30px。但是它在文档流中的位置仍然保留。

4. 绝对定位 absolute

采用绝对定位的元素是将元素依据最近的已经定位（相对或绝对定位）的父元素进行定位，若所有父元素都没有定位，则依据 body 元素（浏览器窗口）进行定位。

例 9-6　演示绝对定位。在网页中定义一个大盒子，其中包含 3 个子盒子，对第二个盒子进行绝对定位，文件保存为 9-6.html，代码如下。

```
<!doctype html>
<html>
<head>
<meta charset="utf-8">
<title>绝对定位</title>
<style type="text/css">
#box { /*定义大盒子的样式*/
    width: 400px;
    height: 400px;
```

```
        background: #CCC;
        position: relative;    /*设置相对定位，但不设置偏移量*/
    }
    #one, #two, #three {          /*定义子盒子的样式*/
        width: 100px;
        height: 100px;
        background-color: #0FF;
        border: 1px solid #333;
    }
    #two {        /*定义第二个子盒子的样式*/
        position: absolute; /*设置绝对定位*/
        right: 0; /*离父元素的右边缘是 0*/
        bottom: 0; /*离父元素的下边缘是 0*/
    }
    </style>
    </head>
    <body>
    <div id="box">
      <div id="one">one</div>
      <div id="two">two</div>
      <div id="three">three</div>
    </div>
    </body>
    </html>
```

浏览网页，效果如图 9-12 所示。

在例 9-6 中，对父元素设置相对定位，但不对其设置偏移量，同时，对子元素 two 设置绝对定位，并通过 right 和 bottom 属性设置其精确位置。这种方法在实际网页制作中经常使用。如果在例 9-6 中去掉 box 盒子的 position:relative;属性设置，那么子元素 two 将相对于浏览器窗口进行定位，位于浏览器窗口的右下角。

绝对定位的元素从标准流中脱离，不再占用标准文档流中的空间。

下面再通过实例说明绝对定位的使用。

例 9-7 应用绝对定位。使用绝对定位给 7.3.1 的通知公告块添加超链接“更多>>”字样，如图 9-13 所示，文件保存为 9-7.html。

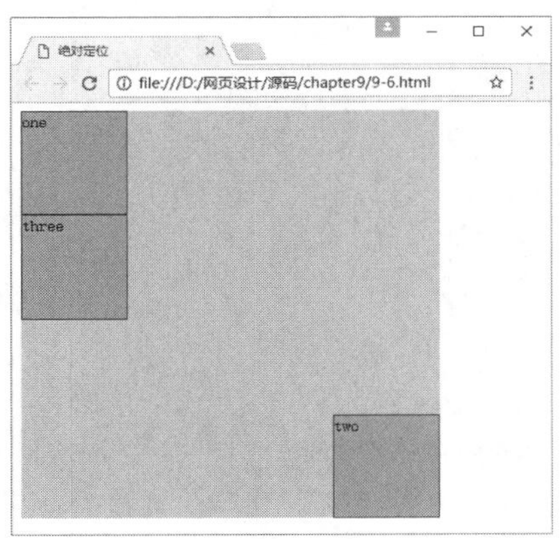

图 9-12　绝对定位效果

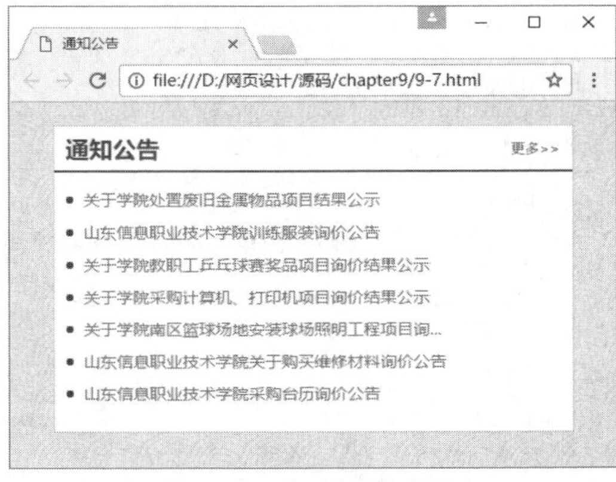

图 9-13　绝对定位的应用

代码如下。

```
<!doctype html>
<html>
<head>
<meta charset="utf-8">
<title>通知公告</title>
```

```
<style type="text/css">
body, h1, ul, li {/*设置元素的初始属性*/
    margin: 0;
    padding: 0;
    list-style: none;/*去掉列表项默认的项目符号*/
}
body {
    background: #cdcdcc url("images/bodybg.jpg");/*背景图像默认是平铺的*/
    font-family: "微软雅黑";
    font-size: 14px;
    color: #333;
}
a {/*设置超链接文字的样式*/
    text-decoration: none;/*去掉超链接文字的下画线*/
    color: #666;
}
/*通知公告*/
.notice {/*设置公告块的样式*/
    background: #ffffff;
    border: 1px solid #ccc;
    width: 440px;
    height: 265px;
    margin: 20px auto;/*让块水平居中，上下外边距为 20px*/
}
.notice h1 {/*设置标题行的样式*/
    height: 38px;
    line-height: 38px;
    width: 430px;/*这个宽度是 440px~10px*/
    border-bottom: 2px solid #1a4aa7;
    font-size: 20px;
    font-weight: bold;
    padding-left: 10px;/*使文字向右移动 10px*/
    position: relative;/*设置相对定位,但不设置偏移量*/
}
.notice h1 span {/*更多文字的样式*/
    font-size: 12px;
    font-weight: normal;
    position: absolute;/*设置绝对定位*/
    right: 10px;/*离 h1 右边的距离是 10px*/
    top: 0;/*离 h1 上边的距离是 0px*/
}
.notice ul {/*设置无序列表的样式*/
    width: 420px;/*这个宽度是 440px-20px*/
    height: 207px;
    padding: 10px;/*让列表的内容和块的边缘有 10px 的间隔*/
}
.notice ul li {/*设置每个列表项的样式*/
    height: 28px;
    line-height: 28px;
    background: url(images/icon.png) no-repeat left center;/*设置每个列表项左侧的图像*/
    padding-left: 15px;
    width: 405px;/*这个宽度是 420px~15px*/
}
.notice ul li a:hover {/*设置鼠标悬停到超链接文字时的样式*/
    color: #1c4ba9;
}
</style>
</head>
<body>
<div class="notice">
  <h1>通知公告<span><a href="#">更多>></a></span></h1>
```

```
    <ul>
      <li><a href="#" target="_blank">关于学院处置废旧金属物品项目结果公示 </a></li>
      <li><a href="#" target="_blank"> 山东信息职业技术学院训练服装询价公告 </a></li>
      <li><a href="#" target="_blank">关于学院教职工乒乓球赛奖品项目询价结果公示 </a></li>
      <li><a href="#" target="_blank">关于学院采购计算机、打印机项目询价结果公示 </a></li>
      <li><a href="#" target="_blank">关于学院南区篮球场地安装球场照明工程项目询...</a></li>
      <li><a href="#" target="_blank">山东信息职业技术学院关于购买维修材料询价公告</a></li>
      <li><a href="#" target="_blank">山东信息职业技术学院采购台历询价公告</a></li>
    </ul>
  </div>
</body>
</html>
```

浏览网页，效果如图 9-13 所示。

在例 9-7 中，标题行 h1 作为父元素，设置相对定位，“更多>>”元素作为其中的子元素，设置绝对定位。

5. 固定定位 fixed

固定定位是绝对定位的一种特殊形式，它总是以浏览器窗口作为参照物来定位网页元素。当对元素设置固定定位后，它将脱离标准流的控制，始终依据浏览器窗口来定位元素，总是显示在浏览器窗口的固定位置。

例如，学院网站中的二维码就是固定定位的图像元素。其代码如下。

```
<img style="position:fixed;right:0;top:200px; z-index:999;width:100px;" src="images/ewm. png" />
```

在上面的代码中，二维码图像以固定定位的方式显示在离浏览器窗口上方 200px，离浏览器右边为 0px 的位置。该行代码还用到了 z-index 属性，下面对该属性进行介绍。

6. z-index 属性

当对多个元素同时设置定位时，定位元素之间有可能会发生重叠。要想调整定位元素的堆叠顺序，可以对定位元素应用 z-index 属性，其取值可为正整数、负整数和 0。z-index 的默认属性值为 0，取值越大，定位元素在层叠元素中越居上。

注意

z-index 属性仅对定位元素有效。

9.2.3 元素的 overflow 属性

微课：元素的 overflow 属性

在 9.2.1 中已经提到过 overflow 属性，设置父元素的属性值为“hidden”时，可以清除子元素浮动对父元素的影响，使父元素的高度适应子元素的高度。但该属性另外的作用是规范元素内溢出的内容。其基本语法格式如下。

```
选择器{overflow:visible|hidden|auto|scroll}
```

说明

① visible：对元素内溢出内容不做处理，内容可能会超出容器。
② hidden：溢出内容会被修剪，并且被修剪的内容是不可见的。
③ auto：在需要时产生滚动条，即自适应所要显示的内容。
④ scroll：溢出内容会被修剪，且浏览器会始终显示滚动条。

下面通过示例演示 overflow 属性的用法和效果。

例 9-8 应用 overflow 属性，文件保存为 9-8.html，代码如下。

```
<!doctype html>
<html>
<head>
<meta charset="utf-8">
<title>overflow 属性</title>
<style type="text/css">
#box {
    width: 200px;
    height: 100px;
    background: #2ACBE5;
    overflow: visible;/*溢出内容显示在元素框之外*/
}
</style>
</head>
<body>
<div id="box"> 春花秋月何时了? <br>
  往事知多少。<br>
  小楼昨夜又东风，<br>
  故国不堪回首月明中。<br>
  雕栏玉砌应犹在，<br>
  只是朱颜改。<br>
  问君能有几多愁? <br>
  恰似一江春水向东流。 </div>
</body>
</html>
```

浏览网页，效果如图 9-14 所示。

若将 overflow 属性定义为其他 3 个值，则浏览效果分别如图 9-15～图 9-17 所示。

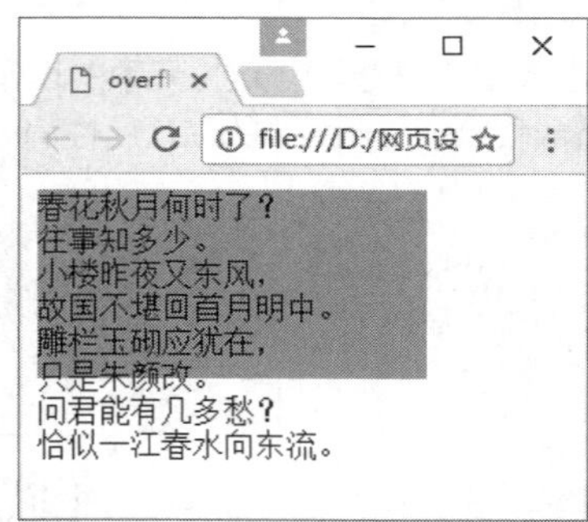

图 9-14 overflow: visible 的效果

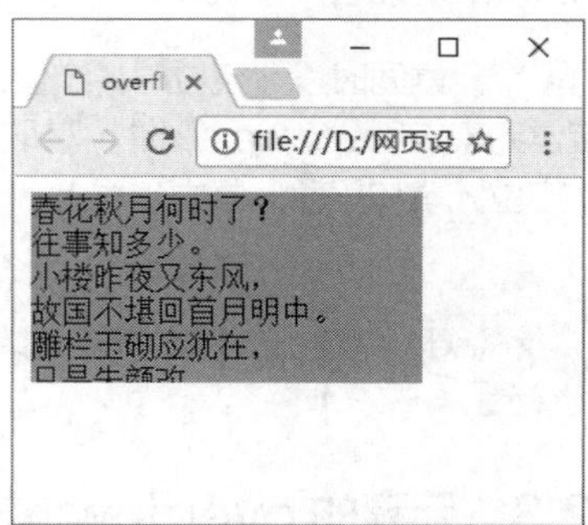

图 9-15 overflow: hidden 的效果

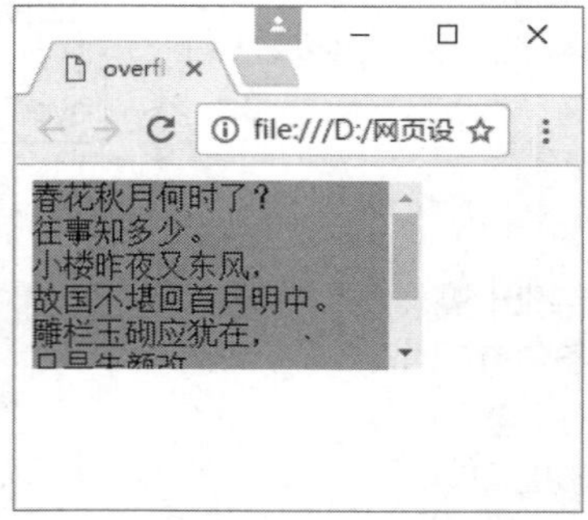

图 9-16 overflow: auto 的效果

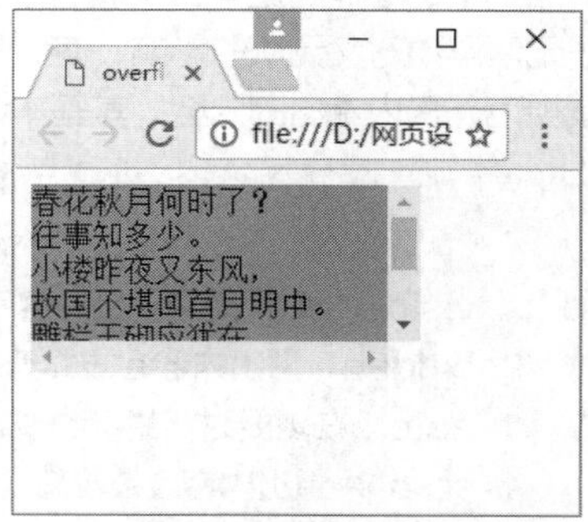

图 9-17 overflow: scroll 的效果

9.2.4 HTML5+CSS3 布局

HTML5+CSS3 布局首先将页面在整体上分块，然后对各个块进行 CSS 定位，最后再在各个块中添加相应的内容。常用的 HTML5+CSS3 布局方式有单列布局、两列布局、三列布局和通栏布局等。网页的主体内容宽度现在一般采用 1 000px～1 200px。下面通过示例介绍常用的网页布局方式。

微课：
单列布局

1. 单列布局

将页面上的块从上到下依次排列，即单列布局。

例 9-9 将页面进行单列布局，效果如图 9-18 所示，文件保存为 9-9.html。

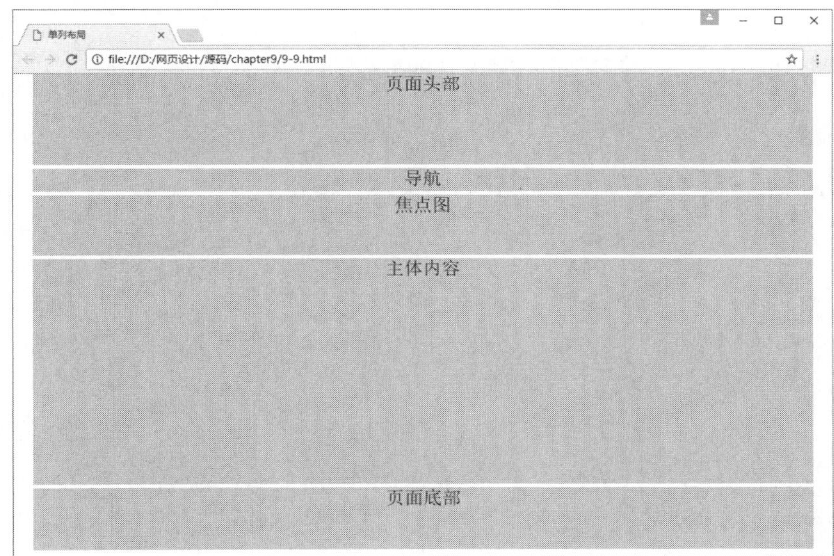

图 9-18 单列布局页面浏览效果

从图 9-18 可以看出，这个页面从上到下分别为头部、导航栏、焦点图、主体内容和页面底部，每个块单独占一行，宽度相等，都为 1000px。

页面的 HTML 结构代码如下。

```
<!doctype html>
<html>
<head>
<meta charset="utf-8">
<title>单列布局</title>
<link href="style1.css" rel="stylesheet" type="text/css" />
</head>
<body>
<div id="header">页面头部</div>
<div id="nav">导航</div>
<div id="banner">焦点图</div>
<div id="content">主体内容</div>
<div id="footer">页面底部</div>
</body>
</html>
```

创建外部样式表文件 style1.css，代码如下。

```
/* CSS Document */
body {
 margin: 0;
 padding: 0;
 font-size: 24px;
 text-align: center;
}
#header {                       /*页面头部*/
 width: 1000px;
 height: 120px;
 background-color: #ccc;
 margin: 0 auto;                /*居中显示*/
}
#nav {                          /*导航*/
 width: 1000px;
 height: 30px;
 background-color: #ccc;
 margin: 5px auto;                     /*居中显示，且上下外边距为 5px*/
}
#banner {                              /*焦点图*/
 width: 1000px;
 height: 80px;
 background-color: #ccc;
 margin: 0 auto;
}
#content {                             /*内容*/
 width: 1000px;
 height: 300px;
 background-color: #ccc;
 margin: 5px auto;
}
#footer {                              /*页面底部*/
 width: 1000px;
 height: 80px;
 background-color: #ccc;
 margin: 0 auto;
}
```

浏览网页，效果如图 9-18 所示。

注意

通常给块定义 ID 名称时，都会遵循一些常用的命名规范。示例中的命名便是按照规范命名的。

2. 二列布局

微课：
二列布局

单列布局虽然统一、有序，但会让人觉得呆板，所以在实际网页制作中，会采用二列布局。二列布局实际上是将中间内容分成左、右两部分。

例 9-10 将页面进行二列布局，效果如图 9-19 所示，文件保存为 9-10.html。

从图 9-19 可以看出，中间内容块被分成了左、右两部分，布局时应将左、右两个块放在中间的大块中，然后对左、右两个块分别设置浮动。页面的 HTML 结构代码如下。

```
<!doctype html>
<html>
<head>
<meta charset="utf-8">
<title>二列布局</title>
<link href="style2.css" rel="stylesheet" type="text/css" />
```

```
</head>
<body>
<div id="header">页面头部</div>
<div id="nav">导航</div>
<div id="banner">焦点图</div>
<div id="content">
  <div id="left">左侧内容</div>
  <div id="right">右侧内容</div>
</div>
<div id="footer">页面底部</div>
</body>
</html>
```

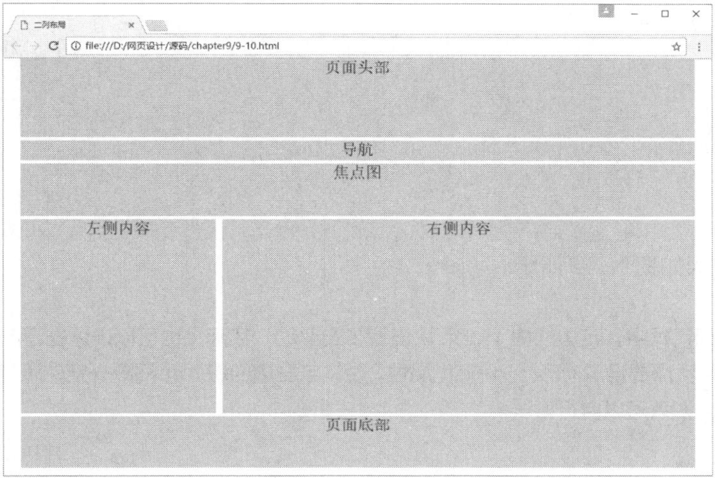

图 9-19　二列布局效果

创建外部样式表文件 style2.css，代码如下。

```
/* CSS Document */
body {
    margin: 0;
    padding: 0;
    font-size: 24px;
    text-align: center;
}
#header {                           /*页面头部*/
    width: 1000px;
    height: 120px;
    background-color: #ccc;
    margin: 0 auto;
}
#nav {                              /*导航*/
    width: 1000px;
    height: 30px;
    background-color: #ccc;
    margin: 5px auto;
}
#banner {                           /*焦点图*/
    width: 1000px;
    height: 80px;
    background-color: #ccc;
    margin: 0 auto;
}
#content {                          /*内容*/
```

```
    width: 1000px;
    height: 300px;
    margin: 5px auto;
    overflow: hidden;                /*清除子元素浮动对父元素的影响*/
}
#left {                              /*左侧内容*/
    width: 290px;
    height: 300px;
    background-color: #ccc;
    float: left;                     /*左浮动*/
}
#right {                             /*右侧内容*/
    width: 700px;
    height: 300px;
    background-color: #ccc;
    float: right;                    /*右浮动*/
}
#footer {                            /*页面底部*/
    width: 1000px;
    height: 80px;
    background-color: #ccc;
    margin: 0 auto;
}
```

浏览网页，效果如图 9-19 所示。

注意 **在上面的代码中，右边的块 right 块设置了右浮动，实际上也可以设置左浮动，但如果设置左浮动，就需要设置 margin-left 属性，使其与左边的块 left 间隔一定的距离，最终效果是一样的。读者可以自行尝试。**

3. 三列布局

对于内容比较多的网站，有时需要采用三列布局。三列布局实际上是将中间内容分成左、中、右三部分。

例 9-11 将页面进行三列布局，效果如图 9-20 所示，文件保存为 9-11.html。

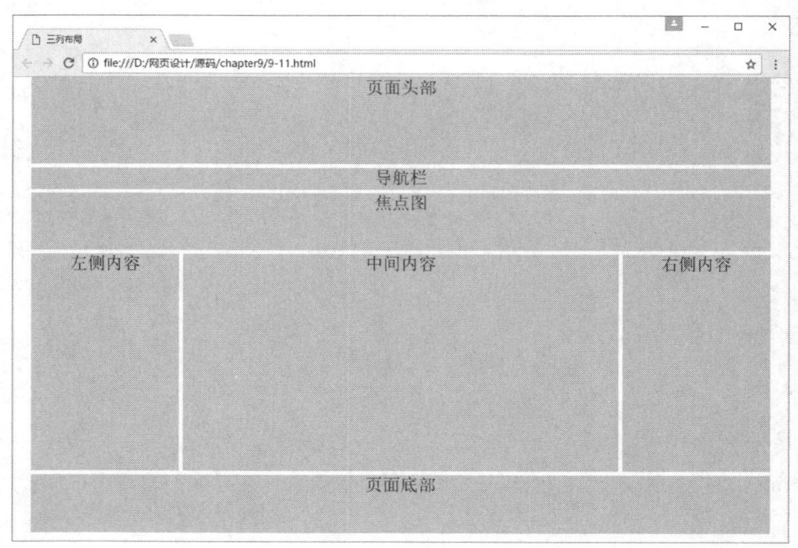

图 9-20 三列布局效果

从图 9-20 可以看出，中间内容块被分成了左、中、右 3 部分，布局时应将左、中、右 3 个小块放在中间的大块中，然后对左、中、右 3 个块分别设置浮动。页面的 HTML 结构代码如下。

```
<!doctype html>
<html>
<head>
<meta charset="utf-8">
<title>三列布局</title>
<link href="style3.css" rel="stylesheet" type="text/css" />
</head>
<body>
<div id="header">页面头部</div>
<div id="nav">导航栏</div>
<div id="banner">焦点图</div>
<div id="content">
  <div id="left">左侧内容</div>
  <div id="middle">中间内容</div>
  <div id="right">右侧内容</div>
</div>
<div id="footer">页面底部</div>
</body>
</html>
```

创建外部样式表文件 style3.css，代码如下。

```
/* CSS Document */
body {
    margin: 0;
    padding: 0;
    font-size: 24px;
    text-align: center;
}
#header {                                  /*页面头部*/
    width: 1000px;
    height: 120px;
    background-color: #ccc;
    margin: 0 auto;
}
#nav {                                     /*导航*/
    width: 1000px;
    height: 30px;
    background-color: #ccc;
    margin: 5px auto;
}
#banner {                                  /*焦点图*/
    width: 1000px;
    height: 80px;
    background-color: #ccc;
    margin: 0 auto;
}
#content {                                 /*内容*/
    width: 1000px;
    height: 300px;
    margin: 5px auto;
    overflow: hidden;                      /*清除子元素浮动对父元素的影响*/
}
#left {                                    /*左侧内容*/
    width: 200px;
    height: 300px;
    background-color: #ccc;
    float: left;                           /*左浮动*/
}
#middle {                                  /*中间内容*/
    width: 590px;
    height: 300px;
```

```
    background-color: #ccc;
    float: left;                    /*左浮动*/
    margin: 0 5px;
}
#right {                            /*右侧内容*/
    width: 200px;
    height: 300px;
    background-color: #ccc;
    float: right;                   /*右浮动*/
}
#footer {                           /*页面底部*/
    width: 1000px;
    height: 80px;
    background-color: #ccc;
    margin: 0 auto;
}
```

注意 因为很多浏览器在显示未指定 width 属性的浮动元素时会出现 Bug。所以，一定要为浮动的元素指定 width 属性。

4. 通栏布局

现在很多流行的网站采用通栏布局，即网页中的一些模块，如头部、导航和页面底部等经常需要通栏显示。也就是说这些模块无论页面放大或缩小，模块的宽度始终保持与浏览器一样的宽度。学院网站的布局就采用了该种布局，如图 9-21 所示。

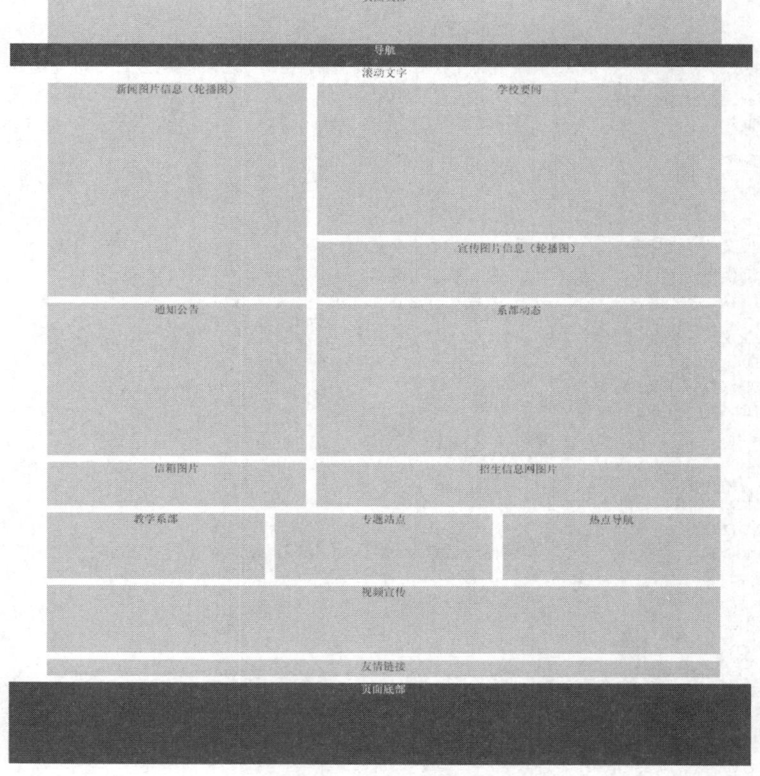

图 9-21　通栏布局效果

在图 9-21 中，导航栏和页面底部为通栏显示，它们与浏览器的宽度保持一致。通栏布局的关键在于在通栏模块的外面添加一层 div，并且将该层 div 的宽度设置为 100%。

该布局页面在本章案例中实现。

前面所讲的布局是网页中的基本布局，实际上，在设计网站时需要综合运用这几种布局，实现各种各样的网页布局样式。

9.3 案例实现

本案例新建一个网页文件，在文件中首先定义页面布局的结构，然后定义各个布局块的样式。

微课：制作页面结构（1）

微课：制作页面结构（2）

9.3.1 制作页面结构

分析图 9-21 所示的学院网站主页布局页面效果，该页面采用的是通栏布局。先制作该页面的结构。

新建一个网页文件，文件保存为 index.html。双击文件 index.html，打开该文件，添加如下页面结构代码。

```
<!doctype html>
<html>
<head>
<meta charset="utf-8">
<title>学院网站主页布局</title>
<link href="style.css" rel="stylesheet" type="text/css" />
</head>
<body>
<!--logo 导航开始-->
<div class="header">页面头部 </div>
<!--nav 导航开始-->
<div class="navwrap">
  <div class="nav">导航</div>
</div>
<!--nav 导航结束-->
<!--滚动文字-->
<div class="blank">滚动文字 </div>
<!--滚动文字结束-->
<!--main 主体部分开始-->
<div class="main">
  <!--onerow 开始-->
  <div id="onerow">
    <div class="ppt1">图片信息（轮播图）</div>
    <!--图片信息（轮播图）-->
    <div class="onerowR">
      <div class="imnews1">学校要闻</div>
      <div class="ppt2">图片信息（轮播图）</div>
    </div>
  </div>
  <!--tworow 开始-->
  <div id="tworow">
    <div class="notice">通知公告</div>
    <div class="imnews2">系部动态</div>
  </div>
  <!--tworow 结束-->
  <!--threerow 开始-->
  <div id="threerow">
```

```
        <div class="mail">信箱图片 </div>
        <div class="threerowR">招生信息网图片 </div>
    </div>
    <!--threerow 结束-->
    <!--fourow 开始-->
    <div id="fourrow">
        <div class="product1">教学系部 </div>
        <div class="product2">专题站点 </div>
        <div class="product2">热点导航 </div>
    </div>
    <!--fourow 结束-->
    <!--fiverow 开始-->
    <div id="fiverow">视频宣传 </div>
    <!--fiverow 结束-->
</div>
<!--main 主体部分结束-->
<!--link 开始-->
<div class="link">友情链接 </div>
<!--link 结束-->
<!--footer 开始-->
<div class="footerwrap">
    <div class="footer">页面底部</div>
</div>
<!--footer 结束-->
</body>
</html>
```

上述代码定义了网页需要的布局块，布局块的样式采用类样式来定义，因此，div 标记后是 class 关键字。此时浏览网页，效果如图 9-22 所示。

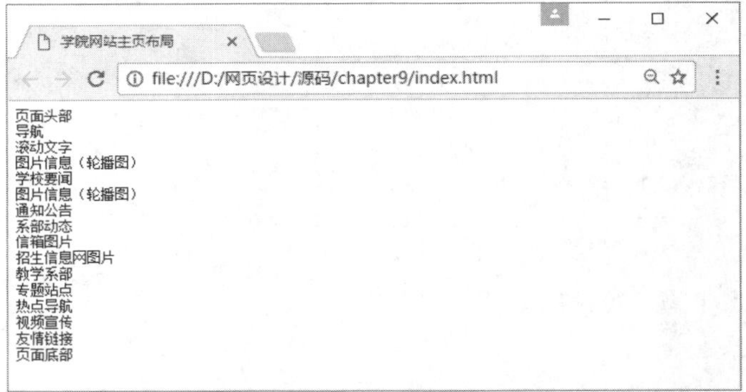

图 9-22　没有添加样式的页面浏览效果

9.3.2　添加 CSS 样式

添加页面布局块后，使用 CSS 外部样式表设置页面中各个块的样式，创建外部样式表文件 style.css，在上面的 index.html 文件的头部添加如下代码。

微课：添加 CSS 样式（1）

微课：添加 CSS 样式（2）

微课：添加 CSS 样式（3）

微课：添加 CSS 样式（4）

```
<link href="style.css" rel="stylesheet" type="text/css" />
```

将外部样式表文件链接入页面文件中。

样式表文件代码如下。

```
/* CSS Document */
<style type="text/css">
* {
margin:0;
padding:0;
border:0;
}
body {
    text-align: center;
}
.header {              /*页面头部*/
    width: 1200px;
    height: 100px;
    margin: 0 auto;
    background: #CCC;
}
.navwrap {             /*导航的环绕块*/
    width: 100%;   /*宽度和浏览器一样宽*/
    height: 42px;
    background: rgb(28,75,169);
}
.nav {                 /*导航*/
    width: 1200px;
    height: 42px;
    margin: 0 auto;
    color: #FFF;
}
.blank {               /*滚动文字*/
    width: 1200px;
    height: 30px;
    margin: 0 auto;
    background: #FFF;
}
.main {                /*主体部分*/
    width: 1200px;
    overflow: hidden;
    margin: 0px auto;
}
#onerow {              /*主体部分的第一行*/
    width: 1200px;
    height: 392px;
    margin-bottom: 12px;
    overflow: hidden;
}
.ppt1 {
    background: #CCC;
    width: 462px;
    height: 392px;
    float: left;
}
.onerowR {
    background: #FFF;
    width: 738px;
    height: 392px;
    float: left;
}
.imnews1 {
    background: #CCC;
    width: 720px;
```

```
    height: 280px;
    margin-bottom: 12px;
    margin-left: 18px;
}
.ppt2 {
    background: #CCC;
    width: 720px;
    height: 100px;
    margin-left: 18px;
}
#tworow {                /*主体部分的第二行*/
    width: 1200px;
    height: 280px;
    margin-bottom: 12px;
    overflow: hidden;
}
.notice {
    background: #CCC;
    width: 462px;
    height: 280px;
    float: left;
}
.imnews2 {
    background: #CCC;
    width: 720px;
    height: 280px;
    margin-bottom: 12px;
    margin-left: 18px;
    float: left;
}
#threerow {              /*主体部分的第三行*/
    width: 1200px;
    height: 80px;
    margin-bottom: 12px;
}
.mail {
    width: 462px;
    height: 80px;
    float: left;
    background: #CCC;
}
.threerowR {
    background: #CCC;
    width: 720px;
    height: 80px;
    margin-left: 18px;
    float: left;
}
#fourrow {               /*主体部分的第四行*/
    width: 1200px;
    height: 120px;
    margin-bottom: 12px;
    overflow: hidden;
}
.product1, .product2 {
    background: #ccc;
    width: 388px;
    height: 120px;
    float: left;
}
```

```
.product2 {
    margin-left: 18px;
}
#fiverow {                /*主体部分的第五行*/
    width: 1200px;
    height: 122px;
    margin-bottom: 12px;
    background: #CCC;
}
.link {                   /*友情链接*/
    background: #CCC;
    width: 1200px;
    height: 30px;
    margin: 0px auto;
    margin-bottom: 12px;
}
.footerwrap {             /*页面底部的环绕块*/
    background: rgb(26, 74, 168);
    width: 100%;      /*宽度和浏览器一样宽*/
    height: 150px;
}
.footer {                 /*页面底部*/
    width: 1200px;
    height: 150px;
    color: #FFF;
    margin: 0 auto;
}
</style>
```

浏览网页，效果如图 9-21 所示。学院网站主页采用通栏布局，目前采用这种网站布局的页面有很多。学院网站主页和其他页的具体实现要在第 11 章完成。本案例只是实现了整体布局效果。

本章小结

本章介绍了元素的浮动、定位和常用的网页布局方式。块元素默认情况下都是竖直排列的，但设置浮动属性 float，可以将块元素水平排列。元素的定位有静态定位、相对定位、绝对定位和固定定位，默认情况下元素采用静态定位，但设置定位属性 position 可以将元素设置为其他定位方式。常用的 HTML5+CSS3 网页布局方式有单列布局、两列布局、三列布局和通栏布局等，如果是两列布局和三列布局，则需要将中间内容用大块包含子块，将子块设置为浮动。如果是通栏布局，则需要将通栏显示的块用大块包含子块，大块的宽度设置为与浏览器等宽。

学院网站主页采用了通栏布局，理解其布局方法，是第 11 章制作学院网站的关键。

实训 9

一、实训目的

实训 9
参考步骤

1. 练习元素的浮动属性的设置与清除。
2. 熟悉元素的定位方式。
3. 掌握常用的 HTML5+CSS3 网页布局方式。

二、实训内容

1. 采用单列布局方式，创建介绍潍坊的网页，显示图 9-23 所示的页面效果。

图 9-23　页面浏览效果

2. 采用两列布局，创建个人网站页面，如图 9-24 所示。

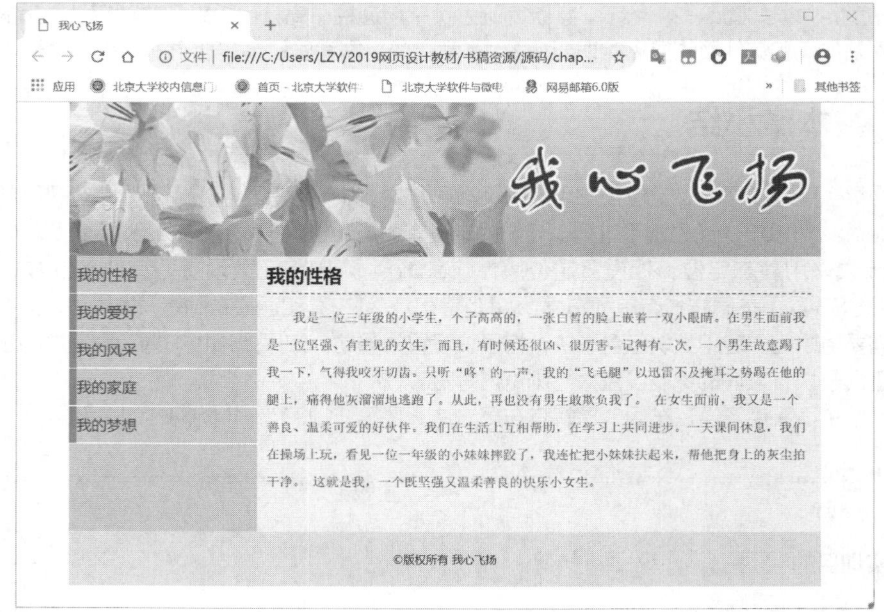

图 9-24　页面浏览效果

拓展阅读 9-1

第 10 章 CSS3动画

10

在传统的网页设计中，当网页中需要显示动画或特效时，需要使用 JavaScript 脚本或者 Flash 来实现。CSS3 提供了对动画的强大支持，可以实现旋转、缩放、移动和过渡等效果。本章将介绍 CSS3 中的过渡、变形和动画。

本章学习目标（含素养要点）如下：

※ 掌握通过 transition 属性生成过渡动画的方法；

※ 掌握通过 transform 属性生成 2D 和 3D 变形的方法（职业素养）；

※ 掌握通过 animation 属性创建关键帧生成动画的方法（捕捉前沿技术）。

10.1 过渡属性

CSS3 提供了强大的过渡属性，使元素从一种样式转变为另一种样式时添加效果，如颜色和形状的变换等。过渡属性包含一系列属性，主要包括 transition-property、transition-duration、transition-timing-function、transition-delay。表 10-1 列出了这些属性的作用及属性值。

表 10-1　过渡属性

属性名	作用	属性值	描述
transition-property	指定应用过渡效果的 CSS 属性名称	none	没有属性会获得过渡效果
		all	所有属性都将获得过渡效果
		property	定义应用过渡效果的 CSS 属性名称，多个名称之间以逗号分隔
transition-duration	定义过渡效果花费的时间	time	默认为 0，常用单位是秒（s）或毫秒（ms）
transition-timing-function	定义过渡效果的速度曲线	ease	平滑过渡
		linear	线性过渡
		ease-in	由慢到快
		ease-out	由快到慢
		ease-in-out	由慢到快再到慢
		cubic-bezier	特殊的立方贝塞尔曲线效果
transition-delay	定义过渡效果延迟时间	time	默认值为 0，常用单位是秒（s）或毫秒（ms）
transition	综合设置过渡的所有属性值	property duration timing-function delay	按照各属性顺序用一行代码设置 4 个参数值，属性顺序不能颠倒

10.2 变形属性

CSS3 中，transform 属性可以实现对元素的变形效果，如移动、倾斜、缩放以及翻转等。通过 transform 属性的变形函数能对元素进行 2D 或 3D 变形。

表 10-2 列出了常用的 4 种 2D 变形属性。

表 10-2　2D 变形属性

属性名	值	作用	描述
transform	translate(*x*,*y*)	基于 *x* 和 *y* 坐标平移元素	*x* 表示水平移动的距离，*y* 表示垂直移动的距离
	scale(*n*1,*n*2)	放大或缩小元素	*n*1 和 *n*2 表示基于元素的宽度和高度进行放大或缩小。大于 1 时为放大，小于 1 时缩小元素。第二个参数省略时，等于第一个参数值
	skew(angle,angle)	倾斜元素	两个 angle 分别表示在 *x* 轴和 *y* 轴上倾斜的角度
	rotate(angle)	旋转元素	angle 表示旋转的角度，正数表示顺时针旋转，负数表示逆时针旋转

表 10-3 列出了 3D 变形属性。

表 10-3　3D 变形属性

属性名	值	描述
transform	translate3d(*x*,*y*,*z*)	定义 3D 变形
	translateX(*x*)	定义 3D 变形，仅用于 *x* 轴的值
	translateY(*y*)	定义 3D 变形，仅用于 *y* 轴的值
	translateZ(*z*)	定义 3D 变形，仅用于 *z* 轴的值
	scale3d(*x*,*y*,*z*)	定义 3D 缩放变形
	scaleX(*x*)	定义 3D 缩放变形，通过给定一个 *x* 轴的值
	scaleY(*y*)	定义 3D 缩放变形，通过给定一个 *y* 轴的值
	scaleZ(*z*)	定义 3D 缩放变形，通过给定一个 *z* 轴的值
	rotate3d(*x*,*y*,*z*,*angle*)	定义 3D 旋转
	rotateX(*angle*)	定义沿 *x* 轴的 3D 旋转
	rotateY(*angle*)	定义沿 *y* 轴的 3D 旋转
	rotateZ(*angle*)	定义沿 *z* 轴的 3D 旋转
	perspective(*n*)	定义 3D 变形元素的透视视图

另外，CSS3 还包含了一些其他变形的属性，通过这些属性可以设置不同的变形效果，具体如表 10-4 所示。

表 10-4　变形的其他属性

属性名	描述
transform-origin	允许改变被转换元素的位置
transform-style	规定被嵌套元素如何在 3D 空间中显示
perspective	规定 3D 元素的透视效果
perspective-origin	规定 3D 元素的底部位置
backface-visibility	定义元素在不面对屏幕时是否可见

10.3　动画属性

CSS3 除了支持过渡和变形动画外，还可以通过 animation 属性创建帧动画，从而实现更为复杂的动画效果。

animation 属性与 transition 属性类似，都是通过改变元素的属性值来实现动画效果的。它们的区别在于，使用 transition 属性时只能指定属性的开始值与结束值，然后在两个属性值之间进行平滑过渡来实现动画效果，因此不能实现比较复杂的动画；而 animation 属性则定义多个关键帧以及定义每个关键帧中元素的属性值来实现更为复杂的动画效果。

1. 定义关键帧

例如，下面的代码定义了关键帧，共 5 帧，在每帧中设置 left 和 top 属性，让它们的值发生改变，产生动画。

```
@keyframes ball {
    0% {left:0;top:0;}
    25% {left:200px;top:0;}
    50% {left:200px;top:200px;}
    75% {left:0;top:200px;}
    100% {left:0;top:0;}
}
```

定义关键帧，并不能产生动画效果，还需要设置动画属性才行。

2. 设置动画属性

动画属性包含一系列属性，主要包括 animation-name、animation-duration、animation-timing-function、animation-delay、animation-iteration-count、animation-direction 等属性。表 10-5 列出了这些属性的基本语法及属性值。

表 10-5　动画属性

属性名	作用	属性值	描述
animation-name	指定要应用的动画名称	none	不应用动画
		keyframename	指定应用的动画名称，即@keyframes 定义的动画名称
animation-duration	定义动画效果完成所需的时间	time	默认为 0，常用单位是秒（s）或毫秒（ms）
animation -timing-function	定义动画效果的速度曲线	ease	平滑过渡
		linear	线性过渡
		ease-in	由慢到快
		ease-out	由快到慢
		ease-in-out	由慢到快再到慢
		cubic-bezier	特殊的立方贝塞尔曲线效果
animation-delay	定义动画效果延迟时间	time	默认值为 0，常用单位是秒（s）或毫秒（ms）
animation-iteration-count	定义动画的播放次数	number	播放次数
		infinite	循环播放
animation-direction	定义动画的播放方向	normal	默认值，动画每次都向前播放
		alternate	第偶数次向前播放，第奇数次反方向播放
animation	综合设置动画的所有属性值	name duration timing-function delay iteration-count direction	按照各属性顺序用一行代码设置 6 个参数值，属性顺序不能颠倒

10.4 案例

微课：图片遮罩效果（1）

微课：图片遮罩效果（2）

10.4.1 图片遮罩效果

本案例使用 CSS3 transition 过渡属性，使鼠标指针移动到图片上时，下拉出遮罩的效果，如图 10-1 和图 10-2 所示。

图 10-1　初始图片效果

图 10-2　鼠标指针移到图片上的效果

新建一个网页文件，文件名称为 10-1.html。双击文件名 10-1.html，打开该文件，添加如下代码。

```
<!doctype html>
<html>
<head>
<meta charset="utf-8">
<title>图片遮罩效果</title>
<style type="text/css">
.wrapper {
    width: 266px;
    height: 250px;
    border: 1px solid #ccc;
    background: url(images/shuiguo.png) 0 0 no-repeat;
    margin: 20px auto;
    position: relative;
    overflow: hidden;
}
.wrapper hgroup {
    position: absolute;
    left: 0;
    top: -250px;
    width: 266px;
    height: 250px;
    background: rgba(0,0,0,0.5);
    transition: all 0.5s ease-in 0s;
}
.wrapper:hover hgroup {
    position: absolute;
    left: 0;
    top: 0;
}
.wrapper hgroup h2:nth-child(1) {
    font-size: 22px;
    text-align: center;
    color: #fff;
    font-weight: normal;
```

```
        margin-top: 58px;
    }
    .wrapper hgroup h2:nth-child(2) {
        font-size: 14px;
        text-align: center;
        color: #fff;
        font-weight: normal;
        margin-top: 15px;
    }
    .wrapper hgroup h2:nth-child(3) {
        width: 26px;
        height: 26px;
        margin-left: 120px;
        margin-top: 15px;
        background: url(images/jiantou.png) 0 0 no-repeat;
    }
    .wrapper hgroup h2:nth-child(4) {
        width: 75px;
        height: 22px;
        margin-left: 95px;
        margin-top: 25px;
        background: url(images/anniu.png) 0 0 no-repeat;
    }
    </style>
    </head>
    <body>
    <div class="wrapper">
      <hgroup>
        <h2>一品水果 唇齿留香</h2>
        <h2>泰国黑金刚莲雾</h2>
        <h2></h2>
        <h2></h2>
      </hgroup>
    </div>
    </body>
    </html>
```

浏览网页，效果如图 10-1 和图 10-2 所示。

10.4.2 图片翻转效果

本案例使用 CSS3 transition 过渡属性和 transform 变形属性，使鼠标指针移动到图片上时，将图片翻转，显示另一张图片，如图 10-3 和图 10-4 所示。

图 10-3　初始图片效果

图 10-4　鼠标指针移到图片上的效果

微课：图片翻转效果

新建一个网页文件，文件保存为 10-2.html。双击文件名 10-2.html，打开该文件，添加如下代码。

```
<!doctype html>
<html>
<head>
<meta charset="utf-8">
<title>翻转图片</title>
<style type="text/css">
.wrapper{
    width:291px;
    height:251px;
    margin: 20px auto;
    position: relative;
    perspective:230px;      /*设置元素被查看位置的视图*/
}
.wrapper img{
    position: absolute;
    left:0;
    top:0;
    backface-visibility:hidden;/*隐藏被旋转的 div 元素的背面*/
    transition:all 0.5s ease-in 0s;
}
.wrapper img.fan{
      transform:rotateX(-180deg);
 }
.wrapper:hover img.fan{
      transform:rotateX(0deg);
 }
 .wrapper:hover img.zheng{
      transform:rotateX(180deg);
 }
</style>
</head>
<body>
<div class="wrapper">
  <img class="zheng" src="images/shuiguo2.png" alt="">
  <img class="fan" src="images/shuiguo3.png" alt="">
</div>
</body>
</html>
```

浏览网页，效果如图 10-3 和图 10-4 所示。

10.4.3 照片墙效果

本案例使用 CSS3 transition 过渡属性和 transform 变形属性制作照片墙效果，照片随意摆放，当鼠标指针移动到每幅照片上时，将照片放大并垂直摆放，如图 10-5 所示。

微课：照片墙效果（1）

微课：照片墙效果（2）

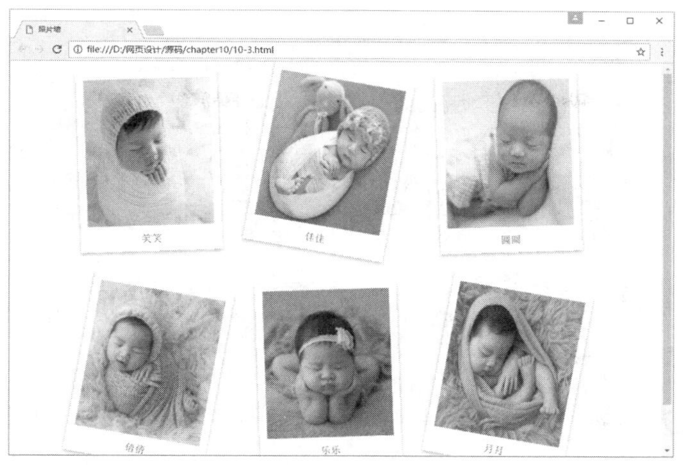

图 10-5　照片墙效果

新建一个网页文件，文件名称为 10-3.html。双击文件名 10-3.html，打开该文件，添加如下代码。

```
<!doctype html>
<html>
<head>
<meta charset="utf-8">
<title>照片墙</title>
<style type="text/css">
.photos li {
    display: inline;
}
.photos a {
    display: inline;
    float: left;
    margin: 0 0 50px 60px;
    padding: 12px;
    text-align: center;
    text-decoration: none;
    color: #333;
    box-shadow: 0 3px 6px rgba(0, 0, 0, .25); /*为图片外框设计阴影效果  */
    transform: rotate(-2deg); /*逆时针旋转 2°   */
    transition:transform .15s linear;/*设置过渡动画：过渡属性为 transform，时长为 0.15s，线性渐变 */
}
.photos img {
    display: block;
    width:200px;
    height: 240px;
    border: none;
    margin-bottom: 12px;
}
.photos a:after {
    content: attr(title);
}
.photos li:nth-child(even) a {
    transform: rotate(10deg); /*顺时针旋转 10°   */
}
.photos li a:hover {
    transform: scale(1.25);/*放大对象 1.25 倍 */
    box-shadow: 0 3px 6px rgba(0, 0, 0, .5);
}
</style>
```

```
</head>
<body>
<ul class="photos">
    <li> <a href="#" title="笑笑"> <img src="images/baby1.png" alt="笑笑"> </a> </li>
    <li> <a href="#" title="佳佳"> <img src="images/baby2.png" alt="佳佳"> </a> </li>
    <li> <a href="#" title="圆圆"> <img src="images/baby3.png" alt="圆圆"> </a> </li>
    <li> <a href="#" title="倩倩"> <img src="images/baby4.png" alt="倩倩"> </a> </li>
    <li> <a href="#" title="乐乐"> <img src="images/baby5.png" alt="乐乐"> </a> </li>
    <li> <a href="#" title="月月"> <img src="images/baby6.png" alt="月月"> </a> </li>
</ul>
</body>
</html>
```

浏览网页，效果如图 10-5 所示。

10.4.4 魔方效果

本案例使用 CSS3 transform 变形属性和 animation 动画属性制作旋转的魔方效果，如图 10-6 所示。

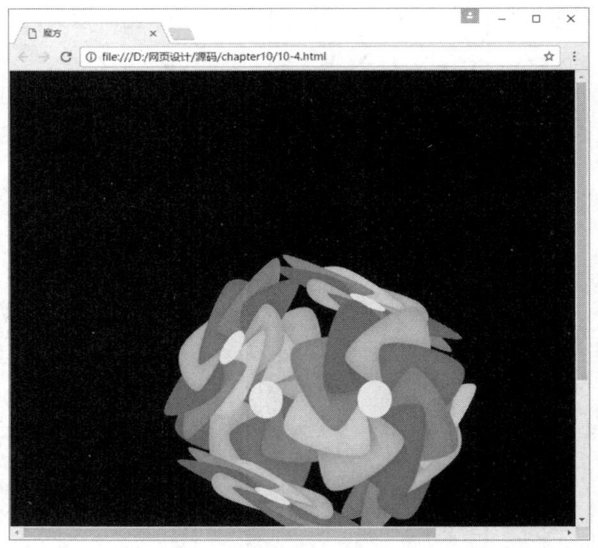

微课：魔方效果（1）

微课：魔方效果（2）

图 10-6 魔方效果

新建一个网页文件，文件名称为 10-4.html。双击文件名 10-4.html，打开该文件，添加如下代码。

```
<!doctype html>
<html>
<head>
<meta charset="UTF-8">
<title>魔方</title>
<style type="text/css">
* {
    margin: 0;
    padding: 0;
}
body {
    background: #000;
}
.magic {
    transform-style: preserve-3d;
    animation: rotate 60s linear infinite;
```

```
}
 @keyframes rotate {
 50% {
 transform-origin: center center;
 transform: rotateY(3600deg) rotateX(3600deg);
}
}
.magic_a {
      margin: 300px;
      transform: translateZ(-150px);
}
.magic_b {
      transform: rotateY(90deg) translateX(150px);
      transform-origin: right;
      position: absolute;
      top: 300px;
      left: 0;
}
.magic_c {
      transform: rotateY(270deg) translateX(-150px);
      transform-origin: left;
      position: absolute;
      top: 300px;
      left: 600px;
}
.magic_d {
      position: absolute;
      transform: translateZ(150px);
      top: 300px;
      left: 300px;
}
.magic_e {
      transform: rotateX(270deg) translateX(-150px) translateY(150px);
      transform-origin: bottom;
      position: absolute;
      top: 0;
      left: 450px;
}
.magic_f {
      transform: rotateX(90deg) translateZ(-150px) translateY(-150px);
      transform-origin: top;
      position: absolute;
      top: 450px;
      left: 300px;
}
</style>
</head>
<body>
<div class="magic">
      <img class="magic_a" src="images/photo.png" alt=" ">
      <img class="magic_b" src="images/photo.png" alt=" " >
      <img class="magic_c" src="images/photo.png" alt=" ">
      <img class="magic_d" src="images/photo.png" alt=" ">
      <img class="magic_e" src="images/photo.png" alt=" ">
      <img class="magic_f"  src="images/photo.png" alt=" ">
</div>
</body>
</html>
```

浏览网页，效果如图 10-6 所示。

注意 目前新版本的浏览器大部分都支持 transition 过渡属性、transform 变形属性和 animation 动画属性，但早期版本的浏览器有些不支持这些动画属性，书写代码时需要添加这些浏览器的私有属性。例如，下面的代码说明了各浏览器需要添加的私有属性。

```
-webkit-transform:rotate(-3deg); /* Chrome/Safari 浏览器*/
-moz-transform:rotate(-3deg); /*Firefox 浏览器*/
-ms-transform:rotate(-3deg); /*IE 浏览器*/
-o-transform:rotate(-3deg); /*Opera 浏览器*/
```

前面的案例代码为了简化代码，没有添加这些浏览器的私有属性，实际应用时应该添加这些私有属性。

本章小结

本章介绍了 CSS3 中制作动画的各种属性，利用 transition 过渡属性、transform 变形属性和 animation 动画属性能制作过渡、变形等动画效果。最后综合利用这些属性制作了网页中常用的动画效果。

通过本章的学习，读者可以学会使用 CSS3 相关属性制作动画的方法。

实训 10

一、实训目的

实训 10
参考步骤

1. 掌握 transition 过渡属性的使用。
2. 掌握 transform 变形属性的使用。
3. 掌握 animation 动画属性的使用。

二、实训内容

1. 利用 transition 过渡属性创建图片的切换效果，当鼠标指针移动图片上时，逐渐过渡到另一张图片，浏览效果如图 10-7 和图 10-8 所示。

图 10-7 初始图片效果

图 10-8 鼠标指针移到图片上的效果

2. 利用 transition 过渡属性和 transform 变形属性创建导航条翻转效果。当鼠标指针移动到导航栏目时，栏目会发生翻转效果，浏览效果如图 10-9 和图 10-10 所示。

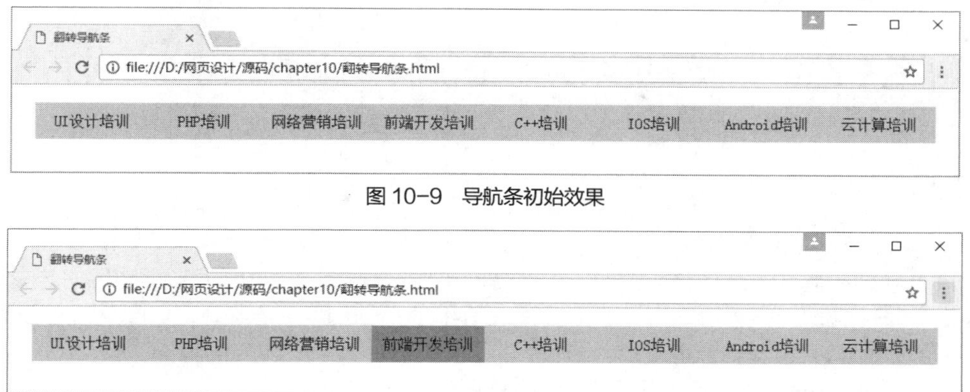

图 10-9　导航条初始效果

图 10-10　导航条翻转效果

3. 利用 transition 过渡属性和 transform 变形属性创建扑克牌翻转效果。鼠标指针移动到第一张图片时，产生图片围绕 *y* 轴旋转的变形效果；鼠标指针移动到第二张图片时，产生图片围绕 *x* 轴旋转的变形效果。浏览效果如图 10-11 所示。

图 10-11　扑克牌翻转效果

拓展阅读 10-1

第 11 章 完整案例：学院网站设计与制作

11

本章学习学院网站的完整设计与制作，熟悉使用 Photoshop 工具制作网页效果图的方法；使用 HTML5+CSS3 技术制作网页；会使用 JavaScript 和 jQuery 脚本技术创建下拉菜单和图片的轮流切换效果等。本章学习目标（含素养要点）如下：

※ 掌握使用 Photoshop 设计网页效果图的方法（综合素养）；

※ 掌握 HTML5+CSS3 进行网页布局的方法（美育教育）；

※ 掌握音频和视频在网页中的使用；

※ 了解 JavaScript 和 jQuery 技术的使用。

11.1 信息学院网站描述

山东信息职业技术学院是山东省人民政府批准设立、教育部备案的公办省属普通高等学校，由山东省经济和信息化委员会、山东省教育厅主管。学院具有 40 多年的办学历史，特别是计算机类、电子信息类专业享誉省内外。

山东信息职业技术学院网站主页浏览效果，如图 11-1 所示。

微课：信息学院网站描述

图 11-1 学院网站主页

11.2 网站规划

1. 网站需求分析

设计山东信息职业技术学院网站，旨在让任何人在任何时间、任何地点都能借助网络了解学院的基本情况与最新招生与就业信息，通过该网站可以链接到招生信息网、团学在线网站、教务管理系统等。

山东信息职业技术学院网站的主要功能示意图如图 11-2 所示。

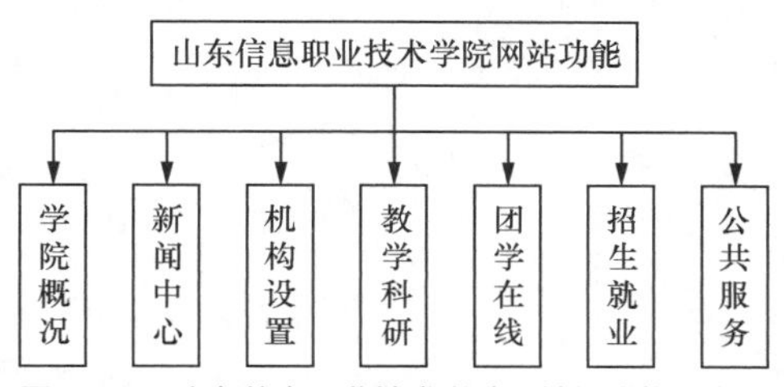

图 11-2　山东信息职业技术学院网站的功能示意图

2. 网站的风格定位

网站定位是在调查研究的基础上进行策划的第一步。在调查分析的基础上确定网站的服务对象和内容是网站建设和发展的前提。网站的内容不可能面面俱到，这既超出了网站的能力，又会使网站失去个性。事实上对于网站来说，任何想吸引全部网民的做法都是错误的，在信息爆炸而个体差异极大的社会，网站能做的只是吸引特定的人群。网站的成功与否与市场调查及网站定位是密不可分的。

山东信息职业技术学院网站是学校门户网站，它的主要用户为学生、教师及学生家长等，同时也是教育类的网站，采用蓝色为主色调，因为蓝色代表智慧，代表高科技，看起来清爽，给人宁静致远的感觉。蓝色是海洋、天空的颜色，让人充满遐想和向往。另外为了使网站充满活力，在网站上又加以运用了红色，让用户第一眼就被网站亮丽的色彩所吸引。

3. 规划草图

对于一般的网站来说，一个项目往往从一个简单的界面开始，但要把所有的元素组织到一起并不是件容易的事情。首先，要画站点的草图，勾画出所有客户想要看到的内容。然后，将详细的描述交给美工，让他们知道在每一页、每个版块上都要显示哪些内容。图 11-3 所示为本站的草图。

4. 项目计划

虽然每个 Web 站点在内容、规模、功能等方面都各有不同，但是有基本的设计流程可以遵循。从国内大的门户站点，如搜狐、新浪到微不足道的个人主页，都要以基本相同的步骤来完成。一般网站的开发流程如图 11-4 所示。

说明　**本网站只是静态网站，因此对如何转换为动态网站和网站发布的内容，这里不做介绍，感兴趣的同学可以自学。**

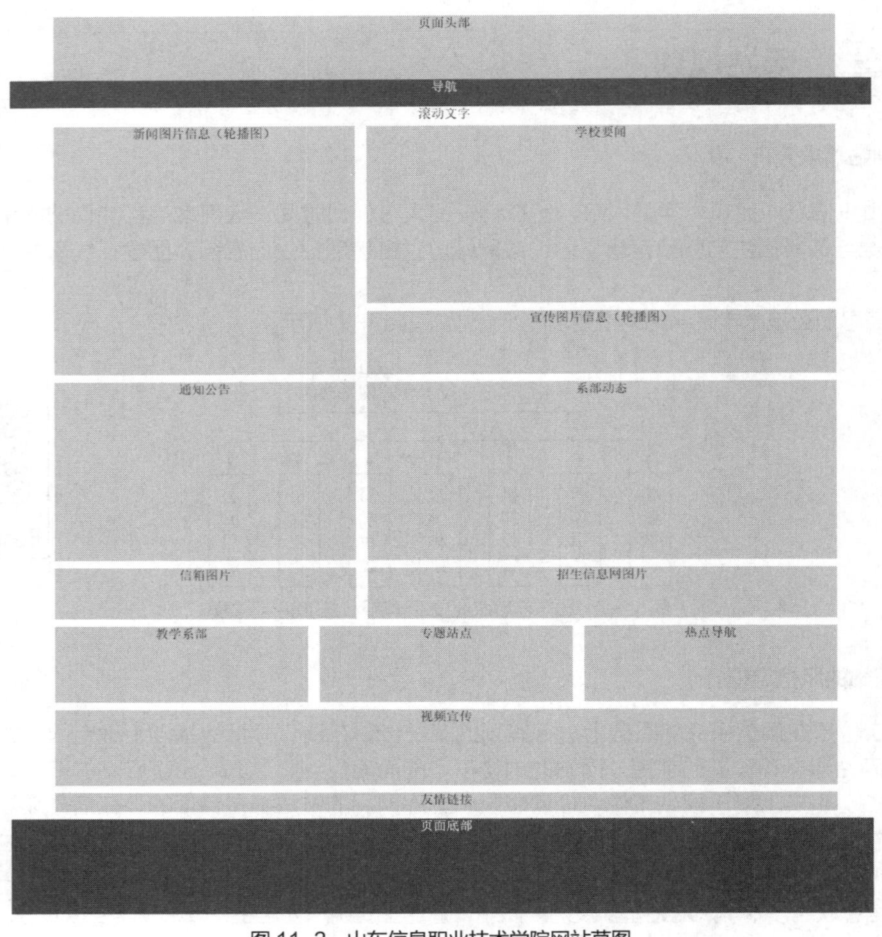

图 11-3　山东信息职业技术学院网站草图

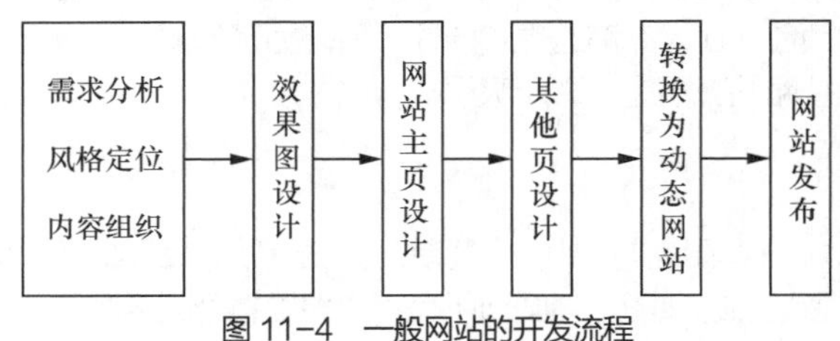

图 11-4　一般网站的开发流程

11.3 效果图设计

一般做网站需要首先由美工使用 Photoshop 等工具设计出网站的效果图，主要是主页的效果图，然后使用切片工具将效果图的素材图片切出，准备好图片等各种素材后再使用 Dreamweaver 等工具制作主页和其他页面。

11.3.1 效果图设计原则

效果图设计的原则：先背景后前景，先上后下，先左后右。

本网站主页最终的效果图如图 11-1 所示。

制作软件：Photoshop CC 中文版。

效果图设计中用到的主要知识点：

- 参考线的应用；
- 文字工具的应用；
- 直线工具的应用；
- 矩形工具的应用；
- 多边形套索工具的应用；
- 图层样式的应用；
- 切片工具的应用。

拓展阅读 11-2

11.3.2 效果图设计步骤

设计主页效果图的步骤如下。

（1）打开 Photoshop CC 软件，新建文件，命名为“山东信息职业技术学院效果图”，宽度 1 300px，高度 1 401px，背景色为白色，分辨率为 72px/in。

（2）添加参考线。

执行“视图”|“新建参考线”命令，添加 4 条垂直参考线，分别是 50px、1 250px、512px、530px；9 条水平参考线，分别是 100px、142px、172px、539px、834px、929px、1 064px、1 201px、1 251px，完成后如图 11-5 所示。

微课：添加参考线

（3）制作背景。

打开“bodybg.jpg”，执行“编辑”|“定义图案”命令，为祥云图案命名，完成后如图 11-6 所示。将打开“bodybg.jpg”的文件窗口关闭。

微课：制作背景及 LOGO

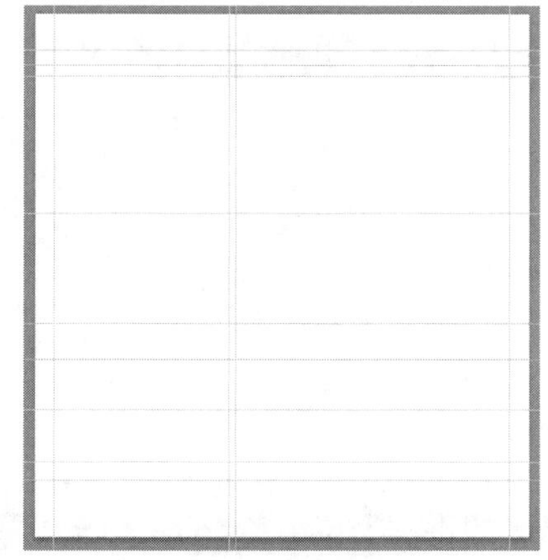

图 11-5　添加参考线

图 11-6　图案命名

（4）选择油漆桶工具，将填充选项改为“图案”，并在图案属性栏中选择刚才定义的祥云图案，如图 11-7 所示。在图像上单击鼠标，完成背景填充。

图 11-7　图案属性栏

（5）添加 LOGO。

打开“logo.png”，将图片复制到文档中，放在最上方。完成后如图 11-8 所示。

图 11-8　LOGO

微课：设计导航条

（6）设计导航条。

在图层面板中创建新的图层组，命名为“导航条”。在 LOGO 下方，用矩形选框工具沿参考线画宽 1 300px 高 42px 的矩形选框，如图 11-9 所示。新建一个图层，设置前景色为 RGB(28, 75, 169)，按 Alt+Delete 组合键，填充前景色，然后按 Ctrl+D 组合键取消选区。完成后如图 11-10 所示。

图 11-9　绘制矩形选框

图 11-10　填充前景色

用横排文字工具在导航条上方单击即可创建文本图层，输入文本“网站首页”，设置字体为“微软雅黑”，字号为 14 px，颜色为白色。用同样的方式创建文本图层“学院概况、新闻中心、机构设置、教学科研、团学在线、招生就业、公共服务、信息公开、统一信息门户”。

用移动工具将“网站首页”图层，放在左侧适当位置，“统一信息门户”图层放在右侧适当位置，将刚创建的文本图层全部选中，单击“底对齐”“水平居中分布”按钮，让文本图层底对齐并水平居中分布。完成后如图 11-11 所示。

图 11-11　添加导航文本

微课：添加滚动文本

（7）添加滚动文本。

用横排文字工具输入文本“学院名片>>教育部、中央军委政治工作部、军委国防动员部定向培养士官试点院校 · 电子信息产业国家高技能人才培训基地 · 国家示范性高职单独招生试点院校”，设置字体为“微软雅黑”，字号为 14 px，字体颜色为 RGB(205, 2, 2)。完成后如图 11-12 所示。

图 11-12　添加滚动文本

微课：设计第一行图片

（8）图片切换区。

在图层面板中创建新的图层组，命名为“onerow”。单击矩形选框工具，设置样式为“固定大小”，宽度为 462px，高度为 352px，如图 11-13 所示。新建图层，填充白色。打开“2.jpg”文件，将图片复制到文档中。完成后如图 11-14 所示。

图 11-13　矩形选框固定大小

图 11-14　图片切换区

（9）学校要闻区。

新建图层，用矩形工具绘制一个宽 720px，高 250px 的矩形区域，填充白色。打开图片 head1.png，复制到本文档中，放到适当位置。输入文本“学校要闻”，设置字体为“微软雅黑”，字号为 14 px，字体颜色为白色，加粗。输入文本“¦¦College News”，文本颜色为 RGB(115, 115, 115)。输入文本“更多>>”，颜色为 RGB(115, 115, 115)，字号为 12px。用直线工具绘制浅灰色水平线，如图 11-15 所示。打开图片 10.jpg，复制到本文档中，放到适当位置。在图片下方输入文本“学院举办 2019 届毕业生双选会”，颜色为#900，字号为 12px。

微课：学校要闻区（1）

微课：学校要闻区（2）

形状　填充：　描边：　1点　W:　H:　粗细：1像素　对齐边缘

图 11-15　直线工具参数

在图片右侧输入文本“ · 我院被确定为空军士官人才培养定点院校”，设置字体为“微软雅黑”，颜色为 RGB(60, 60, 60)，字号为 14px。输入文本 “2018-09-02”，颜色为 RGB(160, 160, 160)，字号为 14px。用同样的方法输入其他文本。

微课：学校要闻区（3）

打开图片 66.jpg，将其复制到本文档内，放入适当位置。完成后如图 11-16 所示。

图 11-16　学校要闻区

（10）通知公告区。

在图层面板中创建新的图层组，命名为“tworow”。新建图层，用矩形工具绘制一个宽 462px，高 280px 的矩形区域，填充白色。新建图层，用矩形工具绘制一个宽 100px，高 38px 的矩形区域，填充颜色为 RGB(26, 74, 167)。用矩形工具绘制一个宽 442px，高 2px 的矩形区域，填充颜色为 RGB(26, 74, 167)。用移动工具调整两矩形的位置。输入文本“通知公告”，设置字体为“微软雅黑”，字号为 14px，颜色为白色。将“学院要闻区要闻列表”图层复制得到本图，并修改。完成后如图 11-17 所示。

微课：通知公告区（1）

微课：通知公告区（2）

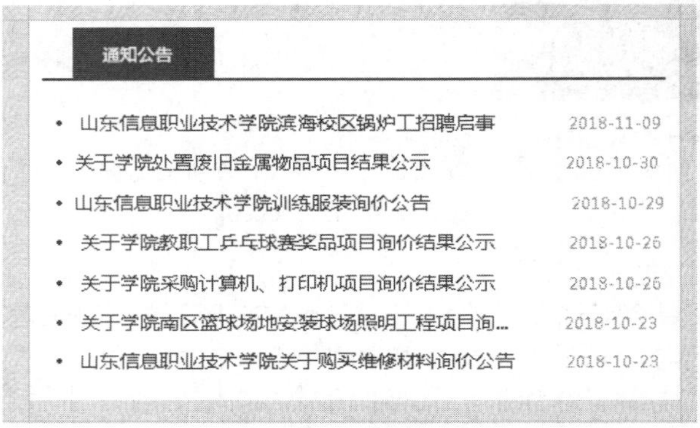

通知公告

- 山东信息职业技术学院滨海校区锅炉工招聘启事 2018-11-09
- 关于学院处置废旧金属物品项目结果公示 2018-10-30
- 山东信息职业技术学院训练服装询价公告 2018-10-29
- 关于学院教职工乒乓球赛奖品项目询价结果公示 2018-10-26
- 关于学院采购计算机、打印机项目询价结果公示 2018-10-26
- 关于学院南区篮球场地安装球场照明工程项目询... 2018-10-23
- 山东信息职业技术学院关于购买维修材料询价公告 2018-10-23

图 11-17　通知公告区

（11）系部动态。

将“学校要闻区”图层复制，并修改图片及文本。完成后如图 11-18 所示。

微课：系部动态

图 11-18　系部动态

微课：统一信息门户、招生信息

（12）统一信息门户、招生信息。

在图层面板中创建新的图层组，命名为“threerow”，添加图片。完成后如图 11-19 所示。

图 11-19　统一信息门户、招生信息

（13）链接。

在图层面板中创建新的图层组，命名为“fourrow”。新建图层，用矩形工具绘制一个宽 380px，高

120px 的矩形区域，填充白色。新建图层，绘制一个宽 3px，高 120px 的矩形区域，填充颜色为#0018ff。输入文本“教学系部”，设置字体为“微软雅黑”，字号为 26px，字体颜色为#0018ff。输入文本“计算机系 电子系 信息系 管理系 软件系 基础教学部 航空系 士官学院”，设置字体为“微软雅黑”，字号为 14px，字体颜色为 RGB(110, 110, 110)。用复制修改的方式完成其他栏目。完成后如图 11-20 所示。

微课：
链接（1）

微课：
链接（2）

图 11-20　链接

（14）视频宣传。

在图层面板中创建新的图层组，命名为“fiverow”。打开 honor.png 文件，将其复制到本文档中。新建图层，用矩形工具绘制一个宽 1 080px，高 120px 的矩形区域，填充白色。打开文件 honor.png、Bot1.gif、bot2.jpg、bot3.jpg、bot4.jpg，将其放入本文档适当位置。完成后如图 11-21 所示。

微课：
视频宣传

图 11-21　视频宣传

（15）友情链接。

在图层面板中创建新的图层组，命名为“link”。新建图层，用矩形工具绘制一个宽 300px，高 30px 的矩形区域，填充白色。新建图层，用多边形套索工具绘制一个小倒三角形选区，填充颜色为 RGB(110, 110, 110)。输入文本“= = = = = = = =合作企业= = = = = = =”，设置字体为“微软雅黑”，字号为 14px，字体颜色为#0018ff。完成后如图 11-22 所示。

微课：
友情链接

图 11-22　友情链接

（16）页脚。

在图层面板中创建新的图层组，命名为“footer”。新建图层，用矩形工具绘制一个宽 1 200px，高 150px 的矩形区域，填充颜色为 RGB(26, 74, 168)。打开 footer1.png、footer2.jpg，将其复制到本文档中，放到适当的位置。输入文本，设置字体为“微软雅黑”，字号为 14px，字体颜色为白色。

微课：
页脚

（17）保存文件，最终效果如图 11-23 所示。

图 11-23　完成后的主页效果图

11.3.3　效果图切片导出网页

选择“切片工具”，根据需要进行切片，切片过程有以下几个技巧。

- 首先将预期的切片设计好，然后进行切片。
- 为了切片准确，减少误差，尽量放大图片再进行切片。
- 重命名在网页中使用的切片图片，以便在制作网站时使用。

切片时如果能平铺形成的图片，只需切一个小的图片，如导航的背景图片。另外，使用一个颜色作为背景的图片则不需要切片，在制作网页时进行设置背景色即可。

切片创建完成后即可进行最后的网页导出，执行“文件”→“存储为 Web 设备所用格式”命令，将网页保存为“HTML 和图像（*.html）”类型，命名为“index”，单击“保存”按钮。

11.4　网站主页设计

设计软件：Dreamweaver。

主页设计中用到的主要知识：

- 创建站点；

微课：
创建站点

- 创建主页，搭建主页结构，添加页面各元素；
- 创建外部样式表，设置各元素的样式。

以效果图中切出的图片素材为基础，使用 Dreamweaver 软件创建站点，设计页面。

具体步骤如下。

（1）在磁盘 E 盘根目录下创建网站文件夹 schoolSite2018，将素材中提供的文件夹 images 复制到该文件夹下。

微课：
创建主页及外部
样式表文件

（2）启动 Dreamweaver，执行“站点” | “新建站点”命令，创建网站站点，站点名称为 schoolSite2018，本地站点文件夹为 E:\ schoolSite2018 \。

（3）在站点中新建一个网页文件，命名为 index.html。

（4）在站点中创建“css”子文件夹，用 Dreamweaver 创建 CSS 样式表文件，并保存 CSS 文件到该文件夹中，命名为“index.css”，然后书写通用 body 的样式，以及通用超级链接的样式，代码如下。

微课：创建主
页布局块

```
*{
 margin:0;
 padding:0;
 border:0;
}
ul,li{
 list-style:none;
}
body{
 font-family:"微软雅黑";
 font-size:14px;
 color:#000;
 background:url(../images/bodybg.jpg);
}
a{
 font-family:"微软雅黑";
 font-size:14px;
 color:#000;
 text-decoration:none;
}
```

（5）在 index.html 文件的</head>标记前，输入代码：

<link href="css/index.css"rel="stylesheet"type="text/css">，将 index.css 样式表文件链接到 index.html 页面中。

（6）制作 index.html 页面的顶部。

在 index.html 的代码窗口，在 body 标记中输入如下代码。

微课：
制作主页顶部

```
<!--header 开始-->
<div class="header">
 <img src="images/header.png">
</div>
```

切换到 index.css 文件，继续添加如下样式表代码。

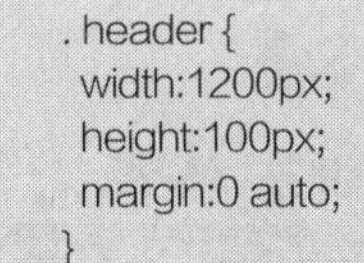

```
. header {
 width:1200px;
 height:100px;
 margin:0 auto;
}
```

规定 header 块的宽、高并使其在浏览器中居中显示。

（7）制作 index.html 页面的导航条部分。

导航条内容用列表实现，使用 CSS 样式设置导航块、列表及超链接的各种样式。

继续在 index.html 的代码窗口，输入如下代码。

微课：制作主页导航条

```
<!--nav 导航开始-->
<div class="navwrap">
    <ul class="nav">
        <li><a href="index.html">网站首页</a></li>
        <li><a href="#" target="_blank">学院概况</a></li>
        <li><a href="newsList.html" target="_blank">新闻中心</a></li>
        <li><a href="#" target="_blank">机构设置</a></li>
        <li><a href="#" target="_blank">教学科研</a></li>
        <li><a href="#" target="_blank">团学在线</a></li>
        <li><a href="#" target="_blank">招生就业</a></li>
        <li><a href="#" target="_blank">公共服务</a></li>
        <li><a href="http://www.sdcit.cn:80/xyxxgk/index.jhtml" target="_blank">信息公开</a></li>
        <li><a href="http://tymh.sdcit.cn/tyrz" target="_blank">统一信息门户</a>
        </li>
    </ul>
</div>
<!--nav 导航结束-->
```

切换到 index.css 文件，继续添加如下样式表代码。

```
/*导航*/
.navwrap{
  width:100%;
  height:42px;
  background:rgb(28,75,169);
}
.navwrap .nav{
  width:1200px;
  height:42px;
  margin:0 auto;
  position: relative;
  z-index: 111;
}
.navwrap .nav li{
  width:120px;
  height:42px;
  float:left;
  text-align:center;
}
.navwrap .nav li a{
  display:block;
  width:120px;
  height:42px;
  line-height:42px;
  color:#FFF;
}
.navwrap .nav li a:hover{
  color:#FF0;
}
```

此时网页在浏览器中的预览效果如图 11-24 所示。

图 11-24　网页 LOGO 及导航浏览效果

（8）制作导航条和主体内容之间的滚动文字部分。

继续在 index.html 的代码窗口，输入如下代码。

```
<!--blank 滚动文字开始-->
<div class="blank">
    <div class="left">
        学院名片>>
    </div>
    <div class="right" >
        <div id="wrapper">
          <ul>
                <li><a target="_blank" href="#" title="教育部、中央军委政治工作部、军委国防动员部定向培养士官试点院校">&#8226;教育部、中央军委政治工作部、军委国防动员部定向培养士官试点院校</a></li>
                <li><a target="_blank" href="#" title="电子信息产业国家高技能人才培训基地">&#8226;电子信息产业国家高技能人才培训基地</a></li>
                <li><a target="_blank" href="#" title="国家示范性高职单独招生试点院校">&#8226;国家示范性高职单独招生试点院校</a></li>
                <li><a target="_blank" href="#" title="“3+2”对口贯通分段培养本科院校">&#8226;“3+2”对口贯通分段培养本科院校</a></li>
                <li><a target="_blank" href="#" title="国家级示范性软件职业技术学院">&#8226;国家级示范性软件职业技术学院</a></li>
                <li><a target="_blank" href="#" title="全国信息产业系统先进集体">&#8226;全国信息产业系统先进集体</a></li>
          </ul>
        </div>
    </div>
</div>
<!--blank 滚动文字结束-->
```

切换到 index.css 文件，继续添加如下样式表代码。

```
/*滚动文字*/
.blank {
  width: 1200px;
  height:30px;
  line-height: 30px;
  overflow: hidden;
  margin:0 auto;
}
.blank .left {
  width: 100px;
  height:30px;
  color: rgb(205, 2, 2);
  font-weight: bold;
  float: left;
}
.blank .right {
  width: 1100px;
  height:30px;
  float: left;}
.blank .right #wrapper{
  width: 1100px;
  height: 30px;
  overflow:hidden;
  position:relative;
}
.blank .right #wrapper ul{
  width:1100px;
  height:30px;
  overflow:hidden;
  position:absolute;
```

```
left:0;
top:0;
}
.blank .right #wrapper ul li{
height:30px;
line-height:30px;
float:left;
margin-right:15px;
}
.blank .right #wrapper ul li a {
color: rgb(205, 2, 2);
}
/*滚动文字结束*/
```

此时网页在浏览器中的预览效果如图 11-25 所示。

图 11-25　添加文字后的效果

（9）制作固定显示二维码。

继续在 index.html 的代码窗口，输入如下代码。

```
<img style="position:fixed;right:0;top:200px; z-index:999;width:100px;" src="images/ewm. png" /> <!--二维码固定显示-->
```

微课：添加二维码

（10）制作网页主体部分。

继续在 index.html 的代码窗口，输入如下代码。

```
<--main 主体部分-->
<div class="main">
</div>
<!--main 主体部分结束-->
```

微课：制作主页主体部分

切换到 index.css 文件，继续添加主体部分的样式表代码。

```
.main {width: 1200px; margin: 0 auto;   overflow: hidden;}
```

（11）制作主体部分的第一行。

继续在 index.html 的代码窗口，在<div class="main">代码后，输入如下代码。

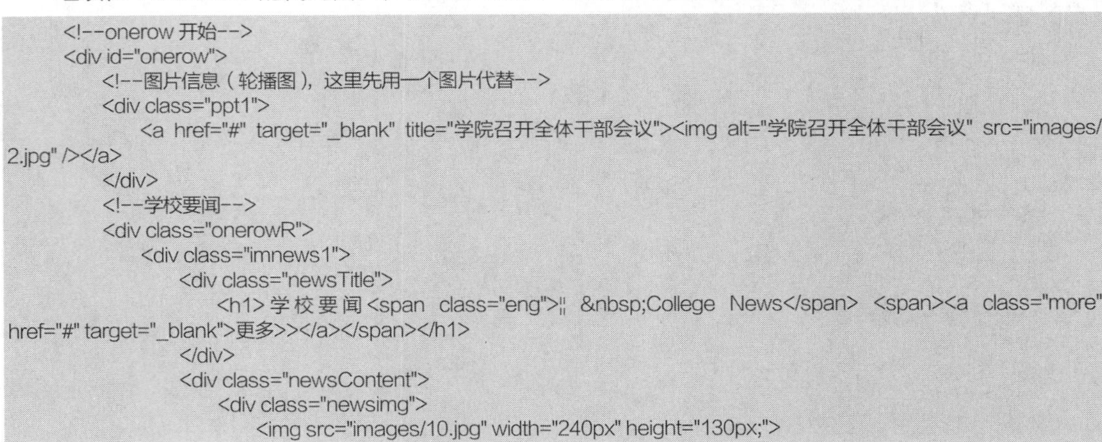

```
<!--onerow 开始-->
<div id="onerow">
    <!--图片信息（轮播图），这里先用一个图片代替-->
    <div class="ppt1">
        <a href="#" target="_blank" title="学院召开全体干部会议"><img alt="学院召开全体干部会议" src="images/2.jpg" /></a>
    </div>
    <!--学校要闻-->
    <div class="onerowR">
        <div class="imnews1">
            <div class="newsTitle">
                <h1>学校要闻<span class="eng">¦  College News</span> <span><a class="more" href="#" target="_blank">更多>></a></span></h1>
            </div>
            <div class="newsContent">
                <div class="newsimg">
                    <img src="images/10.jpg" width="240px" height="130px;">
```

```
                    <p class="txt"><a href="#" title="学院举办 2019 届毕业生双选会" target="_blank">学院举办 2019 届毕业生双选会</a></p>
                </div>
                <div class="content">
                <ul>
                    <li><span>2018-09-02</span><a href="#" title="我院被确定为空军士官人才培养定点院校" target="_blank">我院被确定为空军士官人才培养定点院校</a></li>
                    <li><span>2018-11-12</span><a href="#" title="我院在山东省职业院校技能大赛（高职组）上实现新突破 " target="_blank">我院在山东省职业院校技能大赛（高职组）上实...</a></li>
                    <li><span>2018-11-10</span><a href="#" title="江苏信息职业技术学院来我校调研" target="_blank">江苏信息职业技术学院来我校调研</a></li>
                    <li><span>2018-11-08</span><a href="#" title="我院举行消防安全知识讲座暨消防综合演练活动" target="_blank">我院举行消防安全知识讲座暨消防综合演练活动</a></li>
                    <li><span>2018-11-07</span><a href="#" title="我院学生体质健康测试数据抽查复核工作圆满结束" target="_blank">我院学生体质健康测试数据抽查复核工作圆满结束</a></li>
                    <li><span>2018-11-07</span><a href="#" title="潍坊市人社局到我院开展大学生就业创业专项调研工作" target="_blank">潍坊市人社局到我院开展大学生就业创业专项调...</a></li>
                </ul>
              </div>
             </div>
           </div>
           <div class="ppt2">
              <a href="#" target="_blank"><img src="images/66.jpg" width="720px" height= "100px"></a>
            </div>
        </div>
    </div>
    <!--onerow 结束-->
```

微课：制作主体部分的第一行（1）

切换到 index.css 文件，继续添加主体部分第一行的样式表代码。

微课：制作主体部分的第一行（2）

微课：制作主体部分的第一行（3）

微课：制作主体部分的第一行（4）

```
/*第一行*/
#onerow {width:1200px;height:352px;margin-bottom: 15px;}
.ppt1 {
 background: #fff;
 border: 1px solid #ccc;
 float: left;
 width: 440px;
 height: 330px;
 padding:10px;
 margin-right:18px;
 }
.onerowR{
 width:720px;
 float: left;
 height: 352px;
}
/*学校要闻*/
.imnews1 {
 background: #ffffff none repeat scroll 0 0;
 border: 1px solid #ccc;
 float: left;
 width:698px;
 padding:5px 10px 5px 10px ;
 margin-bottom:2px;
 height:236px;
}
.newsTitle{
 width: 698px;
 height: 38px;
}
.newsTitle h1 {
```

```
    background:url(../images/head1.png) no-repeat left center;
    width: 688px;
    height: 37px;
    line-height: 37px;
    color:#FFF;
    padding-left: 10px;
    font-size: 14px;
    border-bottom:1px solid rgb(204, 204, 204);
    position:relative;
  }
  .newsTitle h1 .eng {
   color: rgb(115, 115, 115);
   font-size: 14px;
   padding-left:50px;
   font-weight:normal;
  }
  .newsTitle h1 .more {
   color: rgb(115, 115, 115);
   font-size:12px;
   font-weight:normal;
   position:absolute;
   top:0;
   right:0px;
  }
  .newsTitle h1 .more:hover {
   color: red;
  }
  .imnews1 .newsContent{
   width:698px;
   height:196px;
   padding-top: 2px;
  }
  .imnews1 .newsimg {
   width: 240px;
   height:176px;
   float: left;
   padding-top:20px;
  }
  .txt {
   width: 240px;
   height:20px;
   line-height:20px;
   color: rgb(115, 115, 115);
   padding-top: 5px;
   font-size: 12px;
   text-align:center;
   }
  .txt a{color:#900;}
  .content {
   width: 438px;
   height:196px;
   padding-left: 20px;
   float: left;
   }
  .content ul {
   width: 438px;
   height:196px;
  }
  .content ul li {
   width: 423px;
```

微课：制作主体部分的第一行（5）

微课：制作主体部分的第一行（6）

```
  height:31px;
  line-height:31px;
  background:url("../images/icon.png") no-repeat left center;
  padding-left: 15px;
 }
.content ul li a {color: rgb(60, 60, 60);}
.content ul li a:hover {color: rgb(28, 75, 169);}
.content ul li span {color: rgb(160, 160, 160); font-size: 11px; float: right;}
.ppt2 {
  background: #ffffff none repeat scroll 0 0;
  float: left;
  width:720px;
  height:100px;
 }
```

主体部分第一行在浏览器中的浏览效果如图 11-26 所示。

图 11-26　主体部分第一行的浏览效果

（12）制作主体部分的第二行。

继续在 index.html 的代码窗口中主体部分第一行代码后，输入如下代码。

```
<!--tworow 开始-->
  <div id="tworow">
      <div class="notice">
          <div class="nTitle">
              <h1>通知公告</h1>
              <a class="more" href="#" target="_blank">更多>></a>
          </div>
          <div class="nContent">
              <ul>
                  <li><span>2018-11-09</span><a href="#" title="山东信息职业技术学院滨海校区锅炉工招聘启事" target="_blank">山东信息职业技术学院滨海校区锅炉工招聘启事</a></li>
                  <li><span>2018-10-30</span><a href="#" title="关于学院处置废旧金属物品项目结果公示 " target="_blank">关于学院处置废旧金属物品项目结果公示 </a></li>
                  <li><span>2018-10-29</span><a href="#" title=" 山东信息职业技术学院训练服装询价公告 " target="_blank"> 山东信息职业技术学院训练服装询价公告 </a></li>
                  <li><span>2018-10-26</span><a href="#" title="关于学院教职工乒乓球赛奖品项目询价结果公示 " target="_blank">关于学院教职工乒乓球赛奖品项目询价结果公示 </a></li>
                  <li><span>2018-10-26</span><a href="#" title="关于学院采购计算机、打印机项目询价结果公示 " target="_blank">关于学院采购计算机、打印机项目询价结果公示 </a></li>
                  <li><span>2018-10-23</span><a href="#" title="关于学院南区篮球场地安装球场照明工程项目询价结果公示 " target="_blank">关于学院南区篮球场地安装球场照明工程项目询...</a></li>
                  <li><span>2018-10-23</span><a href="#" title="山东信息职业技术学院关于购买维修材料询价公告" target="_blank">山东信息职业技术学院关于购买维修材料询价公告</a></li>
              </ul>
          </div>
      </div>
```

```
            <div class="imnews2">
                <div class="newsTitle">
                    <h1>系部动态<span class="eng">¦  College News</span><span><a class="more" href="#" target="_blank">更多>></a></span></h1>
                </div>
                <div class="newsContent">
                        <div class="newsimg">
                            <img src="images/11.jpg" width="240px" height="130px;">
                            <p class="txt"><a href="#" title="捐献爱心　情暖公益——士官学院组织无偿献血活动" target="_blank">捐献爱心　情暖公益</a></p>
                        </div>
                        <div class="content">
                            <ul>
                                <li><span>2018-11-12</span><a href="#" title="招生就业指导处组织学习 2019 年招生考试文件" target="_blank">招生就业指导处组织学习 2019 年招生考试文件</a></li>
                                <li><span>2018-11-10</span><a href="#" title="学生工作处党总支第一党支部召开民主推荐党员发展对象大会" target="_blank">学生工作处党总支第一党支部召开民主推荐党员...</a></li>
                                <li><span>2018-11-09</span><a href="#" title="软件系组织“119”消防安全演练活动" target="_blank">软件系组织“119”消防安全演练活动</a></li>
                                <li><span>2018-11-09</span><a href="#" title="我院举行第十六届学生会团委主要学生干部成立大会" target="_blank">我院举行第十六届学生会团委主要学生干部成立...</a></li>
                                <li><span>2018-11-09</span><a href="#" title="校园安全　重中之重——士官学院开展消防安全演练暨紧急救援分队成立活动" target="_blank">校园安全　重中之重——士官学院开展消防安...</a></li>
                                <li><span>2018-11-09</span><a href="#" title="青岛远洋船员职业学院李先强主任一行来我院调研" target="_blank">青岛远洋船员职业学院李先强主任一行来我院调研</a></li>
                                <li><span>2018-11-09</span><a href="#" title="电子系党总支第一党支部召开民主推荐党员发展对象大会 " target="_blank">电子系党总支第一党支部召开民主推荐党员发展...</a></li>
                            </ul>
                        </div>
                </div>
            </div>
        </div>
        <!--tworow 结束-->
```

切换到 index.css 文件，继续添加主体部分第二行的样式表代码。

```
/*第二行*/
#tworow {
  width: 1200px;
  height: 280px;
  margin-bottom: 15px;
}
.notice {
  background: #FFF;
  padding: 5px 10px 10px;
  border: 1px solid rgb(204, 204, 204);
  width: 440px;
  height: 263px;
  float: left;
  margin-right:18px;
}
.nTitle {
  width: 440px;
  height: 38px;
  line-height: 38px;
}
.nTitle h1 {
  background:rgb(26, 74, 167);
  width: 100px;
  height: 38px;
  line-height: 38px;
```

```
  text-align: center;
  font-size:14px;
  color: #FFF;
  margin-left: 20px;
  float: left;
}
.nTitle .more {
  color: rgb(115, 115, 115);
  line-height: 34px;
  padding-top: 4px;
  padding-right: 10px;
  font-size: 12px;
  float: right;
}
.nTitle .more:hover {
  color: red;
}
.nContent {
  width: 440px;
  height:213px;
  padding-top: 10px;
  border-top: 2px solid rgb(26, 74, 167);
}
.nContent ul {
  width: 430px;
  height:213px;
padding-left: 10px;
}
.nContent ul li{
  width:415px;
  height:30px;
  line-height: 30px;
  background: url("../images/icon.png") no-repeat left center;
  padding-left: 15px;
}
.nContent ul li a {
  color: rgb(60, 60, 60);
}
.nContent ul li a:hover {
  color: rgb(28, 75, 169);
}
.nContent ul li span {
  color: rgb(160, 160, 160);
  font-size: 11px;
  float: right;
}
/*系部动态*/
.imnews2 {
  background: #FFF;
  border: 1px solid #ccc;
  float: left;
  width:698px;
  padding:5px 10px 5px 10px ;
  height:268px;
}
.imnews2 .newsContent{
  width:698px;
  height:228px;
  padding-top: 2px;
}
```

微课：制作主体部分的第二行（1）

微课：制作主体部分的第二行（2）

微课：制作主体部分的第二行（3）

微课：制作主体部分的第二行（4）

微课：制作主体部分的第二行（5）

```
.imnews2 .newsimg {
 width: 240px;
 height:188px;
 float: left;
 padding-top:40px;
}
.imnews2 .content {
 width: 438px;
 height:228px;
 padding-left: 20px;
 float: left;
 }
.imnews2 .content ul {
 width: 438px;
 height:228px;
}
.imnews2 .content ul li {
 width: 423px;
 height:31px;
 line-height:31px;
 background:url("../images/icon.png") no-repeat left center;
 padding-left: 15px;
}
.content ul li a {color: rgb(60, 60, 60);}
.content ul li a:hover {color: rgb(28, 75, 169);}
.content ul li span {color: rgb(160, 160, 160); font-size: 11px; float: right;}
```

主体部分第二行在浏览器中的浏览效果如图 11-27 所示。

图 11-27　主体部分第二行的浏览效果

（13）制作主体部分的第三行。

继续在 index.html 的代码窗口中主体部分第二行代码后，输入如下代码。

```
<!--threerow 开始-->
<div id="threerow">
     <div class="threerowL">
          <a href="#" target="_blank" class="enter">
               <img src="images/13.png">
          </a>
          <a href="mailto:sdxysjxx@163.com" class="mail1">
               <img src="images/mall1.png">
          </a>
          <a href="mailto:sdxyyzxx@163.com" class="mail2">
               <img src="images/mall2.png">
          </a>
     </div>
     <div class="threerowR">
       <a href="http://zsjy.sdcit.cn/" target="_blank"><img src="images/12.png"></a>
     </div>
```

```
</div>
<!--threerow 结束-->
```

切换到 index.css 文件，继续添加主体部分第三行的样式表代码。

```
/*第三行*/
#threerow {
 width: 1200px;
 height: 80px;
 margin-bottom: 15px;
}
.threerowL {
 width: 462px;
 height: 80px;
 float: left;
 margin-right:15px;
}
.enter {
 width: 260px;
 height: 70px;
 float:left;
}
.mail1{
 width: 180px;
 height: 35px;
 float:left;
 margin-left:22px;
}
.mail2{
 width: 180px;
 height: 35px;
 float:left;
 margin-top:10px;
 margin-left:22px;
}
.enter:hover {
 filter: alpha(Opacity=70); opacity: 0.7; -moz-opacity: 0.7;
}
.mail1:hover {
 filter: alpha(Opacity=70); opacity: 0.7; -moz-opacity: 0.7;
}
.mail2:hover {
 filter: alpha(Opacity=70); opacity: 0.7; -moz-opacity: 0.7;/* alpha(Opacity=70)适用于 IE8 及其更早版本 */
}
.threerowR {
 width: 720px;
 height: 80px;
 float: left;
}
.threerowR:hover {
 filter: alpha(Opacity=70); opacity: 0.7; -moz-opacity: 0.7;
}
```

微课：制作主体部分的第三行（1）

微课：制作主体部分的第三行（2）

主体部分第三行在浏览器中的浏览效果如图 11-28 所示。

图 11-28 主体部分第三行的浏览效果

（14）制作主体部分的第四行。

继续在 index.html 的代码窗口中主体部分第三行代码后，输入如下代码。

```
<!--fourrow 开始-->
  <div id="fourrow">
      <div class="fourrowL">
          <h1>教学系部</h1>
          <ul class="cont">
  <a href="http://jxky.sdcit.cn/jsjgcx/" target="_blank">计算机系</a>
  <a href="http://jxky.sdcit.cn/dzgcx/" target="_blank">电子系</a>
  <a href="http://xinxi.sdcit.cn" target="_blank">信息系</a>
  <a href="http://jxky.sdcit.cn/skysx/" target="_blank">管理系</a>
  <a href="http://jxky.sdcit.cn/rjgcx/" target="_blank">软件系</a>
  <a href="http://jxky.sdcit.cn/jcb/" target="_blank">基础教学部</a>
  <a href="http://hk.sdcit.cn/" target="_blank">航空系</a>
  <a href="http://jiaoxue-j.sdcit.cn/shiguan/" target="_blank">士官学院</a>
              </ul>
        </div>
      <div class="fourrowM">
          <h1>专题站点</h1>
          <ul class="cont">
  <a href="http://legacy.sdcit.cn/zhuanti/yywz/" target="_blank">语言文字工作专题</a>
  <a href="http://sjcj.sdcit.cn/" target="_blank">人才培养数据采集</a>
  <a href="http://www.sdcit.cn/dzxxjsqlxss.jhtml" target="_blank">省级品牌专业群    </a>
  <a href="http://www.sdcit.cn" target="_blank">省优质校建设申报</a>
  <a href="http://jxky.sdcit.cn/jxfz/" target="_blank">教学辅助平台</a>
          </ul>
      </div>
      <div class="fourrowM">
        <h1>热点导航</h1>
          <ul class="cont">
        <a href="http://jpkc.sdcit.cn/#jpkc" target="_blank">精品课程</a>
        <a href="http://jw.sdcit.cn" target="_blank">教务管理系统</a>
        <a href="http://jpkc.sdcit.cn/#tszy" target="_blank">特色专业</a>
        <a href="http://jpkc.sdcit.cn/#jxtd" target="_blank">教学团队</a>
        <a href="http://hk.sdcit.cn/" target="_blank">空中乘务</a>
        <a href="http://sdxxxy.xunfang.com/" target="_blank">华为网络学校</a>
          </ul>
      </div>
  </div>
  <!--fourrow 结束-->
```

切换到 index.css 文件，继续添加主体部分第四行的样式表代码。

```
/*第四行*/
#fourrow {
 width:1200px;
 height:120px;
 margin-bottom: 15px;
}
.fourrowL,.fourrowM{
 background:#FFF;
 border: 1px solid rgb(204, 204, 204);
 border-left:3px solid #0018ff;
 width: 374px;
 height: 118px;
 float: left;
 padding-left:10px;
}
.fourrowM {
```

微课：制作主体部分的第四行（1）

```
  margin-left: 18px;
 }
 #fourrow   h1 {
  width: 374px;
  height:40px;
  line-height:40px;
  font-size: 26px;
  color: #0018ff;
  font-weight:normal;
 }
 .#fourrow .cont{
  width: 374px;
  height: 78px;
 }
 .cont a {
  padding-right:7px;
  color: rgb(110, 110, 110);
  line-height: 30px;
 }
 .cont a:hover {
  color: rgb(47, 136, 224);
 }
```

微课：制作主体部分的第四行（2）

微课：制作主体部分的第四行（3）

主体部分第四行在浏览器中的浏览效果如图 11-29 所示。

教学系部
计算机系 电子系 信息系 管理系 软件系 基础教学部 航空系 士官学院

专题站点
语言文字工作专题 人才培养数据采集 省级品牌专业群 省优质校建设申报 教学辅助平台

热点导航
精品课程 教务管理系统 特色专业 教学团队 空中乘务 华为网络学校

图 11-29　主体部分中第四行的浏览效果

（15）制作主体部分的第五行。

继续在 index.html 的代码窗口中主体部分第四行代码后，输入如下代码。

```
    <!--fiverow 开始-->
    <div id="fiverow">
        <div class="honor">
            <a class="more" href="#" target="_blank"><img src="images/honor.png"></a>
        </div>
        <div class="honorsp">
            <a class="sptp" href="#" title="学院视频宣传片" target="_blank"><img style= "width:246px;height:97px;" src="images/bot1.gif"></a>
            <a class="sptp" href="#" title="携笔从戎立壮志，精技强能铸军魂 -山东信息职业技术学院定向培养士官纪实" target="_blank"><img style="width:246px;height:97px;" src="images/ bot2.jpg"></a>
            <a class="sptp"  href="http://www.sdcit.cn:80/spxc/2498.jhtml" title="防范和处置非法集资法律政策宣传片----打击非法集资，防范金融风险" target="_blank"><img style="width: 246px;height:97px;" src="images/bot3.jpg"></a>
            <a class="sptp" href="#" title="防范和处置非法集资法律政策宣传片----警惕高利诱惑，远离非法集资" target="_blank"><img style="width:246px;height:97px;" src="images/bot4. jpg"></a>
        </div>
    </div>
    <!--fiverow 结束-->
```

切换到 index.css 文件，继续添加主体部分第五行的样式表代码。

```
/*第五行*/
#fiverow {
 width: 1200px;
 height: 120px;
 margin-bottom: 15px;
```

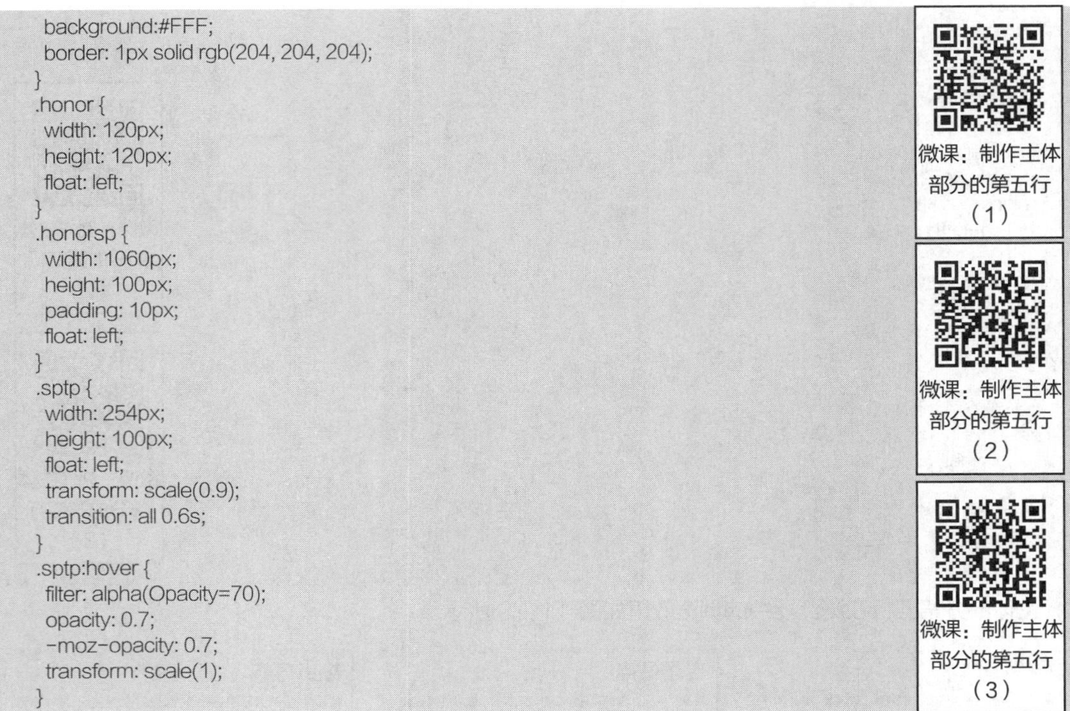

```
  background:#FFF;
  border: 1px solid rgb(204, 204, 204);
}
.honor {
  width: 120px;
  height: 120px;
  float: left;
}
.honorsp {
  width: 1060px;
  height: 100px;
  padding: 10px;
  float: left;
}
.sptp {
  width: 254px;
  height: 100px;
  float: left;
  transform: scale(0.9);
  transition: all 0.6s;
}
.sptp:hover {
  filter: alpha(Opacity=70);
  opacity: 0.7;
  -moz-opacity: 0.7;
  transform: scale(1);
}
```


主体部分第五行在浏览器中的浏览效果如图 11-30 所示。

图 11-30　主体部分中第五行的浏览效果

（16）制作友情链接部分。

继续在 index.html 文件的代码视图中，添加如下代码。

```
<!--link 友情链接开始-->
<div class="link">
    <select name="合作企业"   onchange="youqinglianjie(this.value)">
        <option selected="selected" value="">
            ========合作企业=======
        </option>
        <option value="#">海尔集团</option>
        <option value="#">中创软件工程股份有限公司</option>
        <option value="#">山东卡尔电器股份有限公司</option>
        <option value="#">三星电子(山东)数码打印有限公司</option>
    </select>
    <select onchange="youqinglianjie(this.value)">
        <option selected="selected" value="">
            ========教育站点=======
        </option>
        <option value="#">教育部</option>
        <option value="#">山东省教育厅</option>
        <option value="#">山东省教育招生考试院</option>
    </select>
```

```
        <select name="友情链接" onchange="youqinglianjie(this.value)">
            <option selected="selected" value="">
                ========友情链接=======
            </option>
            <option value="#">工业和信息化部</option>
            <option value="#">山东省经信委</option>
        </select>
    </div>
```

微课：制作友情链接部分（1）

切换到 index.css 文件，继续添加如下样式表代码。

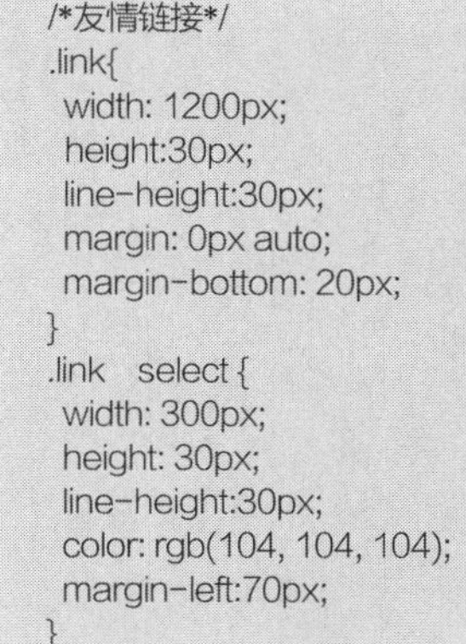

```
/*友情链接*/
.link{
  width: 1200px;
  height:30px;
  line-height:30px;
  margin: 0px auto;
  margin-bottom: 20px;
}
.link   select {
  width: 300px;
  height: 30px;
  line-height:30px;
  color: rgb(104, 104, 104);
  margin-left:70px;
}
```

微课：制作友情链接部分（2）

友情链接部分的浏览效果如图 11-31 所示。

========合作企业=======　========教育站点=======　========友情链接=======

图 11-31　友情链接浏览效果

（17）制作版权信息部分。

继续在 index.html 文件的代码视图中，添加如下代码。

```
    <!--footer 开始-->
    <div class="footerwrap">
        <div class="footer">
            <div class="textlj">
                <img src="images/footer1.png">
            </div>
            <div class="textm">
                    版权所有 © 山东信息职业技术学院 鲁 ICP 备 09083749 号<br> 本站开通中文网址：山东信息职业技术学院.公益
                  关注学院微信公众号：山东信院或 sdcitwx<br> 学院地址：山东省潍坊市奎文区东风东街 7494 号   
                滨海校区：山东省潍坊市滨海经济开发区智慧南二街 588 号<br>
                学院办公室：0536-2931600   24 小时值班电话：0536-2931799 招生就业指导处：0536-2931828
            </div>
            <div class="image1">
                <img src="images/ewm.png">
              </div>
        </div>
    </div>
    <!--footer 结束-->
    <!--下面是友情链接的脚本代码-->
    <script>
    function youqinglianjie(url){
     if(null != url && "" != url){
```

微课：制作版权信息部分（1）

微课：制作版权信息部分（2）

微课：制作版权信息部分（3）

```
    window.open(url);
  }
}
</script>
</body>
</html>
```

切换到 index.css 文件，继续添加如下样式表代码。

```
#footer{
.footerwrap {
  background: rgb(26, 74, 168);
  width: 100%;
  height: 150px;
}
.footer {
  margin: 0px auto;
  width: 1200px;
  padding-top: 35px;
}
.textlj {
  width: 100px;
  padding-left: 80px;
  float: left;
}
.textlj img {
  width: 100px;
  padding-bottom: 10px;
}
.textm {
  margin: 0px auto;
  width: 750px;
  text-align: center;
  color: #FFF;
  line-height: 28px;
  overflow: hidden;
  font-size: 12px;
  float: left;
}
.footer .image1 {
  height: 112px;
  margin-right: 140px;
  float: right;
}
```

版权信息部分的浏览效果如图 11-32 所示。

图 11-32　版权信息部分的浏览效果

至此，主页制作完成，浏览效果如图 11-1 所示。

11.5 新闻列表页设计

制作新闻列表页 newsList.html，显示所有的新闻列表，浏览效果如图 11-33 所示。

按 Ctrl+D 组合键将主页 index.html 复制一份，改名为 newsList.html，修改主体部分的代码如下。

图 11-33 新闻列表页浏览效果

```
<!--main 开始-->
<div class="main">
  <!--listL 左侧内容开始-->
  <div id="listL">
   <div class="Lnews">
      <h2>新闻中心</h2>
      <ul class="Lnewscont">

          <li><a href="#">学校要闻</a></li>
          <li><a href="#">系部动态</a></li>
          <li><a href="#">通知公告</a></li>
      </ul>
  </div>
     <div class="Lnotice">
   <h2>通知公告<span><a href="#" target="_blank">更多>></a></span></h2>
   <ul class="Lcon">
          <li><a href="#" title="山东信息职业技术学院国家示范性软件职业技术学院实训中心建设项目申请报告编制项目的招标询价公告" target="_blank">山东信息职业技术学院国...</a><span> 2018-11-29</span></li>
          <li><a href="#" title="关于制作安装公寓标志牌及文化宣传板的询价公告" target="_blank">关于制作安装公寓标志牌...</a><span>2018-11-21</span></li>
          <li><a href="#" title="山东信息职业技术学院关于采购部分外墙涂料等材料的询价公告" target="_blank">山东信息职业技术学院关...</a><span>2018-11-20</span></li>
          <li><a href="#" title="山东信息职业技术学院关于购买公共浴室淋浴花洒询价公告" target="_blank">山东信息职业技术学院关...</a><span>2018-11-19</span></li>
          <li><a href="#" title="山东信息职业技术学院关于购买水暖维修材料询价公告" target="_blank">山东信息职业技术学院关...</a><span>2018-11-19</span></li>
          <li><a href="#" title="山东信息职业技术学院关于购买木工维修材料询价公告" target="_blank">山东信息职业技术学院关...</a><span>2018-11-19</span></li>
          <li><a href="#" title="山东信息职业技术学院关于购买电工维修材料询价公告" target="_blank">山东信息职业技术学院关...</a><span>2018-11-19</span></li>
```

```
            <li><a href="#" title="山东信息职业技术学院标兵宿舍、文明宿舍奖品询价公告" target="_blank">山东信息职业技术学院标...</a><span>2018-11-16</span></li>
            <li><a href="#" title="山东信息职业技术学院滨海校区生活垃圾清运招标公告" target="_blank">山东信息职业技术学院滨...</a><span>2018-11-15</span></li>
            <li><a href="#" title="关于新入职教师购买训练服装项目询价结果公示 " target= "_blank">关于新入职教师购买训练...</a><span>2018-11-14</span></li>
        </ul>
    </div>
     </div>
     <!--左侧内容结束-->
     <!--右侧内容开始-->
    <div id="listR">
        <div class="Rtop">
          <h2>新闻中心</h2>
          <span>当前位置：<a href="index1.html">首页</a> > <a target="_blank" href="#">新闻中心</a> > 列表</span>
        </div>
        <div class="Rcon">
          <ul>
            <li><span class="date">2018-09-02</span>
                <a href="newsDetail.html" title="我院被确定为空军士官人才培养定点院校" target="_blank">我院被确定为空军士官人才培养定点院校</a>
            </li>
            <li><span class="date">2018-11-30</span>
                <a href="#" title="滨海校区举办“崇尚科学,反对邪教,共建和谐”反邪教知识宣传系列活动" target="_blank">滨海校区举办“崇尚科学，反对邪教，共建和谐”反邪教知识宣传系列活动</a>
            </li>
            <li><span class="date">2018-11-30</span>
                <a href="#" title="滨海校区举办第二届“爱我校园、青春飞扬”健康文体周活动" target="_blank">滨海校区举办第二届“爱我校园、青春飞扬”健康文体周活动</a>
            </li>
            <li><span class="date">2018-11-30</span>
                <a href="#" title="信息系党总支第四党支部召开吸收预备党员会议" target= "_blank">信息系党总支第四党支部召开吸收预备党员会议</a>
            </li>
             <li><span class="date">2018-11-30</span>
                <a href="#" title="信息系开展“我爱我家 最美宿舍”评比活动" target=
"_blank">信息系开展“我爱我家 最美宿舍”评比活动</a>
            </li>
            <li><span class="date">2018-09-02</span>
                <a href="#" title="我院被确定为空军士官人才培养定点院校" target="_blank">我院被确定为空军士官人才培养定点院校</a>
            </li>
            <li><span class="date">2018-11-30</span>
                <a href="#" title="滨海校区举办“崇尚科学,反对邪教,共建和谐”反邪教知识宣传系列活动" target="_blank">滨海校区举办“崇尚科学，反对邪教，共建和谐”反邪教知识宣传系列活动</a>
            </li>
            <li><span class="date">2018-11-30</span>
                <a href="#" title="滨海校区举办第二届“爱我校园、青春飞扬”健康文体周活动" target="_blank">滨海校区举办第二届“爱我校园、青春飞扬”健康文体周活动</a>
            </li>
            <li><span class="date">2018-11-30</span>
                <a href="#" title="信息系党总支第四党支部召开吸收预备党员会议" target= "_blank">信息系党总支第四党支部召开吸收预备党员会议</a>
            </li>
             <li><span class="date">2018-11-30</span>
                <a href="#" title="信息系开展“我爱我家 最美宿舍”评比活动" target= "_blank">信息系开展“我爱我家 最美宿舍”评比活动</a>
            </li>
            <li><span class="date">2018-09-02</span>
                <a href="#" title="我院被确定为空军士官人才培养定点院校" target="_blank">我院被确定为空军士官人才培养定点院校</a>
```

```
                </li>
                <li><span class="date">2018-11-30</span>
                    <a href="#" title="滨海校区举办“崇尚科学，反对邪教，共建和谐”反邪教知识宣传系列活动" target="_blank">
滨海校区举办“崇尚科学，反对邪教，共建和谐”反邪教知识宣传系列活动</a>
                </li>
                <li><span class="date">2018-11-30</span>
                    <a href="#" title="滨海校区举办第二届“爱我校园、青春飞扬”健康文体周活动" target="_blank">滨海校区
举办第二届“爱我校园、青春飞扬”健康文体周活动</a>
                </li>
                <li><span class="date">2018-11-30</span>
                    <a href="#" title="信息系党总支第四党支部召开吸收预备党员会议" target="_blank">信息系党总支第四党支
部召开吸收预备党员会议</a>
                </li>
                 <li><span class="date">2018-11-30</span>
                    <a href="#" title="信息系开展“我爱我家 最美宿舍”评比活动" target=
"_blank">信息系开展“我爱我家 最美宿舍”评比活动</a>
                </li>
                <li><span class="date">2018-11-30</span>
                    <a href="#" title="信息系开展“我爱我家 最美宿舍”评比活动" target= "_blank">信息系开展“我爱我家 最
美宿舍”评比活动</a>
                </li>
                <li><span class="date">2018-11-30</span>
                    <a href="#" title="信息系开展“我爱我家 最美宿舍”评比活动" target= "_blank">信息系开展“我爱我家 最
美宿舍”评比活动</a>
                </li>
          </ul>
            </div>
            <br>
            <div>共 30 条记录 1/2 页
     <a  href="#">首页</a> <a  href="#">上一页</a> <a href="#">下一页</a> <a href="#">尾页</a>
     第
                <select>
                 <option value="1" selected="selected">1</option>
                 <option value="2" >2</option>
                </select>页
              </div>
     </div>
    </div>
    <!--main 结束-->
```

在 css 文件夹中再新建一个样式表文件，名称为 list.css，将 index.css 和 list.css 都链接到 newsList.html 页面中。list.css 的样式表代码如下。

```
/* CSS Document */
/*左侧内容*/
#listL{
    width:282px;
    float: left;
    overflow:hidden;
    margin-right:15px;
}
/*新闻中心*/
.Lnews{
    width:280px;
    height:166px;
    background: #fff;
    border: 1px solid #ccc;
   margin-bottom:15px;
}
.Lnews h2 {
```

```
    width:240px;
    height:38px;
    line-height:38px;
    background:url(../images/head2.png) no-repeat;
    color: #fff;
    font-size: 14px;
    padding-left:40px;
}
.Lnewscont{
    width:240px;
    height:110px;
    padding:10px 20px;
}
.Lnewscont li{
    width:225px;
    height:30px;
    line-height:30px;
    background:url(../images/arror1.png) no-repeat left center;
    border-bottom: 1px dashed #666;
    padding-left:15px;
}
.Lnewscont li a:hover {
    font-weight:bold;
}
/*通知公告*/
.Lnotice{
    background: #fff;
    float: left;
    width:260px;
    height:400px;
    border: 1px solid #ccc;
    padding:10px;
    margin-bottom:15px;
}
.Lnotice h2 {
    width:240px;
    height:36px;
    line-height:36px;
    background:url(../images/line.png) no-repeat left bottom ;
    color: #1a4aa7;
    font-size: 14px;
    padding-left:20px;
    position:relative;
}
.Lnotice h2 span{
    position:absolute;
    right:0;
    top:0;
    font-weight:normal;
}
.Lnotice h2 span a{
    color:#9f9f9f;
}
.Lnotice h2 span a:hover{
    color:#F00;
}
.Lcon{
    width:260px;
    height:344px;
    padding: 15px 0px 5px 0px;
```

微课：设计新闻列表页（1）

微课：设计新闻列表页（2）

微课：设计新闻列表页（3）

```
}
.Lcon li{
  width:250px;
  height:34px;
  line-height:34px;
  background:url(../images/dot1.jpg) no-repeat   left center;
  padding-left:10px;
  border-bottom: 1px dashed #666;
}
.Lcon li span {
   color: #a0a0a0;
   float: right;
   font-size: 11px;
}
.Lcon li a:hover {
   color:#0251b2;
}
/*右边*/
#listR{
  width:858px;
  border:1px solid #ccc;
  background:#FFF;
  float:right;
  padding:10px 20px;
  overflow:hidden;
  margin-bottom:20px;
}
.Rtop{
  width:858px;
  height:30px;
  line-height:30px;
}
.Rtop h2{
  width:75px;
  height: 30px;
  text-align: center;
  border-bottom:2px solid rgb(2,81,178);
  font-size:14px;
  color:#1a4aa7;
  float:left;
}
.Rtop span{
  display:inline-block;
  width:783px;
  height: 31px;
border-bottom:1px solid #999;
  font-size:14px;
  float:left;
}
.Rtop span a{
  color:#000;
}
/*右边列表内容*/
.Rcon{
  width:858px;
  min-height: 600px;
}
.Rcon ul li {
   width:843px;
   height:34px;
```

微课：设计新闻列表页（4）

微课：设计新闻列表页（5）

微课：设计新闻列表页（6）

微课：设计新闻列表页（7）

微课：设计新闻列表页（8）

微课：设计新闻列表页（9）

```
    line-height:34px;
    background:url(../images/icon.png) no-repeat left center;
    padding-left:15px;
    border-bottom:1px dashed #999;
    float:left;
  }
  .Rcon ul li .date{
    float:right;
  }
  .Rcon ul li a {
        color: #3c3c3c;
  }
  .Rcon ul li a:hover {
    color:#00F;
  }
```

页面制作完成，浏览该页面，效果如图 11-33 所示。

11.6 制作新闻详情页面

制作新闻详情页面 newsDetail.html，显示一条新闻的详情页面，页面浏览效果如图 11-34 所示。

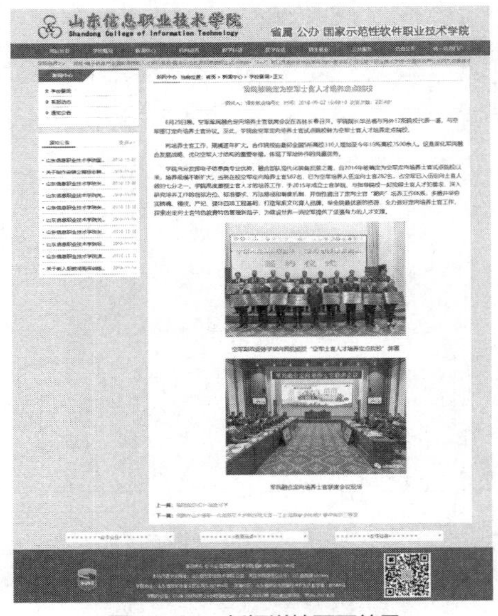

图 11-34　新闻详情页面效果

按 Ctrl+D 组合键将 newsList.html 页面复制一份，改名为 newsDetail.html。该页面内容与 newsList.html 相比，只是右侧内容不同，因此修改该页面右侧部分的代码如下。

```
    <!--右侧内容开始-->
    <div id="listR">
          <div class="Rtop">
            <h2>新闻中心</h2>
            <span>当前位置：<a href="index1.html">首页</a> > <a target="_blank" href="#">新闻中心</a> > <a target="_blank" href="#">学校要闻</a>>正文</span>
          </div>
          <div class="Rcon">
            <h2>我院被确定为空军士官人才培养定点院校</h2>
              <h3>撰稿人：招生就业指导处  时间：2018-09-02 15:49:10   浏览次数：2354 次</h3>
            <div class="DetailCon">
```

```
                <p>8 月 29 日晚，空军军民融合定向培养士官联席会议在吉林长春召开。学院院长毕丛福与另外 17 所院校代表一道，与空军签订定向培养士官协议。至此，学院由空军定向培养士官试点院校转为空军士官人才培养定点院校。</p>
                <p>向培养士官工作，规模逐年扩大。合作院校由最初全国 5 所高校 310 人增加至今年 18 所高校 3500 余人。这是深化军民融合发展战略、优化空军人才结构的重要举措，体现了军地协作的共赢优势。</p>
                <p>学院充分发挥电子信息类专业优势，融合部队现代化装备发展之需，自 2014 年被确定为空军定向培养士官试点院校以来，培养规模不断扩大。当前在校空军定向培养士官 587 名，已为空军培养入伍定向士官 282 名，占空军已入伍定向士官人数的七分之一。学院高度重视士官人才的培养工作，于 2015 年成立士官学院，与指导院校一起按照士官人才的需求，深入研究培养工作的目标方位、标准要求、方法路径和制度机制，开创性提出了定向士官“靶向”培养工作体系，多措并举夯实铸魂、精技、严纪、健体四项工程基础，打造军旅文化育人品牌，举全院最优质的资源，全力做好定向培养士官工作，探索出定向士官特色教育特色管理新路子，为建设世界一流空军提供了坚强有力的人才支撑。</p>
                <p class="cent"><img src="images/sg1.jpg" /></p>
                <p class="cent">空军副政委陈学斌向我院颁授“空军士官人才培养定点院校”牌匾</p>
                <p class="cent"><img src="images/sg2.jpg" /></p>
                <p class="cent">军民融合定向培养士官联席会议现场</p>
            </div>
        </div>
        <div class="preNext">
                上一篇：<a href="#">我院喜迎 2018 级新同学</a><br>
                下一篇：<a href="#">我院在山东省新一代信息技术创新应用大赛—工业信息安全技能大赛中荣获三等奖</a>
        </div>
    </div>
  <!--右侧内容结束-->
```

该页面的样式表代码，不需再建样式表文件，而是直接打开 css 文件夹中的 list.css 样式表文件，继续在该文件中添加 newsDetail.html 页面的样式表代码即可。新添加的样式表代码如下。

```
/*右边详情内容*/
.Rcon h2{
 width:858px;
 height: 40px;
 line-height:40px;
 text-align: center;
 color: #ff7200;
 font-size: 20px;
}
.Rcon h3{
 color: #6f6f6f;
 font-size: 14px;
     height: 40px;
     line-height: 40px;
     text-align: center;
     font-weight:normal;
}
.DetailCon{
  border-top:1px dashed #ccc;
  border-bottom:1px dashed #ccc;
  padding-top:5px;
}
.DetailCon video{
  width:100%;
  height:500px;
}

.DetailCon p{
     width:858px;
     color: #161616;
     font-size:16px;s
     line-height: 26px;
       padding-top:15px;
       text-indent:2em;
}
.DetailCon p.cent{
 text-align:center;
}
```

微课：设计新闻详情页（1）

微课：设计新闻详情页（2）

微课：设计新闻详情页（3）

```
.preNext{
    line-height: 30px;
    margin-top: 20px;
}
.preNext a {
 color:#999;
 }
.preNext a:hover{
 color: #1a4aa7;
 }
```

页面制作完成，浏览该页面，效果如图 11-34 所示。

至此，3 个主要页面制作完成。在 3 个页面间创建超链接，使各个页面浏览正常。

为了说明在网页中如何添加视频播放效果，再创建一个视频宣传页面。

11.7 制作视频宣传页面

制作学院视频宣传页面 video.html，播放学院的宣传片，页面浏览效果如图 11-35 所示。

图 11-35　视频宣传页效果

按 Ctrl+D 组合键将 newsDetail.html 页面复制一份，改名为 video.html，修改该页面的代码如下。

```
<!--右侧内容开始-->
  <div id="listR">
        <div class="Rtop">
          <h2>新闻中心</h2>
          <span>当前位置：<a href="index.html">首页</a> > <a target="_blank" href= "newsList.html">新闻中心</a> >
<a target="_blank" href="#">学校要闻</a>>正文</span>
        </div>
        <div class="Rcon">
          <h2>学院视频宣传片</h2>
            <h3>撰稿人：学院办公室  时间：2018-09-02 15:49:10  浏览次数：2354 次</h3>
          <div class="DetailCon">
            <video src="images/vedio.mp4" controls autoplay loop></video>
          </div>
        </div>
        <div class="preNext">
            上一篇：<a href="#">我院喜迎 2018 级新同学</a><br>
            下一篇：<a href="#">我院在山东省新一代信息技术创新应用大赛—工业信息安全技能大赛中荣获三等奖</a>
        </div>
  </div>
<!--右侧内容结束-->
```

该页面的样式表代码，也不需再建样式表文件，而是直接打开 css 文件夹中的 list.css 样式表文件，继续在该文件中添加 video.html 页面的样式表代码即可。新添加的样式表代码如下。

```
/*视频样式*/
.DetailCon video{
  width:100%;
  height:500px;
}
```

微课：制作视频宣传页面

页面制作完成后，浏览该页面，效果如图 11-35 所示。

在上面代码中插入视频的代码。

```
<video src="images/vedio.mp4" controls autoplay loop></video>
```

<video>表示插入视频的标记，src 表示视频的文件路径，controls 表示在播放视频时出现控制菜单，autoplay 表示自动播放，loop 表示循环播放。

HTML5 支持的视频格式有 Ogg、MP4、WebM 等。

若要播放音频文件，则用到的标记及格式如下。

```
<audio src="音频文件路径" controls autoplay loop></audio>
```

<video>和<audio>这两个标记中的属性是相同的，属性是通用的。

HTML5 支持的音频格式有 Ogg、MP3、WAV 等。

11.8 添加网站中的 JavaScript 或 jQuery 脚本

本章前几节创建了学院网站的典型页面，但页面中的有些效果，如滚动文字、下拉菜单和图片的轮流切换等需要用 JavaScript 或 jQuery 脚本来实现，下面以滚动文字和下拉菜单为例说明这些效果的实现方法。

（1）修改 index.html 文件导航部分的内容如下。

```
<!--nav 导航开始-->
<div class="navwrap">
  <ul class="nav">
      <li><a href="index.html">网站首页</a></li>

      <li><a href="#" target="_blank">学院概况</a>
          <ul class="second-nav">
            <li><a href="#" target="_blank">学院简介</a></li>
            <li><a href="#" target="_blank">学院荣誉</a></li>
            <li><a href="#" target="_blank">国家级示范性软件学院</a></li>
            <li> <a href="#" target="_blank">高技能人才培训基地</a> </li>
            <li><a href="#" target="_blank">办公电话</a></li>
            <li><a href="#" target="_blank">联系方式</a></li>
            <li><a href="#" target="_blank">视频宣传</a></li>
           </ul>
      </li>
      <li><a href="newsList.html" target="_blank">新闻中心</a>
          <ul class="second-nav">
            <li><a href="#" target="_blank">学校要闻</a></li>
            <li><a href="#" target="_blank">系部动态</a></li>
            <li><a href="#" target="_blank">通知公告</a></li>
          </ul>
      </li>
      <li><a href="#" target="_blank">机构设置</a>
          <ul class="second-nav">
          </ul>
      </li>
```

```
        <li><a href="#" target="_blank">教学科研</a>
            <ul class="second-nav">
                <li><a href="http://jw.sdcit.cn" target="_blank">教务管理系统</a>
                </li>
                <li><a href="http://jpkc.sdcit.cn/" target="_blank">精品课程</a>
                </li>
                <li><a href="http://jxky.sdcit.cn/jxfz/" target="_blank">教学辅助平台</a>
                </li>
                <li><a href="http://sdcit.fanya.chaoxing.com/portal" target="_blank">网络教学平台</a>
                </li>
            </ul>
        </li>
        <li><a href="http://txzx.sdcit.cn/" target="_blank">团学在线</a>
            <ul class="second-nav">
            </ul>
        </li>
        <li><a href="#" target="_blank">招生就业</a>
            <ul class="second-nav">
                <li><a href="http://zsjy.sdcit.cn/" target="_blank">招生信息网</a>
                </li>
                <li><a href="http://sdcit.xiaoxiancai.com.cn/" target="_blank">就业信息网</a>
                </li>
                <li><a href="http://hk.sdcit.cn/" target="_blank">空中乘务</a>
                </li>
            </ul>
        </li>
        <li><a href="http://www.sdcit.cn:80/ggfw/index.jhtml" target="_blank"   >公共服务</a>
            <ul class="second-nav">
                <li><a href="http://10.99.2.1/" target="_blank">图书馆</a>
                </li>
                <li><a href="http://www.sdcit.cn:80/xxgk/index.jhtml" target="_blank">信息公开</a>
                </li>
                <li><a href="http://www.ejf365.com/ESCHOOLWEB/neweschool/front/index" target="_blank">建行缴费</a>
                </li>
            </ul>
        </li>
        <li><a href="http://www.sdcit.cn:80/xyxxgk/index.jhtml" target="_blank"   >信息公开</a>
            <ul class="second-nav">

            </ul>
        </li>
        <li><a href="http://tymh.sdcit.cn/tyrz" target="_blank">统一信息门户</a>
        </li>
    </ul>
</div>
<!--nav 导航结束-->
```

（2）在 index.html 文件中添加滚动文字和下拉菜单的脚本代码，在<head>和</head>标记中添加代码如下。

```
<script type="text/javascript">
        window.onload=function(){   //滚动文字效果
          var timer=null;
          var speed=-1;
          var od=document.getElementById("wrapper");
          var au=od.getElementsByTagName('ul')[0];
          var ali=au.getElementsByTagName('li');
          au.innerHTML=au.innerHTML+au.innerHTML;
          au.style.width=ali[0].offsetWidth*ali.length+'px';
          timer=setInterval(move,30)
```

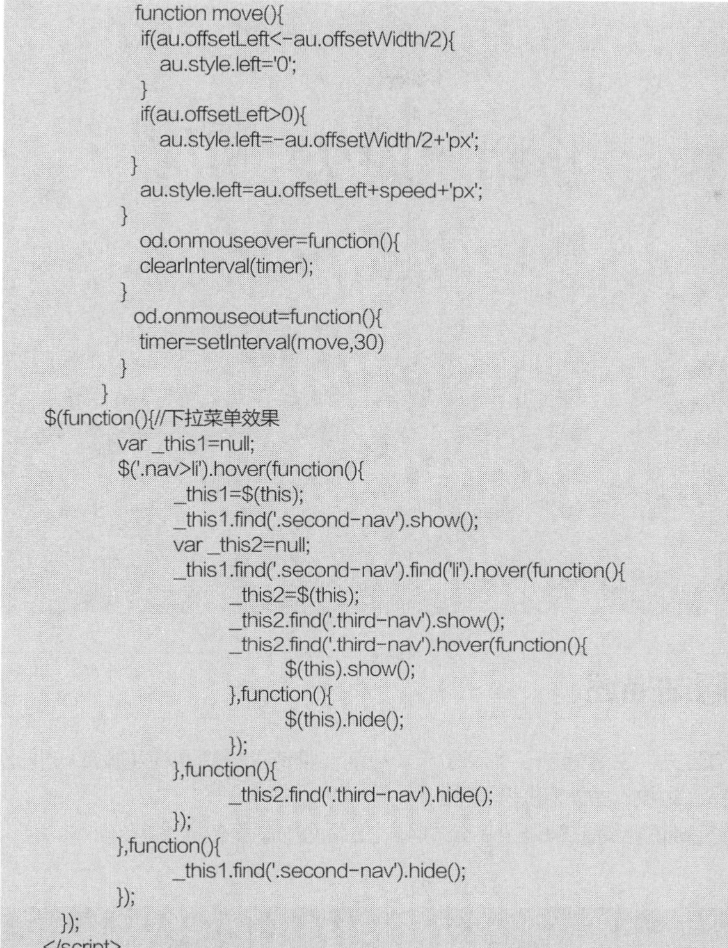

```
            function move(){
             if(au.offsetLeft<-au.offsetWidth/2){
                au.style.left='0';
             }
             if(au.offsetLeft>0){
                au.style.left=-au.offsetWidth/2+'px';
            }
             au.style.left=au.offsetLeft+speed+'px';
           }
             od.onmouseover=function(){
             clearInterval(timer);
           }
            od.onmouseout=function(){
             timer=setInterval(move,30)
           }
        }
$(function(){//下拉菜单效果
        var _this1=null;
        $('.nav>li').hover(function(){
                _this1=$(this);
                _this1.find('.second-nav').show();
                var _this2=null;
                _this1.find('.second-nav').find('li').hover(function(){
                        _this2=$(this);
                        _this2.find('.third-nav').show();
                        _this2.find('.third-nav').hover(function(){
                                $(this).show();
                        },function(){
                                $(this).hide();
                        });
                },function(){
                        _this2.find('.third-nav').hide();
                });
        },function(){
                _this1.find('.second-nav').hide();
        });
  });
</script>
```

微课：添加网站中的 Java Script 或 jQuery 脚本（1）

微课：添加网站中的 Java Script 或 jQuery 脚本（2）

注意

在上面的脚本代码中，滚动文字效果使用的是 JavaScript 脚本；下拉菜单效果使用的是 jQuery 脚本代码。使用 jQuery 脚本代码时，还要在网页的<head>和</head>标记中引用 jQuery 库，代码如下。

```
<script type="text/javascript" src="js/jquery-1.8.3.js"></script>
```

jquery-1.8.3.js 是事先存放在网站文件夹 js 中的脚本库文件，该文件可从网上下载得到。

此时，浏览 index.html 页面，滚动文字和下拉菜单效果已添加到了网页上。另外，网页上的图片轮流切换效果可以使用 jQuery 插件来完成，具体代码请参见本书提供的源程序。

本章小结

本章完整地制作了一个学院网站。通过项目的需求分析，规划网站的功能。使用 Photoshop 制作网站效果图，对效果图切片后获得制作网站的素材，然后在 Dreamweaver 中制作网站主页，再制作列表页、详情页面和视频宣传页面，最后添加相关的脚本代码。读者在学习制作该网站的基础上掌握了完整的静态网站制作过程。

第 12 章 完整案例：化妆品公司网站设计与制作

本章以化妆品公司网站为例，学习公司网站的设计与制作。通过最新的 HTML5+CSS3 制作技术的应用，做出更加绚丽多彩的网页；学会在网页上添加音频和视频；学会 CSS3 的动画制作技术，使做出的网站可以不使用 JavaScript 或 jQuery 就可以实现动画效果。本章学习目标（含素养要点）如下：

※ 进一步掌握 HTML5+CSS3 网页布局的方法（美育教育）；

※ 掌握音频和视频的添加方法；

※ 掌握 CSS3 的动画制作技术（捕捉前沿技术）。

12.1 化妆品公司网站描述

雅诗兰黛集团由雅诗・兰黛和约瑟夫・兰黛始创于 1946 年。目前，雅诗兰黛集团在化妆品行业比较有名，生产和营销高品质的护肤品、彩妆、香水和护发产品。

图 12-1～图 12-3 所示为创建完成的雅诗兰黛化妆品公司网站主页面的浏览效果图。

图 12-1 网站主页上部

雅粉挚爱心愿榜单

补水保湿 提亮肤色 低敏配方 收缩毛孔 滋养容颜

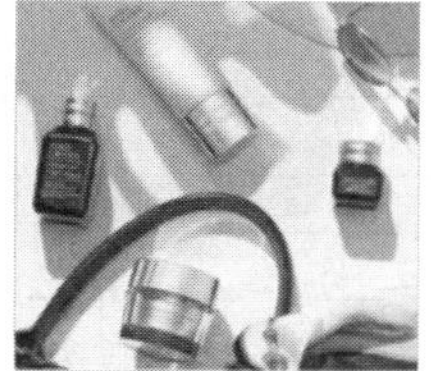  

（a）

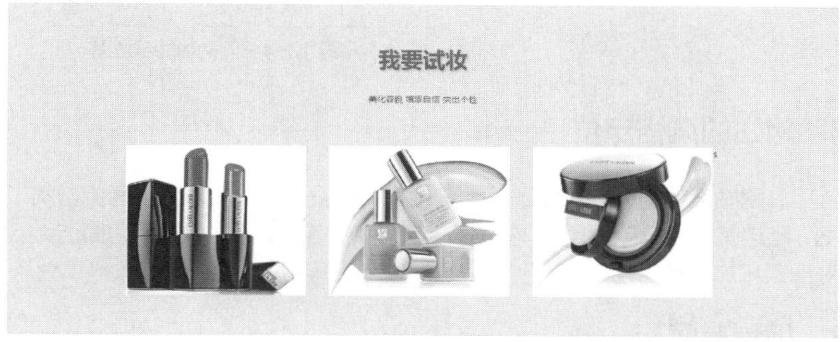

（b）

评测中心

评测 我们更专业 用户更放心

微课：电商网站描述

（c）

图 12–2　网站主页中间部分

图 12–3　网站主页底部

12.2 网站规划

12.2.1 网站需求分析

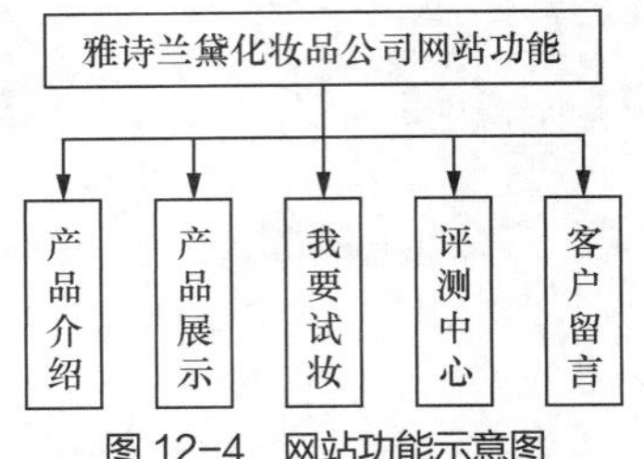

图 12-4 网站功能示意图

微课：网站需求分析

随着互联网的普及，在网上展示企业的产品变得越来越重要，设计企业网站的目的，就是使人可以方便地了解企业的基本情况与最新的产品信息。

雅诗兰黛化妆品公司网站的功能示意图如图 12-4 所示。

12.2.2 网站的风格定位

微课：网站的风格定位

在过去几年里，网站设计的风格发生了巨大变化，现代设计的发展趋势迅速流行扁平化的配色方案，整洁美观和简单易用是网页设计流行的趋势。本网站尽量采用简洁大方的设计，这对搜索和加载速度也是极有利的。在配色上，采用蓝色为主色调。

12.2.3 规划草图

微课：规划草图

图 12-5 所示为本网站首页的草图。

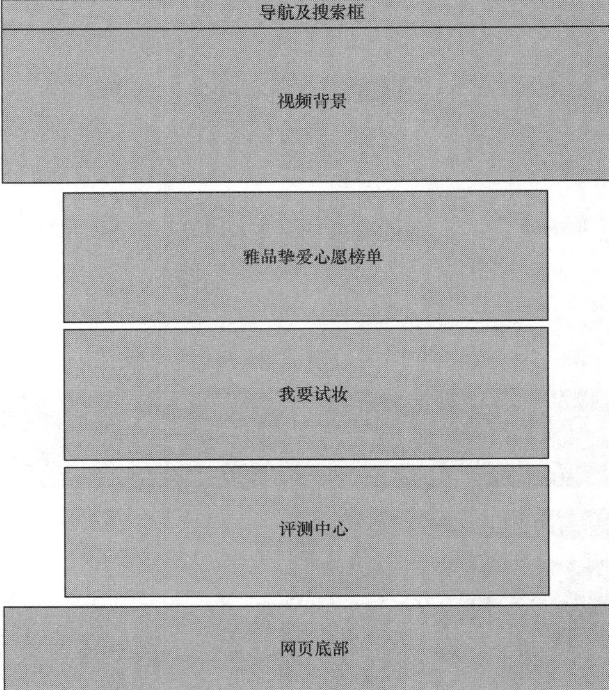

图 12-5 网站主页草图

12.2.4 素材准备

本网站的所有素材如图 12-6 所示。其中，audio 文件夹存放音频文件，video 文件夹存放视频文件，css 文件夹存放样式表文件，images 文件夹存放所有图像文件，fonts 文件夹存放从网上下载的图标字体文件。另外，字体库文件夹是关于字体使用的介绍文件，放在这里便于用户学习如何使用从网上下载的字体。

audio	2019/3/15 8:12	文件夹
css	2019/3/16 18:14	文件夹
fonts	2019/3/15 8:12	文件夹
images	2019/3/15 11:28	文件夹
video	2019/3/15 11:37	文件夹
字体库	2019/3/15 8:12	文件夹

图 12-6 网站的素材

12.3 网站主页设计

设计软件：Dreamweaver 中文版。

网页布局：采用 HTML5+CSS3 布局。

微课：创建站点

设计中用到的主要知识点：

- 创建站点；
- 创建网页，搭建页面结构，添加页面元素和内容；
- 创建外部样式表；
- 设置网页中各元素的 CSS 样式。

以给出的图片素材为基础，使用 Dreamweaver 软件创建站点，设计页面，具体步骤如下。

1. 创建网站文件夹

在 E 盘根目录下创建网站文件夹“化妆品公司网站”，将素材中提供的所有文件夹复制到该文件夹下。

2. 创建站点

启动 Dreamweaver，执行“站点” | “新建站点”命令，创建网站站点，站点名称为“化妆品公司网站”，本地站点文件夹为“E:\化妆品公司网站\”。

3. 新建网页

在站点中新建一个网页文件，命名为“index.html”。

4. 创建 CSS 样式表文件

在站点中创建 CSS 样式表文件，文件名为 index.css，然后书写通用样式及初始样式，代码如下。

```
*{
body, ul, li, ol, dl, dd, dt, p, h1, h2, h3, h4, h5, h6, form, img {
  margin: 0;
  padding: 0;
  border: 0;
  list-style: none;
}
body {
  font-family: "微软雅黑", Arial, Helvetica, sans-serif;
  font-size: 14px;
```

```
}
a {
  color: #999;
  text-decoration: none;
}
a:hover {
  color: #fff;
}
input, textarea {
  outline: none;
}
@font-face {
  font-family: 'iconfont';
  src: url('../fonts/iconfont.ttf');
}
```

微课：创建外部样式表

5. 附加样式表文件

在 index.html 文件的头部标记中，将 index.css 样式表附加到“index.html”页面中，代码如下。

```
<link rel="stylesheet" type="text/css" href="css/index.css">
```

6. 制作网站首页的上部

（1）分析效果图

观察效果图 12-7 不难看出，存放视频的大盒子包含头部、导航、音视频和图片等。其中，头部可以分为左（LOGO）和右（登录注册）两部分，导航菜单结构清晰，分为左、中、右 3 部分。

图 12-7 网站效果图

当鼠标指针悬停于导航栏的左侧“选项”上时，出现侧边栏，因此，在导航栏左侧还需添加侧边栏部分。需要说明的是，导航栏右侧的 4 个小图标是通过引入字体实现的。

（2）搭建结构

在网站 index.html 的代码窗口，输入如下代码。

```
<!-- videobox begin -->
<div class="videobox">
  <header>
    <div class="con">
      <section class="left"></section>
      <section class="right"> <a href="#">登录</a> <a href="#">注册</a> </section>
    </div>
  </header>
  <nav>
```

微课：搭建主页上部内容

```
        <ul>
          <li class="left"> <a class="one" href="#"> <img src="images/sanxian.png" alt=""> <span>选项</span> <img src="images/sanjiao.png" alt=""> </a>
            <aside> <span></span>
              <ol class="zuo">
                <li class="con">护肤</li>
                <li>>洁面</li>
                <li>>爽肤水</li>
                <li>>精华</li>
                <li>>乳液</li>
                <li class="con">彩妆</li>
                <li>>BB 霜</li>
                <li>>卸妆</li>
                <li>>粉底液</li>
                <li class="con">香氛</li>
                <li>>女士香水</li>
                <li>>男士香水</li>
                <li>>中性香水</li>
              </ol>
              <ol class="you">
                <li class="con">男士专区</li>
                <li>>爽肤水</li>
                <li>>洁面</li>
                <li>>面霜</li>
                <li>>精华</li>
                <li class="con">热门搜索</li>
                <li>>洗面奶</li>
                <li>>去黑头</li>
                <li>>隔离</li>
                <li>>面膜</li>
              </ol>
              <img src="images/tu1.jpg" alt=""> </aside>
          </li>
          <li class="center">
            <form>
              <input type="text" value="请输入商品名称、品牌或编号">
            </form>
          </li>
          <li class="right"> <a href="#">&#xe65e;</a> <a href="#">&#xe608;</a> <a href= "#">&#xf012a;</a> <a href="#">&#xe68e;</a> </li>
        </ul>
      </nav>
      <video src="video/home.mov" autoplay="ture" loop="ture" ></video>
      <audio src="audio/home.ogg" autoplay="ture" loop="ture"></audio>
      <div class="pic"> </div>
    </div>
    <!-- videobox end -->
```

在上面的代码中，通过 section 元素定义头部的左、右两部分内容，aside 标记中定义的是导航栏左侧侧边栏的内容。导航栏右侧的小图标使用特殊符号标记来引用特定的符号。<video>和<audio>用来为网页添加视频和音频效果。

（3）添加样式

切换到 index.css 文件，继续添加如下样式表代码。

```
    /* videobox */
    .videobox {
      width: 100%;
      height: 680px;
      overflow: hidden;/*内容溢出时隐藏*/
```

```
  position: relative;/*外层大块相对定位*/
}
.videobox video {
  width: 100%;
  min-width: 1280px;/*视频元素的最小宽度值*/
  position: absolute;/*视频元素绝对定位*/
  top: 50%;/*视频元素位于大块的中心位置*/
  left: 50%;
  transform: translate(-50%, -50%);
}
.videobox header {
  width: 100%;
  height: 40px;
  background: #333;
  z-index: 999;/*头部在最前面显示，不被视频元素遮盖*/
  position: absolute;
}
.videobox header .con {
  width: 1030px;/*头部内容的宽度*/
  height: 40px;
  margin: 0 auto;
}
.videobox header .left {
  width: 75px;
  height: 27px;
  background: url(../images/logoy.png) 0 0 no-repeat;
  margin-top: 10px;
  float: left;
}
.videobox header .right {
  margin-top: 10px;
  float: right;

}
.videobox header .right a {
  margin-right: 10px;
}
.videobox nav {
  width: 100%;
  height: 90px;
  background: rgba(0,0,0,0.2);
  z-index: 1000;/*导航在最前面显示，不被视频元素遮盖*/
  position: absolute;/*导航元素绝对定位*/
  top: 40px;
  border-bottom: 1px solid #fff;
}
.videobox nav ul {
  width: 1030px; /*导航元素中内容的宽度*/
  height: 90px;
  margin: 0 auto;
  position: relative;
}
.videobox nav ul li {
  float: left;
  margin-right: 19%;
}
.videobox nav ul .left:hover aside {
  display: block; /*侧边栏设置为块级元素*/
}
.videobox nav ul .left a {
```

微课：设置主页上部内容样式（1）

微课：设置主页上部内容样式（2）

微课：设置主页上部内容样式（3）

微课：设置主页上部内容样式（4）

微课：设置主页上部内容样式（5）

微课：设置主页上部内容样式（6）

```
  display: block; /*超链接设置为块级元素*/
  height: 90px;
  line-height: 90px;
  font-size: 20px;
  color: #fff;
}
.videobox nav ul .left a img {
  vertical-align: middle;
}
.videobox nav ul .left a span {
  margin: 0 10px;
}
.videobox aside {
  display: none;/*侧边栏一开始不显示*/
  width: 380px;
  height: 560px;
  background: rgba(0,0,0,0.3);/*背景色为透明的灰色*/
  position: absolute;
  left: 0;
  top: 90px;
  z-index: 1500;/*侧边栏在最前面显示，不被视频元素遮盖*/
  color: #fff;
}
.videobox aside span {/*三角符号的样式*/
  width: 20px;
  height: 14px;
  background: url(../images/liebiao.png) 0 0 no-repeat;
  position: absolute;
  left: 50px;
  top: 0;
}
.videobox aside ol {
  width: 155px;
  float: left;
}
.videobox aside ol li {
  width: 155px;
  height: 25px;
  line-height: 25px;
  cursor: pointer;
  font-family: "宋体";
}
.videobox aside ol li.con {
  font-size: 16px;
  text-indent: 0;
  font-family: "微软雅黑";
  padding: 10px 0;
}
.videobox aside ol li:hover {
  color: #fff;
}
.videobox aside .zuo {
  margin: 35px 0 0 68px;
}
.videobox aside .you {
  margin-top: 35px;
}
.videobox aside img {
  margin: 10px 0 0 13px;
}
```

微课：设置主页上部内容样式（7）

```
.videobox nav ul .center {
  margin-top: 32px;
}
.videobox nav ul .center input {/*搜索框的样式*/
  width: 240px;
  height: 30px;
  border: 1px solid #fff;
  border-radius: 15px;
  color: #fff;
  line-height: 32px;
  background: rgba(0,0,0,0);/*背景色完全透明*/
  padding-left: 30px;
  box-sizing: border-box;/*元素大小包括了边框和内边距*/
  background: url(../images/search.png) no-repeat 3px 3px;/*添加搜索框中的小图像*/
}
.videobox nav ul .right {
  margin-top: 32px;
  width: 280px;
  height: 32px;
  margin-right: 0;
  font-family: "iconfont";/*设置字体库中的字体*/
  text-align: center;
  line-height: 32px;
  font-size: 16px;
}
.videobox nav ul .right a {
  display: inline-block;
  width: 32px;
  height: 32px;
  color: #fff;
  box-shadow: 0 0 0 1px #fff inset;/*设置 1px 的内阴影*/
  transition: box-shadow 0.3s ease 0s;/*过渡效果*/
  border-radius: 16px;
  margin-left: 30px;
}
.videobox nav ul .right a:hover {
  box-shadow: 0 0 0 16px #fff inset;/*设置 16px 的内阴影，填充白色*/
  color: #C1DCC5;
}
.videobox .pic {
  width: 690px;
  height: 310px;
  position: absolute;/*文字图像位于大块的正中*/
  left: 50%;
  top: 50%;
  transform: translate(-50%, -50%);
  background: url(../images/wenziy.png) no-repeat;
  text-align: center;
}
/* videobox */
```

此时，浏览网页，该部分浏览效果如图 12-7 所示。

7. 制作“雅粉挚爱心愿榜单”部分

微课：搭建心愿榜单部分结构

“雅粉挚爱心愿榜单”部分效果图如图 12-8 所示。

（1）分析效果图

观察图 12-8 不难看出，该部分内容分为标题和产品两部分。

（2）搭建结构

继续在“index.html”的代码窗口，输入如下代码。

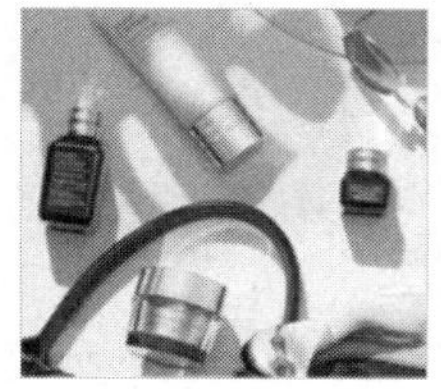

图 12-8　雅粉挚爱心愿榜单部分

```
<!-- new begin -->
<div class="new">
  <header> 雅粉挚爱心愿榜单 </header>
  <p>补水保湿 提亮肤色 低敏配方 收缩毛孔 滋养容颜</p>
  <ul>
    <li>
      <hgroup>
        <h2>美丽源于多重修护</h2>
        <h2>对抗岁月小棕瓶</h2>
        <h2></h2>
        <h2></h2>
      </hgroup>
    </li>
    <li>
      <hgroup>
        <h2>冷萃亮肤真鲜活</h2>
        <h2>全部红石榴系列</h2>
        <h2></h2>
        <h2></h2>
      </hgroup>
    </li>
    <li>
      <hgroup>
        <h2>彩妆魅力新时代</h2>
        <h2>无暇底妆实力派</h2>
        <h2></h2>
        <h2></h2>
      </hgroup>
    </li>
  </ul>
</div>
<!-- new end -->
```

上述代码中，header 元素用于添加标题，产品部分用无序列表构造，hgroup 元素内为产品内容介绍。

（3）添加样式

切换到 index.css 文件，继续添加如下样式表代码。

```
/* new */
.new {
 width: 100%;
 height: 530px;
 background: #fff;
}
.new header {
 width: 385px;
```

```
  height: 95px;
  line-height: 95px;
  background: #E6E6E6;
  border-radius: 48px;/*设置圆角效果*/
  margin: 70px auto 0;
  box-sizing: border-box;
  text-align: center;
  font-size: 36px;
  font-weight: bold;
  color: #5355BB;
  text-shadow: 3px 3px 3px #ccc;/*设置文字阴影效果*/
}
.new p {
  margin-top: 10px;
  text-align: center;
  color: #db0067;
}
.new ul {
  margin: 70px auto 0;
  width: 960px;
}
.new ul li {
  width: 266px;
  height: 250px;
  border: 1px solid #ccc;
  background: url(../images/pic1.png) 0 0 no-repeat;
  float: left;
  margin-right: 8%;
  margin-bottom: 40px;
  position: relative;
  overflow: hidden; /*溢出内容不显示，也就是产品介绍的文字不显示*/
}
.new ul li:nth-child(2) { /*设置第二个 li 元素的背景图像*/
  background-image: url(../images/pic2.png);
}
.new ul li:nth-child(3) { /*设置第三个 li 元素的背景图像*/
  margin-right: 0;
  background-image: url(../images/pic3.png);
}
.new ul li hgroup {
  position: absolute;
  left: 0;
  top: 250px;/*产品介绍内容不显示*/
  width: 266px;
  height: 250px;
  background: rgba(0,0,0,0.5);/*半透明效果*/
  transition: all 0.5s ease-in 0s; /*设置过渡效果*/
}
.new ul li:hover hgroup {/*鼠标指针移动到产品上时显示文字内容*/
  position: absolute;
  left: 0;
  top: 0;
}
.new ul li hgroup h2:nth-child(1) {/*设置文字样式*/
  font-size: 22px;
  text-align: center;
  color: #fff;
  font-weight: normal;
  margin-top: 58px;
}
```

微课：设置心愿榜单部分样式（1）

微课：设置心愿榜单部分样式（2）

微课：设置心愿榜单部分样式（3）

微课：设置心愿榜单部分样式（4）

```
.new ul li hgroup h2:nth-child(2) {
  font-size: 14px;
  text-align: center;
  color: #fff;
  font-weight: normal;
  margin-top: 15px;
}
.new ul li hgroup h2:nth-child(3) {
  width: 26px;
  height: 26px;
  margin-left: 120px;
  margin-top: 15px;
  background: url(../images/jiantou.png) 0 0 no-repeat;
}
.new ul li hgroup h2:nth-child(4) {
  width: 75px;
  height: 22px;
  margin-left: 95px;
  margin-top: 25px;
  background: url(../images/anniu.png) 0 0 no-repeat;
}
/* new */
```

此时，浏览网页，该部分浏览效果如图 12-8 所示。

8. 制作“我要试妆”部分

“我要试妆”部分效果图如图 12-9 所示。

微课：搭建我要试妆部分结构

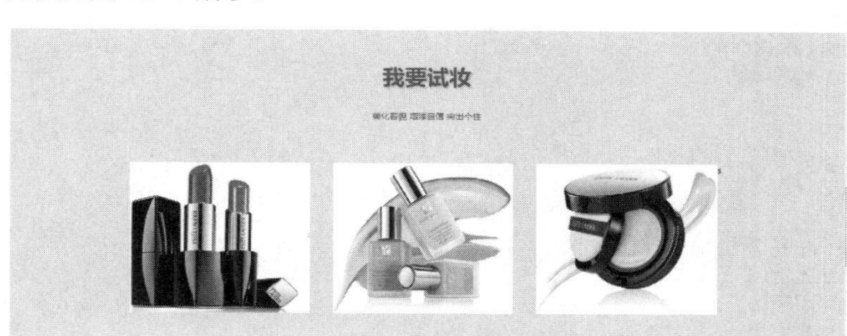

图 12-9　我要试妆部分

（1）分析效果图

观察图 12-9 不难看出，该部分内容同样也分为标题和产品两部分，与上部分内容类似。不同的是，当鼠标指针悬停到每个产品时，产品会旋转，显示出产品介绍内容部分。该效果是通过 3D 转换实现的。

（2）搭建结构

继续在“index.html”的代码窗口，输入如下代码。

```
<!-- try begin -->
<div class="try">
  <header> 我要试妆 </header>
  <p>美化容貌 增添自信 突出个性 </p>
  <ul>
    <li> <img class="zheng" src="images/pic4.png" alt=" "> <img class="fan" src="images/ try4.png" alt=" "> </li>
    <li> <img class="zheng" src="images/pic5.png" alt=" "> <img class="fan" src="images/ try5.png" alt=" "> </li>
    <li> <img class="zheng" src="images/pic6.png" alt=" "> <img class="fan" src="images/ try6.png" alt=" "> </li>
  </ul>
</div>
<!-- try end -->
```

在上面的代码中，header 元素用于添加标题，无序列表 ul 用于定义产品部分，且在 li 内存储两张图片，一张为产品图，一张为产品介绍图。

（3）添加样式

切换到 index.css 文件，继续添加如下样式表代码。

```
/* try */
.try {
  width: 100%;
  height: 512px;
  background: #D4EEF0;
  padding-top: 70px;
}
.try header {
  width: 385px;
  height: 95px;
  line-height: 95px;
  text-align: center;
  background: #E6E6E6;
  border-radius: 48px;/*设为圆角矩形*/
  margin: 0 auto;
  box-sizing: border-box;
  font-size: 36px;
  font-weight: bold;
  color: #5355BB;
  text-shadow: 3px 3px 3px #ccc;/*为文字添加阴影*/
}
.try p {
  margin-top: 10px;
  text-align: center;
  color: #db0067;
}
.try ul {
  margin: 70px auto 0;
  width: 960px;
}
.try ul li { /*每个图片的样式*/
  width: 291px;
  height: 251px;
  float: left;
  margin-right: 4%;
  margin-bottom: 40px;
  position: relative; /*设置相对定位*/
  -webkit-perspective: 230px; /*用于指定 3D 元素的透视效果，当为元素定义 perspective 属性时，其子元素会获得透视效果，而不是元素本身。Chrome 和 Safari 支持替代的 -webkit-perspective 属性*/
}
.try ul li:last-child {
  margin-right: 0;
}
.try ul li img {
  position: absolute;/*采用绝对定位*/
  left: 0;
  top: 0;
  -webkit-backface-visibility: hidden;/*用于定义元素在不面对屏幕时是否可见*/
  transition: all 0.5s ease-in 0s;/*设置旋转的过渡效果*/
}
.try ul li img.fan {
  -webkit-transform: rotateX(-180deg);/*绕 x 轴逆时针旋转 180°，隐藏图片*/
}
.try ul li:hover img.fan {
```

微课：设置我要试妆部分样式（1）

微课：设置我要试妆部分样式（2）

微课：设置我要试妆部分样式（3）

```
  -webkit-transform: rotateX(0deg);/*绕 x 轴逆时针旋转 0°  ，显示图片*/
}
.try ul li:hover img.zheng {
  -webkit-transform: rotateX(180deg);/*绕 x 轴顺时针针旋转 180°  ，隐藏图片*/
}
/*   try */
```

此时，浏览网页，该部分浏览效果如图 12-9 所示。

9. 制作“评测中心”部分

“评测中心”部分效果图如图 12-10 所示。

微课：搭建评测中心部分

图 12-10　评测中心部分

（1）分析效果图

观察图 12-10 不难看出，该部分内容同样也分为标题和评测公司 LOGO 两部分。当鼠标指针悬停到评测公司的 LOGO 上时，LOGO 图片会用另一张图片代替当前的图片，而且图片的转换会产生过渡效果。

（2）搭建结构

继续在“index.html”的代码窗口，输入如下代码。

```
<!-- text begin -->
<div class="text">
  <header> 评测中心 </header>
  <p>评测 我们更专业 用户更放心</p>
  <ul>
    <li> <img   class="tu" src="images/cp1.jpg" alt=" "> <img class="tihuan" src="images/ th1.png" alt=" "> </li>
    <li> <img class="tu" src="images/cp2.jpg" alt=" "> <img class="tihuan" src="images/ th2.png" alt=" "> </li>
    <li> <img class="tu" src="images/cp3.jpg" alt=" "> <img class="tihuan" src="images/ th3.png" alt=" "> </li>
    <li> <img class="tu" src="images/cp4.jpg" alt=" "> <img class="tihuan" src="images/ th4.png" alt=" "> </li>
    <li> <img class="tu" src="images/cp5.jpg" alt=" "> <img class="tihuan" src="images/ th5.png" alt=" "> </li>
    <li> <img class="tu" src="images/cp6.jpg" alt=" "> <img class="tihuan" src="images/ th6.png" alt=" "> </li>
    <li> <img class="tu" src="images/cp7.jpg" alt=" "> <img class="tihuan" src="images/ th7.png" alt=" "> </li>
    <li> <img class="tu" src="images/cp8.jpg" alt=" "> <img class="tihuan" src="images/ th8.png" alt=" "> </li>
  </ul>
</div>
<!-- text end -->
```

在上面的代码中，header 元素用于添加标题，无序列表 ul 用于定义公司 logo 部分，且在 li 内存储两张图片，一张为初始显示的 LOGO 图，一张为鼠标指针悬停到图片上时，变换的 LOGO 图片。

（3）添加样式

切换到 index.css 文件，继续添加如下样式表代码。

```
/* text */
.text {
  width: 100%;
  height: 700px;
  background: #fff;
  padding-top: 70px;
}
.text header {
  width: 385px;
  height: 95px;
  line-height: 95px;
  background: #E6E6E6;
  border-radius: 48px;
  margin: 0px auto;
  box-sizing: border-box;
  text-align: center;
  font-size: 36px;
  font-weight: bold;
  color: #5355BB;
  text-shadow: 3px 3px 3px #ccc;
}
.text p {
  margin-top: 10px;
  text-align: center;
  color: #db0067;
}
.text ul {
  margin: 70px auto 0;
  width: 960px;
}
.text ul li {
  width: 195px;
  height: 195px;
  border: 3px solid #91e477;/*设置 3px 边框*/
  border-radius: 50%;/*设置为圆形*/
  float: left;
  margin-right: 5%;
  margin-bottom: 40px;
  position: relative;/*采用相对定位*/
}
.text ul li img {
  position: absolute;
  top: 50%;
  left: 50%;
  transform: translate(-50%, -50%);/*平移元素，使图像在 li 元素的正中心*/
}
.text ul li:nth-child(4), .text ul li:nth-child(8) {
  margin-right: 0;
}
.text ul li .tihuan {
  opacity: 0;/*透明度为 0，替换图像不可见*/
  transition: all 0.4s ease-in 0.2s;/*设置过渡*/
}
.text ul li:hover .tihuan {
  opacity: 1;/*透明度为 1，替换图像完全可见*/
  transform: translate(-50%, -50%) scale(0.75);/*图像缩小为原来的 75%*/
```

微课：设置评测中心部分样式（1）

微课：设置评测中心部分样式（2）

微课：设置评测中心部分样式（3）

```
}
.text ul li .tu {
  transition: all 0.4s ease-in 0s;
}
.text ul li:hover .tu {/*图像缩小为原来的 50%后，不可见*/
  opacity: 0;/*透明度为 0，图像不可见*/
  transform: translate(-50%, -50%) scale(0.5);
}
/* text */
```

此时，浏览网页，该部分浏览效果如图 12-10 所示。

10. 制作脚部及版权部分

脚部和版权部分效果如图 12-11 所示。

图 12-11　脚部和版权部分

（1）分析效果图

观察图 12-11 不难看出，脚部内容分为上面的 LOGO 图片和下面的表单部分。表单部分又分为左右两部分。

（2）搭建结构

继续在“index.html”的代码窗口，输入如下代码。

```
<footer>
  <div class="logo"></div>
  <div class="message">
    <form>
      <ul class="left">
        <li>
          <p>
            <label for=" ">姓名：</label>
          </p>
          <input type="text">
        </li>
        <li>
          <p>邮箱：</p>
          <input type="email">
        </li>
        <li>
          <p>电话：</p>
          <input type="tel" pattern="^\d{11}$" title="请输入 11 位数字">
        </li>
        <li>
          <p>密码：</p>
          <input type="password">
```

```
            </li>
            <li>
                <input class="but" type="submit" value=" ">
            </li>
        </ul>
        <div class="right">
            <p>留言：</p>
            <textarea></textarea>
        </div>
    </form>
  </div>
</footer>
<div class="banquan"> <a href="#">雅诗兰黛化妆品有限公司</a> </div>
```

微课：搭建脚部及版权部分结构

在上面的代码中，类名为 logo 的 div 用于添加 LOGO 图片。表单中的内容则分为左右两部分，左边通过无序列表 ul 搭建用户注册信息结构，内部使用 input 表单控件，根据表单控件所输入内容的不同分别设置相对应的 type 值，右边的留言框使用表单元素 textarea 定义。版权部分则通过类名为 banquan 的 div 定义。

（3）添加样式

切换到 index.css 文件，继续添加如下样式表代码。

```
/* footer */
footer {
 width: 100%;
 height: 400px;
 background: #545861;
 border-bottom: 1px solid #fff;
}
footer .logo {
 width: 1000px;
 height: 100px;
 margin: 0 auto;
 background: url(../images/logo.png) no-repeat center center;
 border-bottom: 1px solid #8c9299;
}
footer .message {
 width: 1000px;
 margin: 20px auto 0;
 color: #fffada;
}
footer .message .left {
 width: 525px;
 float: left;
 padding-left: 30px;
 box-sizing: border-box;
}
footer .message .left li {
 float: left;
 margin-right: 30px;
}
footer .message .left li input {
 width: 215px;
 height: 32px;
 border-radius: 5px;
 margin: 10px 0 15px 0;
 padding-left: 10px;
 box-sizing: border-box;
 border: none;
}
```

微课：设置脚部样式

微课：设置表单样式（1）

微课：设置表单样式（2）

微课：设置表单样式（3）

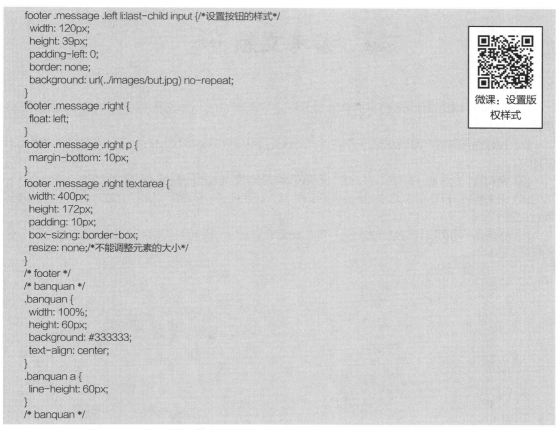

```
footer .message .left li:last-child input {/*设置按钮的样式*/
  width: 120px;
  height: 39px;
  padding-left: 0;
  border: none;
  background: url(../images/but.jpg) no-repeat;
}
footer .message .right {
  float: left;
}
footer .message .right p {
  margin-bottom: 10px;
}
footer .message .right textarea {
  width: 400px;
  height: 172px;
  padding: 10px;
  box-sizing: border-box;
  resize: none;/*不能调整元素的大小*/
}
/* footer */
/* banquan */
.banquan {
  width: 100%;
  height: 60px;
  background: #333333;
  text-align: center;
}
.banquan a {
  line-height: 60px;
}
/* banquan */
```

微课：设置版权样式

此时，浏览网页，该部分浏览效果如图 12-11 所示。

至此，化妆品公司网站的主页制作完成。

12.4 网站其他页设计

该网站的其他页面请读者自己设计完成。

本章小结

本案例使用 HTML5+CSS3 的最新结构元素构建页面内容；大量运用了图像元素显示化妆品的视觉效果；音频和视频的运用为网站添加了动感的效果；另外，运用 CSS3 的最新动画制作技术实现了图像的变换、旋转、放大或缩小等效果。通过该网站的学习，可以学会最流行的 Web 前端制作技术。

拓展阅读 12-1

参考文献

[1] 李志云. 网页设计与制作案例教程（HTML+CSS+DIV+JavaScript）[M]. 北京：人民邮电出版社，2017.

[2] 传智播客高教产品研发部. HTML5+CSS3 网站设计基础教程[M]. 北京：人民邮电出版社，2016.

[3] 姬莉霞，李学相. HTML5+CSS3 网页设计与制作案例教程[M]. 北京：清华大学出版社，2017.

[4] 未来科技. HTML5+CSS3+JavaScript 从入门到精通（标准版）[M]. 北京：中国水利水电出版社，2017.

[5] 张晓蕾. 网页设计与制作教程（HTML5+CSS3+JavaScript+jQuery）[M]. 北京：电子工业出版社，2014.